U0259983

本书获深圳大学教材出版基金资助

移动产品设计逻辑

王建磊 著

清华大学出版社

北京

内 容 简 介

本书关注以 APP、微信小程序、Web 网站为代表的移动时代的特有产品，从界面特征到产品背后的设计与运营逻辑，由表及里地引领读者感悟和思考移动产品本身及其带来的互联网革命。按照产品设计与开发的线性流程来设计章节，把移动产品从需求驱动到用户画像，再到功能策划及 UI、UE 设计实现的思路与理念呈现出来。同时还介绍了 Axure 这款主流的原型设计工具，手把手地教读者使用 Axure 8.0来制作和输出原型，既有理论与实践的相互呼应，又有作者多年来对互联网行业的观察和思考，希望对读者有所帮助。

本书可作为新媒体专业的教材，也适合互联网公司从业人员和投身产品设计的职场新人参考阅读。

图书在版编目(CIP)数据

移动产品设计逻辑 / 王建磊 著. —北京：清华大学出版社，2020.1
ISBN 978-7-302-53013-8

Ⅰ. ①移…　Ⅱ. ①王…　Ⅲ. ①移动终端－应用程序－程序设计　Ⅳ. ①TN929.53

中国版本图书馆 CIP 数据核字(2019)第 094013 号

责任编辑：王　定
封面设计：周晓亮
版式设计：思创景点
责任校对：牛艳敏
责任印制：丛怀宇

出版发行：清华大学出版社
　　　　　网　　址：http://www.tup.com.cn，http://www.wqbook.com
　　　　　地　　址：北京清华大学学研大厦 A 座　　　　邮　　编：100084
　　　　　社 总 机：010-62770175　　　　　　　　　　邮　　购：010-62786544
　　　　　投稿与读者服务：010-62776969，c-service@tup.tsinghua.edu.cn
　　　　　质 量 反 馈：010-62772015，zhiliang@tup.tsinghua.edu.cn
印 装 者：三河市龙大印装有限公司
经　　销：全国新华书店
开　　本：185mm×260mm　　　　印　　张：17.5　　　　字　　数：426 千字
版　　次：2020 年 1 月第 1 版　　　　印　　次：2020 年 1 月第 1 次印刷
定　　价：68.00 元

产品编号：081239-01

　　从刀耕火种到机器生产，再到今天的信息爆炸，每个时代都有其自身的内在文化和精神面貌，这也是"生产力决定生产关系"这一朴素真理的体现。互联网出现以后，与之对应的互联网思维随之而生，有人把互联网思维总结为"专注、极致、口碑、快"七字真经，有人提炼为"用户、简约、极致、迭代、流量、社会化、大数据、平台、跨界"九大思维。从某种意义上来说，现代人或多或少地去接受和践行以上互联网思维，也是这一时代重要的精神特征。如今，互联网已经与我们的生活、工作乃至国家命运深度相嵌，而移动互联网更是把人与网、人与人的关系推向深入。我们的学习、生活、工作的方方面面都已经离不开手机。"当人们使用手机时，到底在使用什么"，对于这个问题的追问让我们发现 APP 这个事物。

　　APP 是应用程序的英文 Application 的缩写，它并不是新发明的词汇，在 Windows 系统下众多以.exe 结尾的文件都可以叫作(可执行的)应用程序。不过，从 EXE 升级到 APP，不只是说法上的改变，这背后一整套设计理念、功能架构和用户体验都发生了翻天覆地的改变。在手机端，APP 是灵魂一般的存在，没有 APP，手机就成了无源之水、无本之木。自 APP 诞生以后，媒体传播从内容时代跨入产品时代，"产品+内容+服务"成为众多公司与机构的标配。如果说在 PC 时代人们都要懂得一些网站的基本知识，在移动互联网时代，我们也应该对于移动终端的产品形态及其背后所代表的产品化思维有所涉猎。

　　移动端产品至少有两个阐释方向：一个是偏软的像APP、微信订阅号/服务号/企业号、微博公共号、头条号等，都是标准的移动产品；另一个是像智能路由器、智能手环、谷歌眼镜、VR眼镜、AR 设备这些围绕移动终端的 IT 类硬件，它们也都属于移动端产品。尽管这些偏软和偏硬的产品在外在形态上差异很大，但它们在满足用户需求、提高用户体验的追求上是一致的。

　　移动端产品是理性和感性的结合体——实际上任何产品都是。从一个模糊的创想开始，到投入市场调研、用户研究、原型绘制、功能策划，再到技术开发、内测上线、修正发布……这中间的每个环节，既要充满理性的思维、扎实的实践，同时也要容纳大胆的畅想、灵感的迸发，用打破常规的眼界、饱满的热情与创新的精神去研发产品，让产品达到功能与艺术的完美结合。

　　移动端产品还是一个开放的概念——不断进化的技术，不断变化的用户，不断升级的市场，这些环境因素迫使移动产品也要不断地推陈出新，像 Web APP、HTML5、微信小程序这些层出不穷的创新产品在移动终端上扎根、生发，找到了立足之地。放眼长远，移动端产品的迭代将是常态，一定有更多的形态、更多的方式作为技术创新的载体来服务大众、更新市场，诸如"APP之后会是什么""微信之后会是什么"之类的问题留给了每一位移动互联网时代的有心人，每个人都可以尽情想象，也可以放胆实操。

　　本书的研究对象主要是偏软方向上的产品，尤其是以 APP 为代表的移动端产品。APP——基于移动端的应用程序，具备封闭、高效、快捷、体验好等特点，主要用来快速解决用户内容获取、需求实现的个性化问题。其页面设计干净、简洁、美观，同时可适配不同大小的移动终端，通过巧妙的设计可引导用户在移动端有限的界面上顺利完成操作。因此可以说，APP 绝不是对 PC 时代网站的照搬，而是在全新的设计理念和逻辑的主张下，面向移动端开发的独立产品，是当下最具新媒体气质的产品！

本书总结了作者多年来对互联网行业的观察和思考、对移动产品的聚焦和反思、对产品案例的钻研与复演，适合的读者对象包括新媒体专业学生、互联网公司从业人员和投身产品设计的职场新人。学习本书，相信读者会在如何设计移动端产品方面有所收获，尤其在用户画像、功能策划、交互设计等产品逻辑层面上获得更深的理解。而通过对移动 APP 的系统学习，读者还会对整个移动互联网及其背后的模式、方法、体系等有一定的了解，对产品思维有所领悟。产品思维不只是服务于产品的策划与设计，还是做商业项目的通用思维，比互联网思维更加具体、更加聚焦，也更具解决实际问题的能力。

本书按照产品设计与开发的线性流程来设计章节，把移动产品从需求驱动到用户画像，再到功能策划及 UI、UE 设计实现的思路与理念呈现出来。本书主要有以下特点。

(1) 有理论：从需求挖掘到功能确认，产品设计的每个环节均有理论和流程讲解。

(2) 有案例：通过丰富且时新的产品案例的引介，帮助读者更容易理解移动互联网的设计理念和使用逻辑。

(3) 有实践：将主流的原型设计工具引入本书，图文并茂，条理清晰，手把手地教读者使用 Axure 8.0 来制作和输出原型。

希望本书能给读者带来理论的思考，也能带来实践的指引。

本书有对应的 MOOC 公开课程"移动时代的产品思维"，读者可扫描下方二维码注册账户后观看相关教学视频。本书还提供对应课件，读者可扫描下方二维码获取。

MOOC 公开课程

课　件

王建磊

于深圳大学图书馆北图 2 楼

2019 年 6 月 3 日

C O N T E N T S

第1章

导 论

　　2010年末，苹果手机及其手机应用——APP开始进入公众视线，随后开启了手机的智能时代，并重新定义了整个移动互联的生态、标准和规则。从那一刻起，手机与APP的结合超越了手机原本的功能与意义，手机与日常生活的互嵌程度也随着APP数量的增多而逐步加深。那么，我们该如何去认识APP——这一颠覆传统手机的使用方式，改变人们日常生活、提升工作效率、带来便捷服务且最富有移动互联网时代气质的事物？APP还将在手机端出现多久？它会发生怎样的演进？本章从阐释基础概念开始，阐述移动产品的内涵和外延，展示其类型和特点，并着重解读了主流的移动产品类型——APP，探讨了APP的发展动力及其未来演进趋势。

1.1 移动产品的概念

什么是产品？宽泛地讲，大到建筑、汽车，小到服装、配饰，从工业制品到生活用品，从电子产品到智能设备，从有形产品到无形产品，凡是包含了人类的改造、设计、生产(想法与实践)在内的物品都是产品。如果说人类与动物最大的不同在于使用工具，那么各种各样产品的诞生就是人类主观能动性发挥的最直观展现。

产品在本质上是为解决问题而存在：小到设计可以同时盛干果和干果壳的食品袋，可以同时供两头插座和三头插座使用的插头面板(见图1-1)，大到设计智能家居、智能汽车等，这些产品都致力于在某些场景、某些时机下解决个人或群体遭遇的难题，同时满足不同群体的需求，并在此基础之上实现其市场价值。

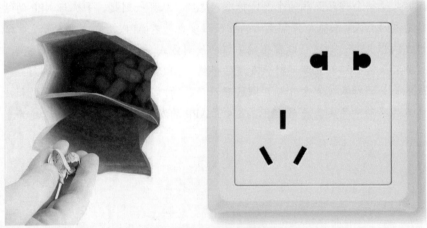

图 1-1　食品袋与插头面板设计

注重功能的产品让我们的生活更加方便。想想现在我们为什么如此依赖手机？无论是出门叫车、买电影票、叫外卖，还是旅行订票等，手机及各类APP的出现让这些事情变得极为便利，也节省了我们大量的时间。从这个角度说，手机已然成为我们身体的延伸，而它所能提供便利的空间仍在不断拓展。

兼顾设计美感的产品让我们的生活更加美好。人们说，谷歌公司在赞美科技，而苹果公司则是赞美生活：苹果公司的一切产品皈依为对生活的热爱，落脚于帮助家人、朋友、同事营造幸福感[1]，这也是大部分苹果粉丝对其形成信仰的原因所在。在国内，以生产手机而起家的小米公司在2015年提出新国货的口号，其所生产的插线板、路由器、电饭煲这些生活日用品，不但能满足人们生活的需求，而且设计得很像一款款艺术品，让人们感受到技术给生活带来的美好，产品给生活品质带来的提升，这些价值追求赢来了一批忠实拥趸者。

---

[1] 后显慧. 产品的视角——从热闹到门道[M]. 北京：机械工业出版社，2016.

合乎逻辑的产品还让这个世界更有道理。在工业时代，产品的出产都是工厂中心制，供不应求的状态下使其难以顾及产品细节。在当下，产品的研发和生产都是直接面向市场、面向用户，其各种标准也提升到一个新的高度。例如，麦当劳曾重金聘请谷歌团队开发了一支吸管，这支命名为 STRAW 的吸管为了让顾客在喝三叶草奶昔时"能更深地体会到每一层的口味"，大胆采用了反向设计，在钩状顶部开设了三个空洞，其中一个位于底部，这样可以同时喝到底下的咖啡、中间的奶油和最上层的奶昔(见图 1-2)。在更日常的情境中，即便是随处可见的矿泉水瓶，也会考虑到人们在拧瓶盖时、握瓶身时以及瓶子本身在堆放时的不同需要，综合考虑而对瓶子做出更符合逻辑的设计(见图 1-3)。随着人们对生活品质的重视程度越来越高，这些更具细节感、更合乎道理的设计也更加能赢得市场和用户的青睐。

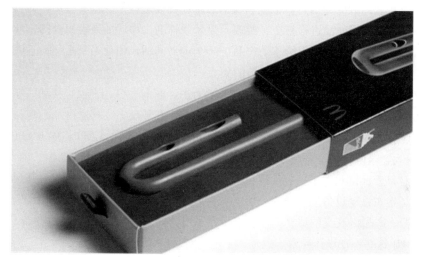

图 1-2　麦当劳的 STRAW 吸管设计

瓶口螺纹便于拧开

收腰设计便于握拿

底部凹槽便于堆码

图 1-3　矿泉水瓶的设计细节与功能

可以说，产品的诞生动因在于对人类需求的满足。当然，产品也只是满足人类需求的解决方案之一。从蛮荒时代到农业时代、工业时代，再到今天的信息时代，产品的类型已经不计其数，产品的功能不断升级、细分和优化，人们不再仅仅注重产品的内在，也开始注重产品的外观。"满足需求+合乎逻辑+设计美学"是这个时代对于产品的基本要求。

当下，产品与移动互联网的结合，APP 与手机的完美融合，不仅推动大批高质量的互联网产品相继诞生，而且还相应涌现了创新的商业模式和运营理念。比如，就喝水这个基础性需求而言，人类从烧制陶器到设计各种容器型产品(水杯、水瓶)，再到智能水杯+APP，对需求的满足从生理解渴升级到健康饮水和智能管理。从这个意义上来说，移动产品的诞生是对已有需求的优化和对更高层级的需求的满足。

麦克卢汉曾言：媒介即信息。他强调媒体形态在社会进程中的重要作用。如今，产品即信息。我们每天都在使用产品进行社交、游戏、娱乐或辅助工作，如果说媒介的本质是对时间的占有，那么产品更是如此。如果给移动产品下一个定义的话，那就是基于移动互联网技术而创建的，能满足人们某种需求的功能与服务的集成。

在内涵上，移动产品依托互联网平台和技术而生，面向手机、平板等移动终端发布；能够被人们使用和消费，既有内容形态也有工具性的服务。在外延上，移动产品则包括所有基于移动互联网的服务、应用、信息和娱乐及其呈现形态，如 WAP 网站、APP、Web APP、智能穿戴设备、H5 游戏、微博、微信公众号等。

所以，移动产品既可以是内容，也可以是工具，还可以是内容的包装与呈现形态。广义上的移动产品是指在移动设备上呈现的一切内容、服务、工具，或与移动设备相关联的功能与服务(如手机+智能产品)；狭义的移动产品可以专指 APP 这种最具新媒体气质的产品，其含义既包括了 Logo、UI 这些外在设计元素，也包括了每一个 APP 所提供的服务、内容、游戏等，是外在与内在的有机统一。

1.2 移动产品的分类

基于移动互联网的产品形态，最典型和主流的莫过于人们常说的"两微一端"——微博、微信与移动 APP。这三者中，微博的媒体属性最强，但产品性最弱；而 APP 的媒体性较弱，产品性最强。微信则两者兼顾，既有内容发布，也有功能和服务实现。

2009 年 8 月，新浪微博上线；经过短暂的蛰伏期后于 2010 年("微博元年")全面爆发；2011 年 7 月，我国微博账户就已突破 2 亿；截至 2018 年 9 月 30 日，微博月活跃用户达 4.46 亿，继续保持 7000 万的同比净增长[1]……从传播学的视角来说，微博这种平台属于"点对面"的传播形式，即每个个体可以通过自己的账号对所有关注自己的人进行发声和传布；从产品功用视角来看，微博主要聚焦的功能是信息发布和内容生产，致力于为用户提供丰富的内容选择，以此形成良性生态循环。而垂直化和多媒体化是驱动这一体系的两架"马车"。在垂直化上，当下微

---

[1] 新浪微博. 2018 年第三季度财报[EB/OL]. https://tech.sina.com.cn/i/2018-11-28/doc-ihmutuec4489108.shtml.

博已将内容机构合作开放策略扩展至 45 个领域，接入了超过 500 家 MCN 机构[1]。而得益于垂直兴趣领域的合作深化，微博的多媒体生态呈现进一步的丰富和多元化。2017 年 6 月，微博日均视频播放量同比增长 159%，其中头部用户短视频的发布量同比增长超过 100%。包括浙江卫视、江苏卫视等超过 100 家版权机构已经接入平台。总的来说，微博作为新媒体，实现了信息的效率化和个性化传播；作为新产品，满足了人们对短平快内容的精神需求。

2011 年 1 月 21 日，微信 1.0 的 iOS 版上线。从此，微信进入了人们的日常生活。微信初始以"点对点"的个体传播为主。2012 年 8 月 23 日，微信公众平台正式上线，其"点到面"的媒介功能得到深度挖掘。从 2015 年开始，以内容创业为核心的新媒体进入大众视野，而微信公众号在这一波浪潮中再次成为领头羊。2017 年 1 月 9 日，微信又推出小程序，小程序主打服务性功能，众多小程序"寄生"在微信这款航母级的应用上，不需要下载安装即可使用，它实现了应用"触手可及、用完即走"的设想，用户扫一扫或搜一下即可打开应用，享受其核心服务。而开发者一般是将原生 APP 中最核心的功能在小程序中予以保留，同时对一些功能进行舍弃。可以预见，微信小程序将一举改变公众号在过去几年主要以内容为主的态势，因为它真正打通了用户与机构(商家)的连接，也真正赋予了公众号"内容+连接"的新媒体属性，让商业唾手可得，使得线上/线下的情境更好地相融在一起，从而带来了更大的市场空间与可能。

可以说，在历经上百次改版升级之后，微信具备了内容传播、功能开发、工具服务、媒介平台等多维属性，几乎一站式地满足了每一个人通信、社交、游戏、支付、购物、出行等方面的需求。发展至今，微信及 WeChat 合并月活跃账户达 10.4 亿，同比增长 10.9%[2]，成为用户规模最大的社交平台之一。微信除了满足"点对点"的传播之外，还通过"微信公众号"实现"点对面"的传播或提供工具式服务(见图 1-4)，"深圳交警"服务号通过"信息查询"菜单向用户

图 1-4　微信公众号举例

[1] 新浪科技. 微博月活跃用户规模达 3.61 亿 商业化进入爆发期[EB/OL]. http://tech.sina.com.cn/i/2017-08-09/doc-ifyixhyw6372752.shtml.

[2] 腾讯财报. 微信月活跃用户达 10.4 亿 同比增长 10.9%[EB/OL]. https://tech.sina.com.cn/i/2018-05-16/doc-iharvfht9251457.shtml.

提供违法信息查询、办事指南等服务;"罗辑思维"订阅号通过"联系我们"菜单提供礼品卡激活、订单查询功能;"招商银行"服务号则直接提供账单查询、还款和转账等在线服务。此外,"央视新闻""钛媒体""知识分子""好奇心日报"这些以内容生产、传播为主的公众号,通过获得大量的订阅用户实现了商业价值;而各类银行、医院的公众号则通过菜单开发提供相应的机构服务。据统计,如今新兴的公众号平台已达到 1000 万个,真正进入了"人人拥有麦克风"的自媒体时代。

接下来重点介绍 APP 这个在当下最具备新媒体气质的事物。在本书里,狭义上的移动产品就是手机上的各种应用程序——APP。APP 又可分为原生 APP、Web APP 与混合 APP。

- 原生 APP 就是面向独立的操作系统如 Android、iOS、黑莓而开发,需要从应用商店下载安装使用。它的优点是可以调用手机摄像头、GPS 等功能,可以线下使用,整体上有速度更快、性能较高的用户体验。不足之处在于,每次获得新版本时都要重新下载更新,而原生 APP 的开发成本也相对较高。

- Web APP 是一种面向手机浏览器的框架型的 APP 开发模式,该模式通常由"HTML5 云网站+APP 应用客户端"两部分构成,APP 应用客户端只需安装应用的框架部分,而应用的数据则是每次在打开 APP 的时候去云端取数据呈现给手机用户。Web APP 安装包小巧,只包含框架文件,而大量的 UI 元素、数据内容等都存放在云端,每次都可以访问到实时的最新的云端数据而无须更新应用,这是 Web APP 最大的优点。但是,Web APP 无法调用手机终端的硬件设备(如语音、摄像头、短信、GPS、蓝牙、重力感应等),只能通过额外安装插件实现。该类型 APP 被誉为"微开发、轻启动"的典范,适用于电子商务、金融、新闻资讯、需经常更新内容的企业机构。

- 混合 APP(混合模式移动应用)是指介于 Web APP、Native APP 这两者之间的 APP,兼具"Native APP 良好用户交互体验的优势"和"Web APP 跨平台开发的优势"。其优点是能节省跨平台的时间和成本,只需编写一次核心代码就可部署到多个平台,而且采取 DIV 版面布局,可任意调整风格与自适应各种终端。国外的 Facebook 和国内的百度搜索(移动端)、工商银行、东方航空、夸克浏览器等采用的都是混合开发模式。

除了以上提到的"两微一端"之外,移动产品的范畴还是比较宽泛的,它还包括以下几种常见的形态。

- WAP 网站。WAP 网站实际上从功能机时代就开始出现,而且几乎是最主流的移动端访问方式。在 APP 大规模兴起之后,WAP 网站的地位和影响遭到挑战,在手机端浏览器通过输入网址来访问的 WAP 方式,与一键打开 APP 相比,其低效率与弱体验成为该类产品最大的痛点。在移动互联网时代,新技术层出不穷,由于二维码的兴起,在一定程度上给了 WAP 网站一个便捷式入口的解决方案。此外,微信公众号在内容推送时通过"点击原文"的文字链接(或者通过设置微信号菜单),也可以方便地访问 WAP 网站。

  如今,还有部分企业、机构选择 WAP 网站的方式展现业务或者实现在线电商,在一定程度上也是维持原有用户习惯、降低技术开发成本的方式。但 WAP 网站与 APP 相比,在诸多方面处于下风,二者的区别如表 1-1 所示。

表 1-1　WAP 网站与 APP 的比较

类型	展现形式	内容逻辑	功能	体验
WAP 网站	PC 网站逻辑	菜单引导	相对集中，割舍 PC 端次要功能	响应速度取决于网速，加载稍慢
APP	更为扁平	模块化、卡片式	重新规划，更符合移动特点	闭环体验，响应更快，加载更流畅

- 智能硬件与智能穿戴设备。智能硬件是迎合物联网时代的全新硬件产品，指通过将硬件和软件相结合对传统设备进行智能化改造。改造对象可以是电子设备，例如手表、电视和其他电器，也可以是以前没有电子化的设备，例如门锁、茶杯、汽车甚至房子，进而让其拥有智能化的功能。硬件智能化之后，就具备连接的能力，实现互联网服务的加载，形成"云+端"的典型架构，具备了大数据等附加价值。用户依托手机上的软件，对硬件进行连接与控制。比较典型的智能硬件包括 Google Glass、三星 Gear、Fitbit、麦开水杯、咕咚手环、Tesla 智能化硬件、小米电视等。由此可见，其范畴已经从可穿戴设备延伸到智能电视、智能家居、智能汽车、医疗健康、智能玩具、机器人等领域，发展态势与前景十分美好。当下，"智能硬件+APP"已成为移动服务标配之一，也是企业获取用户的重要入口。

- 面向移动互联网的内容产品，指客户端产品、微信公众号及适合传播的内容产品，比如今日头条、ZAKER、知乎、网易的开心一刻、糗事百科、柴静打造的纪录片《苍穹之下》等。其中，有的产品是旗舰客户端，有的是活跃度高的移动社区，有的是从传统门户分化出来的垂直产品，有的是创业公司策划的独立品牌，本质上都是以高质、专业化内容来吸引用户的产品，只不过在呈现形态上各有差异，基本上以 APP、公众号形态呈现。而《苍穹之下》本来是以传统音视频制作方式揭露一个环保问题，但是在移动互联网上得到热传，这在一定程度上消解了传统内容与新媒体内容的界限。可以毫不夸张地说，传统媒体的内容在移动互联网的助力下也可以焕发更大的价值和影响力。

- H5 展示/游戏产品。现在许多商家或企业通过 H5 进行活动展示、会议通知等。H5 非常适合移动端的展示场景，而且可以融合文图、音视频等形态，作为展示工具颇受青睐；同时，H5 爆款游戏也被大量开发，比如《围住神经猫》《秘密花园》《杜蕾斯博物馆》等为代表的手机小游戏，可在短时间内引发用户快速聚集，成为很好的品牌推广、营销宣传及渠道变现工具。而这方面的策划、设计与开发人员也变为紧俏人才。

1.3　移动产品的解读

2010 年发生了一场 PK(对决)，事后来看几乎是改写整个移动互联网时代的一个事件。代表功能机设计巅峰的诺基亚 N95～N97 系列在那一年横扫市场，而代表后工业时代设计风格的

iPhone4 则刚刚出炉，后者开始全无正面对抗之力。但吊诡的是，形势似乎在一夜之间发生神奇逆转，诺基亚王朝竟以雪崩之势迅速谢幕，iPhone 则带着颠覆的使命，携带着数以万计的 APP 和承载 APP 的应用商店迅猛上位，它不仅开启了手机的智能时代，还重新定义了整个移动互联的生态、标准和规则。图 1-5 所示为诺基亚 N95 与 iPhone 4。

图 1-5　诺基亚 N95 与 iPhone 4

这就是时代洪流，浩浩汤汤，不可逆转。

移动 APP 也正是从 2010 年末开始大规模进入公众视线。无论是互联网企业，还是普通用户，人们都如获至宝。一时间各种"鼓吹"的文章伴随着丰富的业界实践争先涌现 [1]。

如今人们每天醒来的第一件事大多是打开一个 APP——毋庸置疑，APP 的使用已经变得非常普泛化和日常化，它已经无比深刻地嵌入人们的生活、工作，并在社交、购物、教育、娱乐等诸多领域带来了实质性的改变。而随着时间的推移与 APP 向更深层面的渗透，APP 也早已超越了接收信息和完成通信这样简单的层面，它几乎在医疗健康、教育、娱乐、交通等领域都表现出众，带来了很多跨界创新，也让许多传统行业面临的复杂难题找到了新方法。比如，以 Uber、滴滴为代表的打车 APP，以大众点评、去哪儿网、淘点点为代表的生活服务类 APP，以及支付宝、财付通、百度支付等移动支付类 APP，都是把线上与线下资源进行各种富有智慧的对接的典型代表。

所以，在商业层面，APP 备受互联网企业和新兴创业公司的青睐。一款成功的产品可以带来巨大的经济效益和社会影响，这也决定了 APP 的开发逻辑是以市场需求为起点，以服务用户为根本，这是其天然的商业文化基因。这一基因决定了每一款 APP 在开发出来之后都自带服务性、实用性和指导性，决定了其与社会生活的关联度最大，与目标消费群体——年轻人的偏好方式最为接近。

在社会层面，无论是在教育、购物、出行方面的服务，还是在工作技能、日程管理方面的指导，APP 都体现出其无比的超越性。传播先驱麦克卢汉在谈到技术和工具对人类社会变迁的影响时指出："我们塑造了工具，此后工具又塑造了我们。"[2]正如影像可以制造现实，媒体可

---

[1] 【笔者注】2011 年 9 月，笔者写了一篇《APP：认识新媒体的一个崭新视角》的学术论文，发表在《新闻记者》上。文章的主要观点是：APP 充满了社交性与交互性，并有效整合了传统媒体与新媒体的内容和服务，它是媒体进入开放平台时代的标记，也是最具新媒体特质的代表。

[2] 马歇尔·麦克卢汉. 理解媒介[M]. 北京：商务印书馆，2000.

以生产话语，APP 也可以具备功能、情感、认知意义，甚至能够塑造价值观，引导个人适应现代生活方式。

可以说，APP 的迅猛发展，已经不再是虚拟世界的一个入口，而是切实地给真实生活带来了各种可能的干预。如今的 APP 已经连接了虚拟与现实，对接了软件与硬件，并引领了从内容到服务的转变(这一点带给传统媒体深刻的启示)。在这个手机主宰的时代，各类 APP 弥漫在我们生活的空间与时间。

APP 可以说是移动互联网的第一代产品，从其诞生至今，时间并不长，但相对于这个快迭代、快时尚、快消费的极速时代，时间也不算短。根据分析公司 Appfigures 的数据，截至 2016 年年底，全球基于 iOS 系统的 APP 总数超过 210 万，累计下载量超 1400 亿；基于安卓系统的 APP 超过 360 万个[1]。APP 数量远超报纸、电台、电视台总和(全球电视频道数量 38000 多个，全球报纸 6 万种)。全球 APP 经济规模已达 1200 亿美元。可以说这种短时间内的爆发力和蔓延程度空前未有。

自从有了 APP，人们工作、生活的面貌焕然一新。

首先，前互联网时代强调用户的在线状态，而移动互联网则把线上和线下融合一体，这二者再也无法单纯地对立起来。较之桌面互联网给人们带来"虚拟"的感觉，移动 APP 所带来的绝不是虚拟体验，而是真实的生活本身。所以，APP 作为入口，并非只对人们的精神世界展开布道，而是直接对现实生活提供辅助或进行干预。从这个意义上来说，APP 不只是认识世界的视角，它还包含了从价值判断到点击操作、再到行为实施的全过程，因而其更大的价值在于把握当下、把握现实。

其次，移动 APP 的出现是对功能机时代应用程序的迭代，更是对桌面互联网的革命。于前者而言，手机上的实体按键设计本质上依然是 PC 思维的延续，APP 则带来了从按键到点屏的转换，复杂的操作路径被扁平化的图标代替，手指的滑动与点击似乎是人与手机交互的最佳方式，而这种交互变革似乎也正是智能手机能够消解不同年龄、不同地域而所向披靡的原因；于后者来说，"网址+鼠标"的模式在当下看来似乎已变"传统"，通过 APP 使用网站功能让"输入网址"变得无足轻重，获取信息或服务的路径大大简化。总而言之，APP 在使用方式上的迭变，意味着技术门槛的逐步消失，这随后导致一种新的文化快速普及，最终引导人们心理和行为方式发生改变。

最后，移动 APP 带来的不只是信息，而是新的"内容"。一方面，原有的文本信息被进行再度编码，最终呈现的信息编排与组合是精心设计的结果，显然能够给用户带来更好的接收体验；另一方面，APP 把"以用户为中心"的服务理念诠释至深，让各类服务变为内容的一部分，并着重强化服务的专业性，最终带来了市场空间的开拓和新的商业价值。如当下很多创业公司，其产品开发逻辑是首先确认用户需求和服务方向，在做出细分、垂直的市场划分之后，再反推APP 的功能设计，那么这种以服务为导向的 APP 会最大限度地满足个体及群体需求，并在更广范围内带来改变动力。

总的来说，APP 作为入口，直接与真实生活发生交涉；作为方法，简化了获取信息的路径，提高了获取服务的效率；作为内容，强化了专业化服务，并以开放的方式促进了"长尾"需求

---

[1] 白鲸出海网站. 2017 年 App Store 应用程序数量首次下降[EB/OL]. http://www.baijingapp.com/article/15707.

的满足，以上三点合称为 APP 的"新尺度"[1]。这种新尺度的终极意义就是加速对实体社会的重构。无论如何，APP 已经深刻地嵌入到我们的生活工作中，它是一种现代化的生活方式，也成为我们工作、生活不可分割的一部分。

1.8 1.4 移动产品的进化

移动产品会走向何方？这是一个充满无限迷思的问题。尽管其出现的时间并不长，但却历经了一蹴而就的繁荣、披沙拣金的惨烈。尤其在移动互联网时代到来之后，产业链的运作周期和键程在快速缩短，传统的摩尔定律失灵，新事物的出现不再以年为迭代单位，例如在硬件层面，全面屏、柔性屏、投影屏等不断以若干月份的间隔而冒出，基于新终端的出现和由此带来的界面改观、移动产品的形态与方式也必将发生变化，这非常令人期待。值得关注的是，谁将会是这一进程的引导者，APP 本身会发生怎样的演化。

1.4.1 移动产品的开发主体

鉴于人们与手机的密切关系，可以说人人都是 APP 产品的使用者和受益者。那么当下，谁是 APP 产品的开发主体？以下进行分析(见图 1-6)。

图 1-6　APP 产品的开发主体

首先，企业与机构是 APP 的开发主体。对于企业而言，用户从 PC 端向移动端转移的趋势，带动他们把服务从 PC 过渡到移动互联网上。尤其对于银行金融业、航空铁路运输业、餐饮娱乐业等企业来说，用户使用习惯的迁移使它们不得不把服务链条进一步延伸，形成 PC 端+移动端、线上+线下的完善生态体系。此外，对于政府部门来说，一些便民服务、公共服务等在线事务，也需要通过 APP 开发来实现。这些领域的服务对于私密性和安全性的要求又很高，显然不是做一个移动网站就可以解决问题的，那么开发 APP 就是这些企业或者政府机构最好的解决方案。

其次，某些创业公司是 APP 的开发主体。一些 3～7 人的小型创业团队，在选择创业方向和项目时，APP 几乎是最佳的选择。2013 年的"课程表"、2014 年的"脸萌"、2015 年的 Keep，都是"90 后"创业团队的成功出品。鉴于移动产品快速迭代和转换的特点，这些产品并不是生命周期特别长的创业项目，但是可以推动创业团队的快速成长、成熟，在获得足够的市场关注

---

[1] 王建磊. APP：技术赋权的回归[J]. 新闻大学，2016(6)：59-63，149.

及融资后，推动创业公司更好地适应移动互联网市场的节奏，不断开发新的爆款产品。基于市场机会和商业利益的驱动，创业公司将会是 APP 开发与创新的主要推动力。

最后，某些拥有技术能力的个体也是 APP 的开发主体。尤其是随着 APP 开发的成本和技术门槛的降低，很多有想法的个体出于满足兴趣，或者满足身边小范围受众的目的，开发出不以盈利为目的，纯粹为方便身边人的 APP 产品，比如给社区里的妈妈搭建一个交流育儿经验的 APP，给社区里的宠物及其主人搭建一个分享经验、互帮互助的社交 APP 等。这些产品尽管技术含量不高，不具备大规模推广的市场潜力，但是这种研发思路和实践让移动互联惠及每一个个体的初衷，正是移动互联网时代共享、开放精神的体现。

可以说，移动互联网时代为每一个人带来了创新、成名、获利的更多可能。只要有想法，就一定能有一款 APP 对应诞生，或为商业，或为公益，或满足个人、小众的兴趣。可以说，移动产品为我们生存的现实空间和自由翱翔的虚拟空间增添了太多的可能，构建了更加完善的服务生态。

1.4.2　APP 面临的挑战

如今，以苹果和安卓为代表的应用商店里共计有 500 多万款 APP，一方面是这个移动互联时代的映射，另一方面也给用户带来了信息过剩的困扰。实际上，移动 APP 过快的发展也将带来过快的价值衰减，接下来 APP 可能要面临整体升级迭代的挑战。

1. APP 商业模式的困境

APP 确实为用户带来了大量价值，而其在移动终端的重要表现也赢得了风投、市场、资本的一致青睐。不过，令人疑惑的是，APP 本身并没有确立很明晰的商业模式，通过占有大规模的用户再进行后向收费的商业逻辑也并非能在所有产品上应验。实际的情形是：即使拥有了很高的口碑和海量用户，但进行转现的途径和量度仍旧比较有限。例如，"脸萌"是"90 后"创业的标杆产品，其简单好用、参与感强和个性化的功能在海内外市场都赢得了追捧，但它因为没有找到合适的商业模式，至今已几乎销声匿迹；对于传统媒体开发 APP 来实现传播增值的做法，基本上到最后都会得出 APP 是个成本中心而非利润中心，即很难通过 APP 实现真正的商业变现；还有大量的以 APP 起家的创业公司，都是在等待风投的日子中艰难捱日，其实大部分产品并没有等来最终上市的机会；而对于所谓成功的创业来说，不断跟进的风投资金成为其最大的经济来源……种种迹象表明：APP 本身的商业模式是十分单薄的，与传统实体企业相比，APP 属于轻启动、巧操作的智力型投入，看似门槛很低，但其实风险很高，创造出一个产品不难，但经营好一个能够盈利的公司却非常不易。在很多情况下，APP 过多强调了对用户需求的挖掘、满足或者提升，而忽略了自身商业模式的设计，随着市场大势的转移，这种先天的虚空会越发成为其持续性发展的羁绊。

2. APP 面临的版权和商业风险

尽管有关版权和商业风险的问题尚没有得到足够的重视，但在一度爆发式增长的 APP 数量和开发者人数的背后，其软件开发和使用过程中的法律问题和风险已逐步凸显，相关的纠纷也逐渐增多，比如大部分 APP 运营者并无开发 APP 的技术能力及经验，往往会委托专业的软件开发公司或团队为自身开发软件。由于 APP 的开发过程并非由运营者完全控制，因此运营者与开发者之间可能产生纠纷；也有不少APP运营者出于开发便利、经济性等原因，招聘程序人员自主进行APP的开发。这种职务作品按照《著作权法》(2010)第16条规定：①一般的职务作品，著作权归属于作者，但单位享有两年的优先使用权；②主要利用单位的物质技术条件创作的作品，作者拥有署名权，单位拥有其他著作权利。因此，作为APP运营者的单位在使用员工所开发的APP软件时，应注意相关著作权利的归属，在合理范围内使用属于单位的著作权利。

此外，还有APP开发的保密与竞业禁止方面的法律风险，以及软件盗版侵权风险的防范，这两个层面更多地跟商业利益挂钩，并且可能直接波及用户切身利益。如在电商、支付和银行领域出现了越来越多的山寨APP，用户不小心下载并使用后，就有可能直接将资金转入不法机构的囊中。近些年不断出现相关案例，热播的《中国好声音》《快乐男声》等歌唱综艺节目推出的官方APP遭到了山寨商的"青睐"，打着这些节目旗号的APP应用超过800款；还有山寨的淘宝和银行客户端，这些APP直接骗取用户的流量、话费和钱财，属于目前法律监管的薄弱地带。因而，对于APP运营者、开发者，更应当重视纠纷的防范，提前规避潜在的法律风险。对于广大用户而言，也应在享受APP带来的便利的同时，提高对技术犯罪的警惕。

3. APP并不能承担传统媒体转型的战略重任

近几年，在传统媒体遭遇危机之际，一些有实力且有远见的传媒机构纷纷启动新媒体战略，APP被列为其中一个非常重要的组成部分，甚至一度被认为承载着传统媒体的全部希望。我们看到，平面媒体通过APP增加了内容分发、用户交互和即时反应的比重，广电媒体通过APP触摸到作为个体的观众，开始通过音视频内容来构建场景社交，发起线下活动等实践……这些经历对于传统媒体而言是大有裨益的，但不能因此推断APP可以作为承载未来的媒体形态。这是因为：第一，APP与大众媒体的传播特性是互补但不是互相涵盖的，APP只是众多能够接触媒介内容和服务的载体之一，但不能融合全部的媒介样式，更不能替代原有媒介；第二，传统媒体可以借用APP作为营销渠道和传播平台，也可以借用其产品思维来吸引用户和自我改造，但如果传统媒体彻底APP化，等于把自身拉入一个并不擅长的领域进行竞争，而更严重的是在这个过程中有可能丧失掉原有的独特价值；第三，融合媒体将是传统媒体发展转型的最终形态，这种形态势必超越现有的频道、网站、APP等形式，所以最初对APP欢呼雀跃为时过早，APP的媒介使命和其未来形态仍将持续发生变化。

1.4.3　APP的未来演进

仅在互联网领域来探讨，APP的出现使基于移动端的产品不仅有了面貌的改变，在功能和应用层也有了真正的质的提升。友好的界面设计与交互体验，跨终端的自动适配等，创立了移动产品的新标准。同时，其更大的价值还体现在：新的APP品牌代替了传统的门户网站，比如"今日头条"、ZAKER；同时因为其本身的封闭性，使APP能提供更为安全、便捷的工具服务，诸如股票操作、银行转账、旅游娱乐、订票订餐等已经可以全部转移到移动端，而且比起PC端来说在技术保障上反而更安全。因此，有些互联网企业把服务重心向移动端转移，甚至停掉原来的PC服务，如e洗车、e代驾等。

可以笃定的是，移动端是开发者和市场无比重视的，未来依然如此，而APP必然也是要演进的。可能仅仅是在两年前，技术门槛很高，能做出来什么比你有什么想法更重要，比的是编程速度和执行力谁强谁弱。但今天，在不断开拓细分市场、挖掘垂直需求的时代，谁能敏感地抓住用户需求，提供新的商业模式和解决方案，显然比编程能力更重要。当一个 APP 可以通过在线工具短短几分钟内生成的时候，有什么想法比能不能做出来显然更重要。

没有了技术门槛，人们会更加聚焦在服务本身上。而 APP 带来了用户中心、体验至上、服务为首等好的理念，所以我们期待在未来发生的任何变化，并谨慎地做出以下判断。

首先，伴随着市场和资本的理性，诸如"脸萌""足迹"这种一夜爆红型的产品越来越少，原生 APP 的大规模井喷期已过，替代品(H5)不断出现，那么 APP 的功能价值也会被重新定位。一个基本判断是：在餐饮、旅游、社交、生活服务等大行业领域，已有产品的垄断格局已经形成，小产品几乎没有机会，但在垂直市场、细分领域还有一定机会，适合创业团队以灵活的方式单点切入。

其次，APP 不会消亡。应用程序自互联网诞生以来就与之伴随而生，在 PC 桌面上体现为快捷方式，在功能机上体现为实体按钮，而在智能手机上则体现为精心设计的 icon，外形虽有差别，但其本质都是一样的，都是作为人机交互的入口，这个入口不会消亡也无法消亡，但是会发生进一步的变化。比如人们可以通过语音来发出指令，也可能通过眼动甚至通过脑波发起请求，这样的话似乎传统意义上的"界面"就消失了，但是接收语音、脑波的"程序"依然要隐形地嵌入到终端之中。

最后，尽管在应用商店里有上百万的产品可选，但是用户手机上使用的 APP 数量却会越来越少，大部分 APP 会以各种方式形成聚类依托在平台型 APP 上，而平台型 APP 的数量和结构也趋于稳定，最终大概形成倒金字塔的结构(见图 1-7)。处于最底端的是超级 APP，数量不多，但离用户最近，也是用户最为依赖和高频使用的产品；在超级 APP 上衍生出与人们生活、工作息息相关的密切 APP，用户根据自己的使用偏好建立自己的 APP 群；再往上则是位于"长尾"上的小众 APP，人们偶尔会在特定的时间和情境下需要，但用完即删，还有一些捉摸不定的 APP 不定期地成为爆款，在快速流行后快速消亡或转化。总而言之，APP 的分层化会在未来几年内呈现得更为清晰。

图 1-7　APP 的"倒金字塔"生态

按照进化论的"优胜劣汰"理论，我们并不拒绝 APP 的快速进化，反而期待看到 APP 的美妙迭代。因为在过去的几年，APP 已经把互联网服务的标准进行了全新设定：即时的响应、封闭的流程、快捷的反馈和更为友好亲和的页面……如此种种改进，使用户至上的理念被真正贯彻于此，用户体验提升到前所未有的高度。所以，不管手机端的产品发生怎么样的演进，都将以APP创造的新标准作为起点，而用户体验会被置于更为重要的位置，如何关怀人本身(人性化)和如何延伸我们的大脑(智能化)将成为不二的演进向度。

1.5 思考题

1. 为什么苹果公司在 2010 年前后引领了手机端的革命？
2. APP 产品的开发主体有哪些？
3. 你觉得 APP 进化的方向是什么？

第 **2** 章

需求挖掘

　　本章内容重点探讨了移动 APP 产品设计的起点——需求。用户需求是移动产品设计开发中一个至关重要的概念，甚至可以直接决定产品成败和研发走向。不确认需求，就无法展开产品研发，进而也就没有后续的一系列工作。在移动互联网语境下，产品需求，尤其是产品刚需有着不同的内涵和表现。本章讲解了如何理解刚需，进而如何区分真需求和伪需求，最后讨论了挖掘需求的五种路径。

2.1 什么是需求

通往产品的自由之路，一切都是从发现需求开始的。

一般而言，人类的行为驱动方式分为两种：一种是动力驱动，一种是需求驱动。如好好学习考上一个好大学，坚持训练拿到奥运冠军，勤奋工作拿到更多年终奖，外塑形象内修实力来追求"男神""女神"等这些以目标为导向的大多属于动力驱动(或称之为"欲望驱动")；如吃饭、喝水、睡觉等这些行为都是需求(也是本能)驱动，而且是刚需。作为高级动物，人类将动力或者目标设置为行为触发点，体现了改造自然、改变世界和改变自我的主动性与创造性；而受需求驱动的行为大多出自本能，是在特定的情境下才会采取的某种特定行为，因而显得相对被动。

不过笼统地来讲，动力驱动也属于需求驱动的一种，当我们设定了某个目标，实际上也就转换成了实现这一目标的需求。从这个角度出发，可以说需求是人类展开一切精神活动或实践活动的前提，我们思考、走路、吃饭、工作这些行为都是基于精神、肉体、物质等的需求，哪怕是百无聊赖、看起来毫无意义的放空、发呆等行为也是需求的一种体现。

美国著名心理学家亚伯拉罕·马斯洛于 1943 年在《人类激励理论》论文中提出，人类需求像阶梯一样从低到高按层次分为五种，分别是生理需求、安全需求、爱和归属感、尊重和自我实现(见图 2-1)。这就是非常著名的"需求五分法"，基本涵盖了人类作为高等动物从生存、归属到成长全部阶段的需求。这一理论被收集到他1954年出版的《动机与个性》一书中，而在1970年此书再版时，他把这一需求理论扩充为七层次需求理论(见表 2-1)。

图 2-1 马斯洛的五层次需求理论(1943)

表 2-1 马斯洛的七层次需求理论(1970)

需求层次	介绍
生理需求(Physiological needs)	指维持生存及延续种族的需求
安全需求(Safety needs)	指希求受到保护与免于遭受威胁从而获得安全的需求
隶属与爱的需求(Belongingness and love needs)	指被人接纳、爱护、关注、鼓励及支持等的需求

（续表）

需求层次	介绍
自尊需求(Self-esteem needs)	指获取并维护个人自尊心的一切需求
认知的需求(Need to know)	指对己、对人、对事物变化有所理解的需求
审美的需求(Aesthetic needs)	指对美好事物欣赏并希望周遭事物有秩序、有结构、顺自然、循真理等心理需求
自我实现需求(Self-actualization needs)	指在精神上臻于真善美合一人生境界的需求，即个人所有需求或理想全部实现的需求

从顺序而言，人们一般是先解决温饱问题，再去考虑娱乐休闲等精神需求，马斯洛的需求理论也体现了这一朴素真理。不过，需求存在不同的层次，但不同层次之间的次序感和联系性其实并不显著。比如，精神层面的需求并不是因为人们满足了低级需求之后才去追崇的，而更多源于时间、空间条件的变化。比如，人生在不同的阶段，以及在不同的文化与经济发展环境下有着不同的需求，当我们从三四线城市或城镇来到一线城市，当我们从学生身份变为职场人，又从一个普通的职场人升级为高级主管、领导……这期间在吃、穿、用等各方面的需求都会发生显著转变。在对外界条件的洞察中，我们发现其实需求更容易受到个体经济条件的影响，比如一个18岁的普通大学生和一个18岁的富二代，其需求及表现就会大相径庭。从这个意义而言，如果推广一个高端的银行理财产品，大概不会安排到工厂的门口去做地推(甚至在高校门口进行推广都是要慎重考虑的)。

从需求产生方式来说，有的需求与生俱来，有的需求却需要引导和培育，比如吃饭是一种本能需求，但吃什么、去哪家餐馆吃却可以由环境和人群所引导；以衣蔽体也算是天生需求，但穿衣的流行风尚、对品牌的选择显然可以经由市场或者权威人士所炮制。在今天的互联网的语境下，需求通常与这样三个词相搭配：满足需求、迎合需求和创造需求。满足需求其实是前工业时代的一种思维，它对应的是消费需求相对不变的市场环境，比如在1914年，福特公司在率先采用流水线的前提下每93分钟就能生产出一部T型车。这个生产能力超过了同期其他所有汽车生产厂家生产能力的总和。仅1914这一年，第一千万辆福特汽车问世。当时，全世界90%的汽车都是福特公司生产的。它的CEO亨利·福特当时说过一句特别经典的话：顾客可以选任意他喜欢的汽车颜色，只要它是黑色的。对于企业来说，它可以只关心怎么生产，因为他们要做到的就是满足客户既定的需求。这一情形与2000年以前手机功能机时代的情形颇为近似，当时的手机帝国诺基亚只是一味开足马力去加大产能，提高质量，却忽略了消费者需求的诸多层面的转变。当消费者开始有了更多需求、更多自由意志的时候，就需要去迎合他们的需求，这也导致后来整个安卓手机阵营呈现出一片惨烈厮杀的红海，每一家制造商公司都需要竭尽全力在设计、性价比、性能搭配上做到迎合用户的需求。只有在迎合需求的大趋势下，整个消费市场才能被带动起来，消费需求才会不断升级和替换，进而形成社会发展进步的诸多动力。当然，需求不仅可以用来满足与迎合，还可以被创造出来。比如早年的一个经典营销案例——爱德华·伯纳斯在1929年帮助美国烟草公司说服妇女，他说，香烟是"自由的火炬"，在公共场所吸烟是一种女性解放行为，从而把宣传重心从产品转移到一种生活方式和思想运动中来，女性吸烟的需求就被深层激发了。2010年以后，苹果公司开始频频创造需求，制造出手机与平板电脑等划时代产品，重新设定了市场规则，用户的需求也完全臣服并甘愿被其主导。苹果公司的巨大成功可以说明：哪家企业拥有了预先定义、创造需求的能力和机遇，就有可能成为下一波浪潮的引领者。

如果说，一切产品的诞生都是为了解决某个问题、满足某种需求，那么，有没有一种产品的出现，其实并没有回应现实中的问题和需求呢？

在应用商店里存在着很多有娱乐基因、好玩有趣的产品，这些产品可能并没有特别实际的指导性、服务性，但是它富有自己的独特品格，比如"一炷香"APP(见图2-2)，它的 Logo 和界面就是一炷香的形态，整个页面大面积的留白，干净简洁富有禅意，功能上就是允许用户把火焰从屏幕上方拖曳到一炷香上，拖曳的位置不同，意味着从 15 分钟到 30 分钟不等的燃烧时间，然后在界面下方还有"雨""汐""鸟"三个选项，配合着袅袅飘烟的界面，可谓青烟一柱、梧桐言语、昏潮晓汐、鸟雀婉啼、清静无为。打开产品后，静谧而有禅意的画面其实很适合人在喧嚣的环境中静下来，梳理自己忙碌一天的心绪，将世间烦扰暂时抛到云外——想必这也是设计者的初衷。退一步来说，其实仅这个唯美的设计就足够打动人心了，哪怕打开观摩一分钟的时间，也会觉得这个产品很有意境。

又比如"人猫交流器"(见图2-3)，通过模仿猫的声音来跟宠物互动，这就切中了那些"撸猫"人士的需求；Barcodas 将生活中发现的条形码转换为随机的音乐；Lighter(见图2-4)并不能真正实现打火机的功能，但是它在屏幕上展示出栩栩如生的火焰效果，这已经足够酷炫；后来，Lighter 又加入了社交功能，当一个人的手机靠近另一个安装了 Lighter 的手机时，会自动点亮其屏幕，就像抽烟人士之间的"借火"行为。

上述产品至少有一点娱乐基因，具备 just for fun(图开心)的特征。有一款 I am rich 的 APP，在下载后手机屏幕上会显示一颗闪闪发光的红宝石(其实就是红灯)，作用就是不断提醒用户——我很有钱。这款 APP 售价 999.99 美金，用户却只能买到一颗虚拟宝石。据报道数据显示，迄今为止有 8 人购买了这款 APP，想想这款产品，究竟带来了一种怎样的满足呢？

图2-2　一炷香 APP

图2-3　人猫交流器 APP

图2-4　Ligter APP

在移动产品技术发展初期，可能技术障碍意味着市场机会，但当技术水准可以齐头并进的时候，还是要回归到功能、规则、玩法的创新上来。正是上述这些产品案例让我们注意到，在APP的世界里还有很多非常好玩、有趣的产品，它们致力于满足不同的精神维度。也正是在这样的事实基础上，我们得出以下三点结论：首先是产品设计者要清晰定位自己的用户群体，尤其是关注其经济能力决定的消费能力，这是产品取得商业化成功的重要因子；其次是关注需求的第二落脚点，比如不仅关注用户吃什么、穿什么等基础性需求，还要为其在"和谁吃，在哪儿吃""如何穿得更好"等方面提供更优的服务；最后是关注消费升级带来的需求升级，尤其是在高频、刚需几乎被挖掘殆尽的情形下，在规则上、玩法上做出改进(如全民 K 歌、抖音)，在精神需求的细分领域做出创新，也能力助产品突出重围。

2.2　产品语境下的刚需

在移动产品设计领域，刚需是一个很关键的词汇。我们回想手机诞生的早期，硕大的大哥大机型尽管携带不便，但能够满足使用者即时通信的刚需。在今天的智能机时代，手机的功能早就超越了通信这一标配，其叠加于身的各种服务类型五花八门、无所不能。如果谈产品语境下的刚需，我们首先需要关注不以人的意志为转移的吃喝拉撒睡这些人类的基本需求，会发现一些拥有大规模用户的移动产品往往正是从这些基本的需求延伸出来的，比如提供"去哪儿吃"和"吃什么"服务的"大众点评"等。

如果都从真正的刚需出发来设计产品，恐怕产品的数量和种类就会非常有限，所以对于刚需的理解显然不能如此机械。我们可以假设一个场景：当一位用户购买了一台新手机，此后他按照实际所需逐个安装产品，大抵前五个产品都是属于刚需层面，前十个产品都属于高频使用的层面。所以，产品语境下的刚需，也可以理解为手机终端不可或缺的那些产品背后所代表的需求。

比如一切服务于人的天性、一切能带给人们生活品质提升、一切能带来工作效率改善的东西，可理解为第一刚需，而在特定情境下的特定需求也毫无疑问地成为产品开发的第二刚需。第一刚需给游戏、社交、教育、效率等领域带来了庞大的产品群；第二刚需则促使众多的产品开发者细分市场和用户，结合具体的使用情形开发"小众"产品，如旨在 Save time(节约时间)的工具/效率型产品：扫描全能王、美图秀秀、Forest、to do、随手记等。

与此同时，人们精神需求越来越得到重视，尤其在社交、娱乐和自我实现的部分，其利基市场是无穷无尽的，如有的产品负责解忧，有的负责搞笑，有的产品负责失恋引导，有的负责修身养性，甚至还有小程序负责防电信和互联网诈骗，有的负责粉碎谣言(如微信辟谣助手，见图 2-5)……这些与人类精神活动相关的 Kill time(消磨时间)型产品更是层出不穷，与 Save time的工具/效率型产品共同促成了移动产品的指数级暴涨。

图 2-5 小程序"微信辟谣助手"

"刚需+痛点+高频"构成了产品存在的最大价值。不过,在实际中,这三者能够同时具备的情形已经少之又少,所以,产品语境下"刚需"的内涵需要发生务实的变化,这一变化也可以由以下三部分进行表达:用户角色、应用场景和用例。大致是这样的结构:

"在某某时间(when),某某地点(where)

周围出现了某些事物时(with what)

特定类型的用户(who)萌发了某种需求(desire)

会想到通过某种手段(method)来满足需求"

其中,用户角色就是用户身份,如学生、白领、孕妇、网红等,用户角色从一开始就基本决定大致的需求方向(我们会在第 3 章用户画像中展开探讨)。

应用场景就是用户产生需求的情形,既可以指综合了时间和空间信息的真实情形,也可以指用户在使用产品时所产生的虚拟情境。当个体消费完了一笔账目需要记账管理时,可以使用"鲨鱼记账";当在车站等车、打饭排队时,可以看看"抖音"等短视频;当因为学习、工作压力大晚上睡不着时,也可以借用"小睡眠"来舒缓焦虑。除此之外,早晨 8 点的地铁站台、下午 3 点的咖啡厅、傍晚 6 点的操场跑道、晚上 12 点的单人床……可以说,在新媒体时代,无比多的碎片化时间和碎片化空间给众多产品提供了生存与发展的可能。

此外,虚拟情境也理应得到同样的重视。在用户使用手机创造的虚拟情境之下,有很多需求或者问题的出现，同样给产品设计者提供了机会。假设用户从微信的朋友圈里看到一张图片，想发布到自己的微博上，从流程上讲需要先下载这个图片，然后登录微博，发布内容时选择这张图片。所有的操作都需要依托手机上不同的软件来完成，但如果可以针对这些流程进行自动化管理，岂不是可以更进一步提升用户的效率？于是，苹果手机在iOS12系统布局后提供了一款"捷径"的产品应用，其可以实现将手机操作的每一个步骤进行重新排序，最后输出超出预期的功能。如今在"捷径"这款产品背后已经存在着上万条操作流程，用户只需要对着"捷径"说出一句指令，手机就会自动执行编好的程序，等于说把原本独立的程序关联起来，一步达到最终效果，从根本上改善手机的使用效率。除了"捷径"外，还有一些产品能够针对骚扰电话问题进行自动隔离(如360防骚扰大师)，有些产品能够针对手机内存管理问题、手机杀毒问题(如360手机卫士)；国外有款产品针对息屏状态下用户需要快速拨出电话的情景开发出了Magic Dialer，允许用户在不解锁状态下一步拨打常用联系人的号码；新浪微博的纯净版Share给用户提供了一种设计清爽、无广告干扰、只看关注的人的信息流的浏览模式……以上产品的出发点都是基于用户使用手机或具体产品的虚拟情境，通过解决其中的新问题形成了独特的使用价值。

就场景而言，挖掘用户在什么情况下会产生需求(冲动)，比如何使用产品更重要，因为前者是产品的立足方向，后者是产品的功能细节。当我们准确无误地感知用户在特定场景下存在需求且尚未满足时，就可以着手产品解决方案了；用例就是用户寻找满足需求的方法以及种种手段的综合，具体到产品上则包括了用户的使用流程和方法。举一个综合的例子：小周是一名大二的学生，面临英语六级考试的任务。为此他专门下载了一个APP来管理自己的学习时间和制订计划，早晨起来跑步的时候，他设定了英语听力，下午五点至六点钟，他要熟悉20个英语单词，晚上睡觉前，他需要调到夜间模式，并阅读两篇左右的英文文章。因为这款APP完全依照用户的学习内容和学习时段的要求而设计，对小周而言，这款产品就是一款"刚性+高频+满足痛点"的产品。

在产品语境下，刚需并不一定是那种高频的需求，也不代表是恒在的需求，却是在某一时间某一空间下必然的需求，所以刚需变为一个相对的概念。把握住这一点，产品就有了成功的前提。探索刚需离不开的是用户角色、应用场景和用例三要素——通过对用户在具体场景具体行为的分析，才能得出用户真正的需求，然后设想解决需求的办法和路径，最后再把解决方案应用于场景——这就是定义刚需的真正价值。

2.3 真需求与伪需求

对于产品来说，找准需求是第一要义。然而，需求有时是一个飘忽不定的存在，需求还需要辨别"真伪"！

第一，需求本身有高频、低频之分。前者如微博、微信、淘宝、抖音、今日头条，后者如旅游类、租房类、银行类APP。但是，高低频针对个体来说也有相对情况。李先生炒股，对于他来说，东方赢家、涨乐财富通之类的产品就是高频应用；张小姐是空中飞人，于她而言，去哪儿、携程就是高频应用；赵小刚是大二学生，不炒股，也很少做出行计划，对他来说，炒股类 APP、旅游类 APP 就是低频应用。

第二，需求有人群和阶段之分。小学生在用"作业帮"，大学生在用"超级课程表"，白领在使用"印象笔记(Evernote)"……从个体的视角出发，需求显然会随着身份的转变而发生变化；而从群体的视角来说，尽管不断有人流入、有人流出，但是总的需求量还是相对固定的。所以，既可以从纵向上说需求是分阶段的，也可以在横向上说需求是分人群的。

第三，需求有表层和深度之分。表层需求往往看似正确，但没有触及根本；而深度需求意味着透过现象看本质，在较容易想到的层面上再推进一步，更接近用户真正的想法，找到问题的真正解决方案。如 Airbnb 的创业团队在寻找产品痛点的历程中摸索了很久，最初他们遇到的场景很具体，比如到旧金山这样的大城市去参加会议，但旅店爆满，他们就在公寓里多摆了一些气垫床，出租给当时没有地方住的人。而后他们意识到这种需求是真实存在的，当把它转化为创业项目时，他们更进一步意识到：用户的痛点并不是在出差开会时旅店爆满找不到安身之处的这个需求，而是在旅行中需要廉价、干净、舒适的住处。用户如何确认这一点？用户需要对房屋情况做事前判断。他们发现，成交量不佳的最主要原因是房东不会对其房屋做美化包装，展现出来的信息没有吸引力，于是创业团队采用专业摄影的方法提供标准化服务，专门为出租者提供标准化的静美照片，自此，用户量和订单量火速攀升，Airbnb 这款产品也大告成功。可见，只有洞悉了真正影响用户做出购买决策的因素，并做出相应改进，才能让产品走在更正确的路上。此外还有一个案例，有学生团队开发一款名为"他和她的书"的换书 APP，这款产品的主打功能是让大学生的闲置书目进行相互交换，实现旧物增值。在前期市场调研中，确实发现很多大学生私下购买了不少书，也希望能看到别人推荐的、读过的优秀书，在此，换书的需求成立。但是，这一需求实际上只是表层需求，学生完成换书之后的进一步需求表现为"以书会友"，所以更进一步说，社交才是其深度需求。这一产品判断就决定了产品不能按照换书的需求去做，而是要按照社交的思路去设计。

考虑以上三个视角，在对产品进行需求分析时，大致可以认为：高频次的、适配人群的、深度的需求，更容易推动产品获得成功。而低频次的、错位的、浅层的需求一般来说不适宜在此基础上进行产品研发。那么前者就可以称为真需求，后者称为伪需求。

划分真需求和伪需求的好处在于可以让团队非常明确是否开发产品以及产品方向如何。比如，天气类应用都有一个令人头疼的问题，就是虽然流量高、需求大，但是用户黏性差，无法沉淀用户。可以说只有流量，没有用户。有的产品为了尝试沉淀用户，想出做社交的主意。在产品中加入"分享你当下的天气"功能，大致就是拍一张你现在所在地的天气照片分享给大家。如果整个产品功能运营起来，用户就可以随时看到任何地方的天气实况。乍一看似乎没什么问题，但是在用户真实的使用场景下，会发现这个功能跟核心功能很难产生关联，对于分享者来说，到底什么时候以及为什么要拍一张照片分享给大家，动机并不清晰。找不到强烈的动机，也不存在一个非做不可的具体场景(实际上这种天气随手拍还不如聚餐时的美食随手拍来得迫切)，这个产品就没法流转起来[1]。

在课堂上，有一组学生提出想做一个"物物交换"的产品。在他们走访了一些人后发现，

[1] 刘飞. 从点子到产品——产品经理的价值观与方法论[M]. 北京：电子工业出版社，2017：57.

那些收藏爱好者似乎存在着这样的需求，比如磁带换磁带、海报换海报、限量鞋换限量鞋等。那么这个需求该怎么判定呢？实际上，物物交换是从原始时代就出现的人类的物品交换活动，后来随着货币的出现，物物交换成为退居次要的交易方式，但物物交换的形式并没有灭绝，甚至在农耕时代、工业时代的许多区域市场，其表现依然十分活跃。今天，移动互联网能否带动起这种形式的再度兴盛？首先，物物交换从根本上说，其核心的难点在于两个物品之间价值对等的判定标准，也许磁带可以等于磁带，但磁带与限量球鞋之间该如何换算呢？这一问题放在移动互联网背景下并没有被自然解决，恐怕仍然需要传统的、线下的协商方式的介入才能达成，而学生还设想引入第三方评估机构等这种没有效率的方法亦不符合当下的时代精神；其次，物物交换的实现需要机缘巧合，就是双方所持有的物品恰好是对方所需要的才有可能交换，否则一方待价而沽，但又不能投另一方所好，会导致产品促成交易的数量低迷；再次，实际上，当下也已经针对这种需求有了一个比较好的替代实现方式——大量的二手物品交易平台基本上能够满足以上的"物物交换"的需求。在"闲鱼"等平台上，因为有大量用户和流量，极大提高了用户销售二手物品的概率，而换来的金钱则可以"多退少补"地去购买自己所需要的另一件二手物品——从以上整个逻辑和推理来说，"物物交换"在移动时代倾向于是一个伪需求产品。

又比如有一个学生创业团队想开发一款邻里之间相互认识、互帮互助类型的产品，其设想是通过产品的社交方式引导，帮助领导们从陌生人变为熟人。但经过前期的市场调研后发现：在一个社区内，邻里之间的真实线下交往80%的情形是源于对门和同一楼层，15%是源于之前就已经认识的同事或朋友，只有5%的情形属于偶然搭讪认识——这说明在大城市中结交一个陌生的小区成员其实是件成本很大且有不确定风险的事情，所以在问及是否愿意通过一款社交产品认识更多的统一社区的住户时，用户均给出了较低的意愿。团队分析后认为：一是社区住户大多是以三人家庭为主，求偶、异性之间的社交需求不强烈；二是由于各自的社交群体都已经相对固定，认识同一个社区内的其他人，在动机和目的方面都显得不那么充分；三是其他"基于地理位置"的产品能够帮助那些有需求的人认识社区居民，已有的小区APP等可以帮助社区附近居民实现旧物交换、二手买卖等需求，社区的微信群也早就形成了活跃度高、发言轻松的交流氛围等。在经过反复的市调和充分的分析后，团队认为：帮助同一个社区的人通过在线的方式相互认识，这一需求偏向于是个伪需求，因而放弃了这一产品方向。

需要注意的是，真需求和伪需求首先是针对特定人群而言的，如交友类产品百合网、世纪佳缘的主流用户是单身男女青年(不排除某些已婚人士因个人目的使用)，对其而言征婚就是真需求，而对于已婚人士而言，这一需求近乎就是伪需求。QQ空间的增值服务对于很多10～16岁的青少年来说，既是痛点又是真需求，但可能对于35岁及以上的人群来说又偏向于伪需求。所以，最终我们要说的是：真需求和伪需求不是绝对概念。二者是相对的，只有框定于特定的时间、空间和人群，它们才有区分的意义。

【讨论1】
这是某美图APP推出的一种新功能：偏心美颜(见图2-6)，其使用场景是，当多用户自拍或集体合影时，该模式能够智能识别机主(本人)和其他人，并分别进行"着重美化"和"潦草美化"，让机主"默默地"在合影中脱颖而出。那么，这种功能的用户需求是否是真需求？

图 2-6   "偏心美颜"模式

【观点】

首先，该功能的推出还是挺有洞见和创意的，它可能真的触动了人性深处某种隐秘的"愿望"，如果不是这么"一本正经"的介绍，想必大家也只是会心一笑。但当使用者真的将这功能付诸实践时，恐怕要顶着"自我伤害"的风险了——在美图软件满天飞的时代，每个爱美的用户在图片处理方面积累的素养都是极高的，一旦他人看出端倪，那么合影中这个最"出类拔萃"的人必遭众人非议，轻则被冠以"心机"标签，重则影响同事关系或闺蜜情谊。比如在影视娱乐圈里，明星在社交媒体上传图片时，那种"只顾自己，不顾他人"的修图行为最容易遭到网友唾弃，普通人的心理反应也是如此。所以，这款美图软件所推出的"偏心"功能，看似满足了个体想"比他人美"的虚荣心，却以不公平的方式损害了其他人对美的追求。总的来说，这种需求的挖掘是狭隘的、自私的，甚至是不友善的，其产品使用者只能是小众之流，所以，这种需求恐怕不是真正主流大众的真实需求。

不过，再认真地推想一下，如果是面向一个跨代际的群体(比如大家族中拍的合影，彼此之间不会计较个体做法)以及相对陌生化的群体(如培训班成员合影，彼此不在对方的社交圈)，这个功能是可以存在且具备效率性的。换句话说，这个产品也许只是不适合熟人群体例如班级、宿舍、企业部组的成员之间。

此外，如果作为一个纯娱乐的需求，这个产品也是可以存在的，但具体能不能做取决于团队的选择与决心，也非常有待市场的最终检验。

【讨论 2】

此款产品"衣二三"(见图 2-7)号称是亚洲最大的共享时装月租平台。"共享时装"是怎样的一个概念，就是一些(女性)用户想穿大牌、名牌却又消费不起而转以租赁的方式予以满足其需求。其具体的操作方式是：用户每个月交 499 元钱(新用户首月199 元)，就可以享受全球大牌无限换穿的服务。服务包括享受无限次时装换穿、免费往返物流与五星级专业清洗。499 元的常规价格不能说低，但是基于平台专门提供真正的大牌，主打轻奢服装，因而也算合理。

图 2-7 "衣二三"界面

问题是：有哪些用户会真的存在"月租时装"的需求？

从"衣二三"的产品调性来看，这款产品主要面向的是对于穿着打扮有追求，但限于经济实力或者生活理念的影响，不以购买而以租赁的形式来达到初衷的女性用户。实际运营针对的是 20～35 岁的年轻女性用户，这一年龄段包括了从大学生到女白领阶段的转换。

以"90 后"和"95 后"为主流客群，"衣二三"实际上把握的是这一群体在审美、消费观念及生活品质追求上的一些新变化。这些新变化源于社会经济发展的宏观环境，以及"90 后"和"95 后"的家庭经济条件的同步改善。在众多已有的用户调研报告中，已经凸显出了"90 后"群体"富有消费活力、勇于创新和尝鲜、追求时尚超前的生活态度"的画像特点。

对于穿衣这件事来说，"90 后"体现出更高的追求。对于品牌，她们有更早的接触和更多的了解。但毕竟轻奢的衣服并非人人都能消费得起，她们学生或者初入职场的白领的身份，单凭自己的收入无法实现购买，那么租赁这种形式实际上就形成了一个合理的生长空间。

在中国，"90 后"是全面伴随中国互联网发展和经济转型而成长起来的一代人，他们受互联网的影响比上代人更深刻，由此形成的行为习惯也更具有时代性。而当下，共享经济大行其道，共享理念深入人心，这批年轻人对于"拥有"建立了自己的理解，当有一种更加经济的方式实现拥有感，他们很乐于接受，可以说这种生活理念助推了轻奢服装租赁的发展。

【观点】

在针对这款产品需求的课堂调研上，17 位女同学(共计 24 位女生)表示愿意尝试这种租赁形式，且已有两位同学是该平台的用户。比较独特的是，其中一位女生的需求动机是因为深受"断舍离"这种生活理念的影响，而这种轻奢服装的租赁平台恰好提供给她穿大牌又不必增大支出的想法。

除此之外，一位女同学对于衣服的卫生问题表示了担忧，但是已经是该平台用户的一位女生回应：在她的使用体验里，一个是快递速度很快，一个是衣服品质确实很好，包装也很好，熨烫平整，体现出平台专业清洗的承诺；还有一位同学对于用户损坏了衣服如何赔偿问题表示了疑惑，实际上，"衣二三"已与支付宝的"芝麻信用"形成了捆绑，这样的做法有以下两点好处：一是实现免押金租衣操作，二是一旦发生衣服损坏的情形，芝麻信用一定程度上对双方都形成了一定的制约，目前的机制是双方在充分沟通的基础上达成一致。

2.4 挖掘需求的几种路径

产品设计的起点就是需求挖掘和确认，即首先要把握目标用户群体的痛点是什么。需求的挖掘通常有两大途径：一种是凭主观感觉或行业经验，如乔布斯主导的苹果手机的开发、谷歌在人工智能领域的探索、小米对于性价比手机的追求等，这些公司因为处在行业的尖端，创新者有着深厚的行业经验，因而有信心首先提出功能创新点，然后去培育、引导用户的潜在需求，而用户也容易对其产生信任感，进而达成心理共鸣和市场业绩。另一种就是大部分公司因为缺少对行业直觉的把握，需要脚踏实地地做市场调研工作，在顺从主流用户的需求基础上做出微创新，推动用户完成自身需求的更高层次的满足。

一般来说，除了大型公司和伟大的创新者，一般的公司、个体近乎没有能力去创造用户种种未知的需求，很少有公司能像苹果公司那般，先假设用户不知道自己需要什么，然后去创立一套游戏规则，最后引领行业及市场的跟进。关于用户需求，建议按照一定的、可行的方法，结合踏实深入的市场调研，再配合产品设计者忽而闪现的灵光，这才是靠谱的路径。

我们总结了以下五种可能接近需求的路径。

(1) 挖掘产品需求要把握人性。人性既可以追溯至弗洛伊德的动物源性，也可指当下人们在面对现代性困境时所逐渐形成的个体秉性。比如，在当前经济高速发展的背景下，人们的精神压力和焦虑感也随之增加。拖延、健忘、竞争、不断涌现的新问题……使得现代人的心灵无比焦灼。失眠由此成为一个普遍性问题，据麦克斯 2018 年大学生睡眠调查，竟有七成大学生被失眠所困扰。鉴于此，市面上出现了大量的助眠类工具产品，以"小睡眠""蜗牛睡眠"为代表，这些产品虽并未能从根本上治愈失眠，但一定程度上能够舒缓紧张情绪，它们针对的就是人们无所安放的内心对于任何一种辅助工具的迫切尝试，因而这类产品在大学生、白领群体中有较高的使用率。又比如，由于社交媒体的渗透，人们普遍重视自我形象的建构，在这方面，美颜类产品可谓助人一臂之力，不管是针对照片，还是视频，年轻群体对于美颜修图类产品的依赖正是社交自尊心的体现，亦是人性的折射。

(2) 挖掘产品需求要把握特殊人群。鉴于现在众多细分领域都已经被巨头所垄断，大部分公司若要依赖产品起家，需对产品定位做出更精细、精准的划分。找准某一个特殊人群的某一个特殊需求点，往往更容易将产品快速打造起来。什么算是特殊人群呢？其实就是大公司无暇顾及的小众，如备孕妈妈、家庭主妇、退伍军人、应届毕业生、创业人员、自闭症儿童(家庭)等。从这些小众身上寻找市场机会，做小而美的产品，更适合规模小、资金少的初创企业。

(3) 挖掘产品需求可把握 B 端市场。可以看到，当今应用商店里 80%以上的产品其实都是 B2C 或者 C2C 的产品。产品直接面向广大用户，通过用户规模的占有实现市场突破和盈利。

诚然，这么多 B2C 产品为用户提供了太多便利，不过，也造成了红海式竞争，如果把视线跳脱出来，可以发现 B2B 的领域目前还是市场上相对清净的。当产品面向 B 端市场时，除了直接为企业、公司提供办公服务，还可以为其提供各种配套服务。如以"钉钉"为代表的 B2B 产品可以为公司提供签到、打卡、OA 办公等一系列服务。也有一些产品，把 C 端和 B 端连接起来，为公司提供"拉人服务"，比如"约拍"APP 是把众多影楼和客户对接起来，"影曰"APP 把想从事演艺的个体和众多影视公司对接起来，其实是为两头服务，做双边市场。对于企业来说，更需要通过产品找到对的人，或找到愿意买单的客户，以上这些都是不错的开发思路。

(4) 挖掘产品需求可以嵌入细微场景。这里的细微场景指的是具体时间段、时间点，以及具体的空间和场地。简单说，就是产品只有在进入特定的时间点或者地点后才能被用户想起来使用，虽然这样的产品也许不是刚需，也许不是高频次，但是在特定场景中有不可替代性，这是这类产品的最大价值。举例来说，互联网世界中的社交类产品可谓林林总总，不管是熟人社交还是生人社交，不管是语音社交还是短视频社交，都已有公司和产品布阵。在这样密集的格局中，其他做社交产品的公司只能从细微场景入手，比如以时间为限制的产品有著名的社交软件 8PM，它是为了想丰富生活的单身男女打造的最新交友模式，主打即时性交友，指使用者只能在晚上 8 点后使用，每次使用时间限制在一小时内，为使用者及时配对，完成一次约会；比如以空间为限制的社交产品有"站台"，它是一款主要针对地铁空间的垂直化应用，为乘坐地铁的用户提供方便的线上沟通，即用户依据自己每天(设定的)乘坐地铁的路线，以及参考用户所发的动态或图片，寻找同路的有缘人；还有一款产品更有意思，叫作 Zombies,Run，这既是一款游戏产品，也是一款健身类产品，主要使用场景是操场的跑道或者跑步者习惯的跑步路线，这款产品的官方解释是这样的："只有少数人在僵尸流行病中幸存下来。你是奔向人类最后一个前哨基地的赛跑者。他们需要你的帮助来收集供应品，拯救幸存者，保卫他们的家园"[1]。具体的使用方法是，跑步者在奔跑过程中打开 APP，戴上耳机，产品会制造虚拟气氛并不断发出指令，指挥奔跑者加速、减速、左右躲藏等，在一定程度上极大地提高了跑步的趣味性，也有很强的代入感，预估会提高用户的锻炼频次(当然，使用者需要不顾及奔跑过程中的个人行为引来的不必要猜测)。

(5) 挖掘产品需求要把握市场空白。市场空白有两层含义，一种是完全空白的市场，从未有人触及。一种是已经有了较为成熟的市场，但依然未能在纵深上开拓到位。

对于前者，发现市场空白是一件很难的事情，而且即使发现了市场空白，这到底是此路不通还是真有宝藏，都带有极大的冒险性。2000 年的时候，微软公司最早推出了世界上第一台平板电脑，这在当时以台式机为主打的市场背景下，绝对是一个大胆的创新，填补了当时的市场空白，然而这一创新却无人问津，遭遇失败；直到 2010 年乔布斯重新推出 iPad，人们似乎突然发现了其轻巧便携的特点，就变得追捧有加，于是介于台式机和手提电脑之间的平板大获成功。这里面既有市场环境变化的因素，也有人们主观认识变化的因素，所以市场空白的发现与把握需要天时地利人和，也需要冒险精神。

对于后者，是想在成熟的市场抢占一席之地，这种情形像是新瓶装旧酒，但只要新瓶做得更好、更方便和更便宜，就有成功的机会。谷歌便是一个典型的例子，它在最初进入搜索领域

---

[1] 参考产品 Zombies，Run 官方网站：https://zombiesrungame.com/.

时，已经有 AltaVista、Infoseek、Snap 这些竞争者，并且大家都认为搜索市场几近饱和，初出茅庐的谷歌想在这个领域分一杯羹几乎不可能。不曾想，谷歌专注于提供有价值的信息，厚积薄发，颠覆了整个市场格局。在国内，在百度一家搜索公司独大的情形下，搜狗、360 也是屡屡抓住百度的失误，推出更加合乎市场需求的发展战略，实现了后来赶上并形成三足鼎立之势，看起来做出了同样"不可能"的事情！这就意味着：没有一成不变的市场格局，原有的成熟主体也会随着发展阶段的变化发生变换，后来者仍然有机会实现弯道超车。

其一是跟踪最新的技术趋势。新技术层出不穷，让之前无法实现的方案变得可能，苹果、谷歌、华为这样的大公司更是深谙此道，因此每年投入重金用于技术研发，始终走在技术最前沿，通过"黑科技"的不断尝试赢得更大市场；而对于小公司来说，财力不够就努力挖掘创意，运用新技术解决用户的老问题。比如移动端阅读软件的竞争在 2013 年就已经达到高潮，ZAKER、鲜果、网易云阅读等产品各具特色，获得了一定的市场空间，也给后来者制造了很大的进入障碍。在此情形下，今日头条深度开掘个性化阅读方向，并基于大数据运算和新式算法技术切入市场，经过两年市场培育期，一举夺得市场占有率第一的宝座。

其二是始终保持市场敏感，能较早一步想到产品优化升级的方向。如随着电影市场的火爆，线上售票产品也呈扎堆状，格瓦拉、猫眼、淘票票等师出名门，通过折扣、促销、活动等方式吸引用户，早早地占有了市场一席。但对用户而言，他们的使用方法往往是先后打开以上客户端，经过对比同一家电影院同一时间的影票价格后再做出决定，于是在对用户的比价流程充分了解的基础上，一款新产品"赐座"应运而生，其一站式比价的核心卖点可以让用户对其他客户端的价格一览无余，从而让用户买到最便宜电影票，可见这种对用户需求的洞察是产品成功的根本保证。

很多商业项目企划都是以市场或者用户需求的发现和确认为起点，移动产品也是如此。需求一开始只是一个笼统的、模糊的存在甚至想象，比如意识到小孩早教的需求、白领社交的需要，或者试图为人们的出行提供更好的解决方案，但是这些需求从产品的视角来考虑，则应该落实为非常具体的、层次清晰的设想，有了明确的需求说明，才能使产品有转变为现实的可能，才能指引产品沿着正确的方向前进。所以，真正推进从模糊需求向具体产品的转化，还有很长的一段路要走。

 案例分析

注重第二落点需求的实现

——"斗米" APP 分析

随着经济发展节奏的加快，随着越来越多复合型人才的出现，一个人从事两份工作成为可能和现实，如何挖掘、刺激个体寻找第二份工作，如何使这些需求得以真正实现，一些兼职类平台/产品做出了尝试。

"斗米" APP 是 2017 年春节前后，在各大电视媒体、户外媒体、网络媒体轮番轰炸频繁出现的一款求职应聘类产品(见图 2-8)。这款移动产品从"58 同城"的母体中出孵化而出，除此

之外，"58 到家""瓜子二手车""e 代驾"等口碑相当的产品，也都与这一母体有千丝万缕的联系，它们共同延续着"58 同城"的神奇基因。

图 2-8　"斗米"的 Logo 与首页界面

斗米，其名称让人联想到"又赚了三五斗"，形容钱不多，但足以让人茶余饭足。在市场层面，与"斗米"兼职定位相似的产品还有"兼职猫""探鹿""兼职库""兼职乐""口袋兼职""每日兼职"等，它们都是一个连接 B 端和 C 端的第三方兼职平台，提供给 C 端劳动者线上签约—支付服务，并建立双方的评价体系。

一般而言，员工在工作一两年之后，对于工作内容应该能够熟悉地驾驭，有足够的自信，不再焦虑并获得前所未有的稳定感，等等。这时，除非有换岗及晋升机会，否则工作的惯性和疲态不断生发，朝九晚五之余，很多人依然感到空虚、无所事事。对于 30 岁以前的年轻人来说，他们本有着无限的精力和创造力，工作经验的积累使其在专业方向上更加精进，如果此时有一个赚取外快的合适机会，相信大多数人不会拒绝——毕竟，每个月的房租、饭费是个十分现实的问题，第一份工资存下来，第二份工资来零花，这种理念在现在的年轻人群体中是得到充分共鸣的。

基于这样的推理，以"斗米"为代表的兼职类产品的产品逻辑至少有一头是完全成立的，这一头就是用户。在用户定位上，"斗米"面向两个群体：一是自由职业者，他们 U 盘式生存，自由决定工作性质和工作时间、地点等；二是面向工作人群，尤其那些有一技之长，且在工作之余有时间有精力从事副业，赚取第二份工资的群体。

仅就这种兼职类的两端型产品来说，想做兼职的用户并不难找，真正难找的是商家，也就是 B 端。由于兼职类工作本身有着即时性、不规律的特点，商家对于兼职工作的需求有可能过于自由和灵活，首先他们并不能保证自己一定会有兼职需求，其次他们并不能确定兼职需求的时长和规模，再次在他们有需求的时候合适的用户不一定在线。从这个角度来考虑，可能这就是这类产品的普遍软肋，也是遭受一些投资人质疑的地方。由于 C 端受到 B 端商家的驱动，

B端的不确定性也会导致C端用户的质疑与流失，所以对于平台本身而言，更为关键的一点是B端的积累、管理、维护，只有吸引高质量、信誉高的商家的入驻，才能使C端用户的使用热情和黏度大大提升。

打开"斗米"APP，可以看到整个界面的设计还是比较清爽，图标和文字的排版错落有致，主体信息突出，商家的兼职需求以列表的方式居于界面的重心位置，通过手指滑动方便用户快速浏览，这种传播使用方式于用户而言已经十分熟稔，无须花时间去摸索产品。

值得注意的是，在界面较上方的位置，产品提取了两个最重要的功能并生成按钮，分别是周末兼职和学生兼职，前者可以说是兼职需求和使用特别集中的时段，后者是兼职需求和使用特别集中的一个人群，可以说都是高频使用的功能，产品对于这两个功能按钮的设计和处理是妥当的。用户点击进去后会更进一步、更精确地浏览到自己所需的信息，在时间上、身份上会更加匹配。

此外，值得称道的是，在每一则兼职信息的文本框右下角，都有一个"工资保障"的绿色提示，这是"斗米"先行支付用户的一种做法，让用户可以免除后顾之忧地参与兼职。对于一些经常参与兼职的用户而言，可能都遭遇过完成了兼职但拿不到应得报酬的经历，所以此类平台对于商家的资质和信誉是格外重视的，除了严格筛查企业诚信履历外，平台方若要更好地获得用户的信赖，更进一步的做法就是采取先行垫付。就是说，当用户完成兼职任务，平台与商家确认好后，就由平台支付给用户工资，一旦雇主违约，"斗米"平台就得承担损失，等于把风险从用户转移到平台自身，这一做法充分赢得用户的信任与好感。

2016年10月，"斗米"对外宣布已经获得4000万美元现金的B轮融资，投资方包括高瓴资本、腾讯、百度和新希望集团[1]。可以说，作为兼职类产品的后来者，"斗米"一方面依托强大的资金实力，另一方面也依托于自身更为人性化的制度设计来争取用户，进而赢得了自身的市场地位。

2.5 思考题

1. 如何理解真需求和伪需求？

2. 如何理解"第二落点"需求？请结合一个案例说明。

3. 挖掘需求有哪几种路径？你是否能够依此想到一个目前还未被充分关注的问题或需求？

---

[1] 36氪. "斗米兼职"获4000万美元B轮融资[EB/OL]. https://36kr.com/p/5054786.

第 *3* 章

用户画像

　　任何产品想要成功，其根本性的前提就是找到对的人。如果能够确认有这样一批人（越多越好）确实存在着某些需求，那么无论是产品开发还是后续优化都会让整个团队更有动力与信心。在上一章里我们集中讨论了如何进行需求的挖掘，这一章则是运用一种新的方法进行需求的检验与确认，这一过程其实就是在证明：是否存在这样的用户，以及这些用户到底是否存在着我们设想的需求？这种检验方法就是建立用户画像。本章介绍了用户画像的概念、功用及产生的阶段，重点展示了如何生成和输出用户画像。用户画像是在产品开发前或者上线推广后非常核心的一项工作，它是向产品设计、开发人员直观地展示用户典型特征和本质需求，强调从用户的角色和需求出发来设计产品，以培养用户同理心。从这个意义来说，用户画像是产品最重要的设计工具和沟通工具。

3.1 什么是用户画像

用户画像这一概念由交互设计之父艾伦·库伯(Alan Cooper)所创造，其英文名称是 Persona。艾伦·库伯提出，要做一个能够称之为"好体验"的产品，必须对用户有足够的了解，从而建立同理心，即通过和用户的沟通、观察他们的生活建立起一种和他们感同身受的心理状态。Persona 就是设计师对用户的观察、与用户沟通后分解出来的几种人物类型，每一个类型被称为一个 Persona，或者叫作人物角色。

产品设计人员通过与用户沟通交流，确定典型的目标用户类型，在理解各类目标用户的特征的基础上建立任务原型。用户画像是合理地描述用户特征的人格化虚拟原型，重点关注用户的行为、态度、目标。

随着对用户画像的重视及实践的深入，现在互联网公司对"用户画像"的作用与本质有了更理性的认识，用户画像既作为理解工具、沟通工具，也开始作为管理工具，可以统一团队的意见，为设计提供参考依据。用户画像从一开始的"角色定位"逐渐展向更丰富的用户属性描述，即 User Profile。

一个完整的 User Profile 包括基本属性——性别、年龄、职业、婚姻、学历；商业属性——收入、消费水平、消费方式、消费偏好；行为数据——媒体(手机、PC)使用行为、社交方式、娱乐爱好；场景化数据——出现在哪些场景，存在场景里的行为，以及时长怎样，等等。

从 Persona 到 User Profile 的转向，体现了用户画像的内涵在不断充盈，其内容也在不断走向立体。今天我们所讲的用户中心论与 User Profile 发生了密切的关联，因为一个产品的逻辑起点就是用户，产品团队需要通过调研去了解用户，根据他们的目标、行为和观点的差异，将他们区分为不同的类型，然后从每种类型中抽取出典型特征，赋予一个名字、一张照片、一些人口统计学要素、场景等描述，最终形成具有工具性、指导性和管理功能的用户画像。

可见，所谓用户画像，并不是真的人，只是代表了特征相同的某类人群；是在掌握、分析真实数据的基础上得出的一个虚拟用户，是真实用户的虚拟代表。

现在，营销团队也开始在产品宣传中使用用户画像，虽然这种方法富有成效，但与产品设计团队的使用目的不同，前者是为了找准目标消费者，激发消费需求，而产品设计师则是为了分析用户的需求和在线行为。

3.2 用户画像的作用

在现实中，有的大型互联网公司虽然有用户研究团队，却不一定能做出好产品，而小的创业公司没有用户研究团队，也有可能做出优秀的产品——这种情形屡见不鲜，因为从本质上来说，用户画像只是一种工具，有它不一定能救活一个产品，没它不会必然导致产品的失败。所以，认识用户画像的价值，就要充分了解作为工具的用户画像可以被如何使用。当前，其工具性主要体现在以下四个方面。

(1) 了解用户——尤其是对目标用户产生具象的认识，更好地了解目标用户，包括细化用户的使用场景、使用目的，方便产品 UI、交互设计等人员讨论产品方案时举出实例。

(2) 产品依据——产品的起点是需求的存在，只有用户可以告诉我们，这个需求是否是真实的需求，他们在什么场景下有此需求，以及现有的服务方式在哪些方面满足了他们的需求，哪些方面仍有待提高的空间等。产品团队常常把自己的需求当成用户需求，有了用户画像，就可以代替设计师或者产品经理常说的"我想""我以为""我觉得"等，既能避免错误，提高团队之间的工作和沟通效率，又可通过用户画像制定产品决策，通过分层满足目标用户需求，逐步提高用户对产品的认同度和依赖度等。在此前提下，再去思考商业模式、技术实现程度等，这是产品研发的正常逻辑。

(3) 设计参考——用户画像可以用来筛选重要的产品功能，假设目标用户是"玛丽"，就应该添加对"玛丽"重要的功能。如果某项功能只是针对"琳达"的，就应该被淘汰。用户画像既有助于决定谁是目标用户，也有助于决定谁不是目标用户，两者同样重要。面面俱到的产品往往一无是处，使用用户画像可以避免这种错误，也可以让产品团队避免把自己的需求当成用户需求的错误。虽然一般情况下，用户不一定比开发人员更聪明，也不一定思考得更多，因为他们并不会把日常的精力放在要研发的产品上。但是，若要问这个界面好看不好看，功能入口是否合理，也许用户会给出更有说服性的答案。用户画像的价值在于对群体需求的浓缩与再现，这种再现可以帮助设计师培养同理心，确定用户的水平与偏好，从而提高设计要求，修正设计路径，以更好地实现用户界面(UI)和用户体验(UE)的对接。

(4) 市场取舍——现实中，除了微信、QQ 这种社交产品外，我们开发的产品很难说是为了满足所有用户的，尤其在社交、美食、影音、电商等领域都已被大企业的产品垄断的情形下，许多产品开发团队需要对市场进行进一步细分，并寻找尽可能的垂直领域进行产品研发。这就意味着，如果我们不做"大而全"或者"系列化"产品，就非常有必要认清自己产品的主流用户和非主流用户。

这样，当我们只能做一个产品，而又不得不服务于多种人群时，最好的办法就是迅速取舍，把资源投入到典型用户上，比如面向高端用户的音乐产品几乎不需要解决在地铁中的使用问题，这些用户不是在市场定位中的主要用户；比如做上门服务的餐饮产品也不必解决用户非要堂食的问题，道理也一样。努力让主流用户的体验做到 100 分，因为这群人的意见和体验至关重要，只要让他们狂热地喜欢，就会有强大的裙带效应。反之，如果把所有用户的需求都做均衡的考量，那么所有人的体验只能都维持在 70 分左右，这种设计就是无任何满意度的设计。

 ## 阅读材料

不要试图理解 2%的用户

前百度产品架构师后显慧曾提出这一个说法：不要试图理解 2%的用户[1]。他指出：早期

---

[1] 后显慧. 产品的视角——从热闹到门道[M]. 北京：机械工业出版社，2016：233-234.

产品和中期产品都不应该纠结于这2%的用户,有太多产品投入大量资源去解决这2%的用户需求,导致了其他98%的用户承受额外的成本。后显慧老师曾给一个培训机构讲课,每次每人收费2000元。他提出一个建议,学院如果对课程不满意就退款。几个合伙人听了很吃惊,纷纷表示,如果这样万一大家都去退款呢。后老师说,如果我们内容和体验做得足够好,最多只有2%的用户退款。后来几经实验,50人的课堂基本只有一两个人退款,而且每次都很稳定,其他合伙人比较好奇,问他为什么会这样。他说,有2%的用户是不可思议的,不要谋求去理解他们,但不要因为他们而影响另外98%的决策,如果有不满意就退款作为保障,其他98%的同学就可以毫无顾忌地下单了。

为98%的用户设计产品,让2%的用户跟着用。想清楚这一点,产品设计过程中的一些坑就可以避免,很多决策也会顺利很多。

3.3　用户画像的产生阶段

用户画像的产生基于用户调查。那么在什么情况下需要用户调查?

显然,很多人都会想到,在确认产品需求及进行前期市场调研时,需要用户调研问卷的设计、发放和回收工作。也就是说,在产品研发前,需要做用户调查,生成用户画像,以帮助产品团队明确主流用户是谁,他们在之前的经历中遇到过哪些痛点,以及用户未被满足的需求都有哪些。

事实上,除了产品研发前需要做用户画像,在产品推广和应用阶段更需要及时收集用户反馈数据。通过目标用户回访、焦点小组等方式,加上后台的注册用户全样本数据,及时制作标准用户画像,一是用来检验前期对目标用户的判断、认知等是否吻合;二是深度了解用户在产品使用过程中遇到哪些问题,用户体验如何,等等。对于大多数公司来说,这样的反馈数据显然更值得重视。

所以,用户画像的产生阶段可以在产品研发前,也可以在产品研发后。产品研发前所做的用户画像,主要目的是确认研发产品的依据。对于大多数产品来说,应该不属于市场空白型产品,因而用户调研的目的只是要确认现有的产品服务方式还有哪些不到位,然后找到自身产品的机会。

在产品推向市场,尤其在批量用户开始使用产品后,就要非常重视用户的反馈数据,这远比早期的用户调研数据重要。这些反馈数据决定了产品迭代和优化的方向。

还需要注意的是,前期用户调研所得出的用户画像,与产品推向市场后基于全样本数据绘制出的用户画像,可能存在不一样的情形。比如说,前期预测的主流用户在25岁上下的男性青年,有可能在产品推广后,发现主流用户是40岁左右的中年"三高"人群。这种意外(惊喜?惊吓?)的发生是允许的。

此外,在产品研发前期进行用户调研时,最好面向预想的目标用户展开,否则会得到许多无效数据。同时,也不要期望从用户身上得到太多有用信息,毕竟作为产品设计者,自然会比用户想得更为全面和深刻,但是待产品上线后,则要非常重视所有用户的体验和反馈。

3.4 用户画像的生成与输出

从过程来看，用户画像需要按照既定的流程、合适的方法来规范操作；从结果来看，其输出品为可视化强、界面友好、容易理解的形象图；从目的来说，其完成了面向产品潜在用户(或正常使用者)的一次深刻的用户洞察。接下来，我们就从头开始一起遍历其完整的环节。

3.4.1 大类判断

事实上，在正式开展调研工作之前，我们做产品的用户画像，一定会对用户群体有一个想象。这个想象基于对市场变化的关注，对产品的主打功能、产品调性等的预判，从而对用户的年龄、消费层次、使用场景等生发合理推测。换句话说，在正式进入调研之前，要根据已知的数据确定要采访的用户类型，并对他们的年龄、学历、收入水平、工作、居住地等有事先的了解。

比如某学生团队致力于开发一款以声音为媒介的社交 APP "声控"，产品考虑到大学生在寝室熄灯之后，长时间观看手机屏幕会伤眼的实际情形，从而预计一款以声音来传情达意、记录生活、听声识人的产品会有一定市场空间。这样一款产品，在研发之前，基本上就确立了产品主要面向的对象，那么所谓大类的预判，或者说在后期开展用户调研的时候，只要重点针对在校大学生群体就可以了。

又比如某团队开发一款以化妆品购买管理和使用管理为主打功能的 APP "美历"，致力于解决现在很多女性海购了化妆品却看不懂说明，分不清使用部位或者忘记使用期限等问题。这款产品在前期用户调研时，重心就可以放在一线城市 20~40 岁的女性群体，这就是基于产品调性做出的用户大类预判。

大类预判是用户调研的前提，且在大多情况下是有必要的，可以为用户画像的输出节省不必要付出的精力，避免产生某些导向性错误。当然，对于有些产品来说，从一开始就要圈定不分职业、不分年龄和性别的用户，这个时候就不必做预判，而是要尽可能大范围地铺开用户调研，最终输出多个用户画像。

3.4.2 数据收集

用户画像的重要步骤是数据的采集与整理，而数据采集一般可以分为两个途径。

一是从一些网站资料、新闻报道、调查报告、政府报告里面得到关于某个问题最基础的数据。从数据中可反映出用户比例、资产状况、行业占比、年龄趋势等信息，然后通过数据解读得出一些关键性结论。比如，通过《中国城市阅读指数研究报告》来获取基于移动终端阅读的用户规模、市场规模、用户消费习惯、阅读类型等，从而对移动阅读市场获得基本认识，这样在做产品时对于产品把握的方向、面向的主流人群会更加精确；又如，通过《中国"95后"社交行为报告》《"解剖"95后——私享未来 10 年消费红利报告》《"90后"洞察报告》《"00后"研究报告：未来十年新消费如何布局》等对于当前移动互联网的主流人群——"90后""00后"的消费、行为、偏好等加以把握，这样使产品的调性更加向年轻人靠拢，延长整个生命周期。

二是通过调研和访谈的方式来获取一手资料数据，包括定性数据和定量数据。定性数据主要是通过深度访谈、实地观察来获得，定量数据主要通过设计调查问卷、人工数据采集(如社交媒体抓取)等方式实现。

- 实地观察：对用户的生活环境、行为、形象进行观察和照片采集。
- 深度访谈：了解用户的行为习惯和特点，了解用户的想法、需求、痛点、渴望等。可以采取一对一访谈，也可采用焦点小组方式。

以上两种方式的目的是收集类型用户的特征因素，通过观察和访谈获得典型用户的特征因素，并为接下来的定量调查问卷提供思路与依据。

- 调查问卷：根据访谈(或聊天)结果来编制问卷，根据目标人口学信息进行配比筛选，得到更为大量的用户信息，为聚类分析提供样本数据。在调查问卷设计上，其中有一些技巧和策略值得注意。

① 调查什么——主要包括以下四个方面的内容：

a. 用户的既有习惯(用户是怎么样的)。

b. 已有的渠道、产品有哪些不足(你的产品机会)。

c. 用户到底面临什么问题(真正的用户痛点)。

d. 你的核心功能用户会做何反应(确认产品依据)。

② 问题的提出——可以从以下四个方面着手：

a. 基本属性——性别、年龄、职业、婚姻、学历(基于人口统计)。

b. 商业属性——收入、消费水平、消费方式。

c. 行为数据——媒体(手机、PC)使用行为、社交方式、娱乐爱好。

d. 场景化数据——产品使用出现在哪些场景，存在场景里的何种行为及其时长。

③ 提问的技巧。

a. 不要直接问类似"如果这个产品有这个功能你会使用吗"这样的问题，而应该把你所设想的功能加上其使用场景，来询问用户是否遇到过这样的问题、痛点。只要用户做了肯定的回答，或者在量度上倾向于肯定的回答，就等于回答了他们会使用、期待这样的功能。例如：上述提到的美妆护肤品管理的 APP 的团队在最初设计的用户调研问卷中有这样一道题：

Q. 如果有一款可以帮助选购和管理美妆品的 APP，您会考虑使用吗？

　　　A. 会　　　　　　B. 不会　　　　　　C. 看情况

如此直白地把问题抛给了用户，虽然省力但价值不大，无论用户回答是或不是，对于产品团队来说有何参考价值吗？没有。若80%的用户回答"会"，也许他们觉得这只是锦上添花的产品，可有可无，但有的话不无裨益，对于产品方向来说依然模糊不清；若超过半数用户回答"不会"，难道产品就不能做下去了？所以这样的提问显得不够专业，且没有实际指导意义。

经过与团队成员沟通后，决定将此问题分解为下列两个问题。

Q1. 您在购买美妆品时，是否遇到过种类太多，不知哪种适合自己？

　　　□ 经常　□ 偶尔　□ 较少　□ 没有

　　您在购买美妆品时，是否遇到过不确定所购买的美妆品的真伪？

　　　□ 经常　□ 偶尔　□ 较少　□ 没有

您在购买美妆品时，是否遇到过看不懂产品生产批号的情形？

☐ 经常 ☐ 偶尔 ☐ 较少 ☐ 没有

Q2. 您在使用美妆品时会，是否想记录和分享自己的使用体验给他人？

☐ 经常 ☐ 偶尔 ☐ 较少 ☐ 没有

是否希望有保质期查询及提醒？

☐ 经常 ☐ 偶尔 ☐ 较少 ☐ 没有

是否希望及时获得提供新品信息及试用活动？

☐ 经常 ☐ 偶尔 ☐ 较少 ☐ 没有

这样的拆分就是把产品的预想功能结合场景描述给用户，用户面对这样的情境容易理解，通过给出量度的答案提供给产品团队更真实的想法。所以说要善于通过功能拆分，再向用户提问和搜集数据，产品团队不仅能够获得产品研发依据，而且功能规划也会在数据上得到反映(支持或不支持)。

b. 杜绝提问"你觉得产品还有哪些地方值得优化和改进"或"你希望产品有什么功能"之类的问题。这等于把产品设计的任务转移给了用户，用户没有义务帮你去想这样的问题，也没有精力思考究竟哪款功能对于你的产品来说是最重要的。而且他们在接受问卷、采访这种形式的情景下，大多也不会深度思考这样的问题。例如，一款旨在管理服装搭配的"移动衣橱"APP，其调研问卷中有这样一道问题：

Q. 您认为一款服装类 APP 中最重要的功能是哪个(不包含销售环节)？

A. 服装管理　　　　B. 服装搭配

C. 服装社交　　　　D. 其他_____

这样的问题，以及针对这个问题的所有回答，基本上都是无价值的。因为用户调研的样本范围有限，即使用户对 ABC 的选项做出了功能排序，但对于团队而言，并不敢冒险将此作为设计依据。正确的提问方法还是将这些功能结合使用场景遇到的问题描述给用户，用户根据经验予以回答。这样，其答案的可参考性会提升许多。

c. 不要提问对于用户来说难以权衡，可以全选或者一个都不想选的问题。尽量少用排序的问题，尽量少用开放式问题。例如：

Q. 您希望此款 APP 是一个何种调性的软件？

A. 最新最全的信息为主，辅以对未来职业成长工具

B. 互动性为主，辅以同属性人群互动交流

C. 记录自己从演艺的成长历程为主，辅以历程中所遇需求的解决

通过问题的设置和选项的描述，可以判断产品团队对于这款产品的想象，产品若能达到此境界当然最好。但是对于用户而言，没有哪项是必不可少，也没有哪项是无关紧要的。这些选项都选是最保险的，而无论是都选或者都不选，最后的数据对于团队而言并无多人用处。又如：

Q. 以下因素影响到您选择某一款周边招募兼职影视演员信息的 APP 的程度排列为？(排序)

A. 信息真实性　　B. UI 设计　　　C. 服务质量

D. 用户数量与评价　E. 安全性　　　F. 其他(请注明)_____

这是一道排序题，同样把思考的重任落在了被调研用户身上。如果调研 100 个用户，有 30个人选择 UI 设计为首要因素，40 人选择信息真实性为首要因素，还有各 15 人选择安全性与服

务质量为首要因素，那么这样的答案会给研发团队带来怎样的启示呢？难道因为最少的人选择服务质量，就不重视服务质量吗？所以对于产品导向而言依然是一团雾水。事实上从 A 到 E 的选项，可以看出是团队本身对产品的期待，而且这都是应该特别重视的产品要素，本质上不应排序。只需要用户确认他们曾在生活、工作中遭遇过关于服务质量、安全性等方面的难题，或者他们在其他产品中未曾得到满意的解决即可。还如：

Q. 您还有什么想对我们说的吗？提建议或抒发感想都可以！

这种开放式提问也见于各种调查问卷，但事实上这并不是最佳的提问方式。除非是自己的好朋友、身边的同学，在你的严盯密守下，认真思考后给出答案，否则大多用户在仓促之中作出的回答很少有值得借鉴的价值。

在教学过程中，我们发现很多前期调研中，以上提到的几种问题都比较常见。其实，提问的逻辑不是急于问用户"您是否需要这个那个功能""您觉得有这样一款 APP 会不会很棒"等，而应转换成"您遇到过这样的情形(问题)吗""您以往的解决方案是什么"等提问方式；在形式上，多用量表式问题(方便数据整理)，尽量少使用开放式问题；尽可能地让所有提问都直白、简单，用户可以凭直觉给出最真切的答案。

综合以上，关于问卷的设计最重要的就是：不要让用户陷入思考和纠结。

3.4.3 数据分析

在得到一定量的用户数据后，则进入到数据分析阶段。而数据分析的基本问题就是要找一个合理的分类，然后结合业务描述不同分类。常用的工具有以下两种。

1. 聚类分析

聚类分析主要针对定量数据，就是把数据按一定的规则分为不同类的分析过程。聚类分析的目的是把一组数据划分为有意义的子集，并实现最大的组内相似性和最小的组间相似性，量化每个分类的比例。

聚类方式是一个逐次聚合的过程，聚类原理如下：最初把每一个样本当作一类，再将距离最近的两类合并，然后重新计算新类与其他类的距离，再将距离最近的两个类合并，直至所有的样本都合并成一类(见图 3-1)。

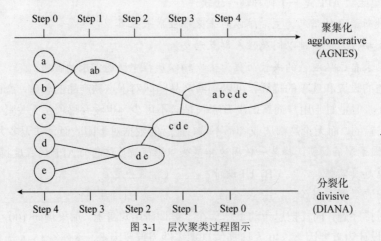

图 3-1 层次聚类过程图示

层次聚类既可以做样本聚类，也可以做变量聚类。前者也叫作 Q 型聚类，就是对样品个体进行聚类，后者也叫作 R 型聚类，是指对指标变量进行聚类。

通过前期的用户调研，在对数据做分析时按照调研时间顺序大致将用户分为前 50 名和后 50 名用户两类，这种聚类方法就是样本(Q 型)聚类；而如果按照年龄、职业、偏好等指标来划分的用户类型就是变量(R 型)聚类。

完成聚类后，就可以对每一个类型展开描述统计。如果你收集的用户信息足够多，范围足够大，就会发现很多用户类型是一致的。合并同类信息和筛掉无用信息，最后将这些信息用几个维度或者标签概括起来，此步骤可以称为用户信息筛选。

接下来进行用户信息合并，把相同类型的用户合并成一个用户画像，给每一个用户画像取一个生动贴切的名字，并从采访中提取关键信息作为用户画像的描述。根据信息图能很清晰地知道每一个用户画像的特点，然后根据对产品的期望、竞品差异化策略、未来发展趋势、平台优势等条件综合评估，选出哪个是最需要满足的用户画像，把所有的用户画像按照重要次序来划分。

2. 亲和图

亲和图(Affinity Diagram)就是把大量收集到的事实、意见或构思等定性资料，按其相近性进行归纳整理的一种方法。核心工作主要是为用户打标签，如用户喜欢什么、消费标准是多少、社交行为是什么。也可结合一定的数据挖掘来描述用户：喜欢某个品牌手机的用户消费支出更偏高等。

制作亲和图的方法被称作"图解法"或者"KJ 法"，这一方法是东京工业大学教授、人文学家川喜田二郎在 1964 年提出，KJ 是他的英文姓名 Jiro Kawakita 的缩写。虽然这是一个很有年代感的方法，但是结合头脑风暴仍然深受当下互联网公司欢迎，并能有效指导解决实际问题，找到破解方案的方法。

下面介绍如何使用亲和图提炼用户特征。亲和图的大致制作流程如下。

(1) 制作亲和点(黄色便利贴)。在分组完成后，可将所提的问题或者预测的用户特征列为一个亲和点，写在黄色便利贴上。一张便利贴只有一个亲和点，并附有用户编号。例如，某张便利贴上可能写着"U1—更偏好在京东购物""U3—有轻微的选择恐惧症"等。根据访谈人数，每次可能会有近百张黄色便利贴。

(2) 上墙。找一面大墙，将便利贴(亲和点)逐一贴到墙上，反映同一个问题的便利贴排在同一列。在这个过程中，参与者(少至 2 人，多则 7、8 人)可以随意移动任意便利贴，无须进行讨论。

(3) 初步提炼(蓝色便利贴)。找一张蓝色便利贴并贴在每组黄色贴顶上，上面写着对这组内容的总结(即蓝色便利贴是对黄色便利贴的总结)。例如，

蓝色便利贴："我想学好外语但没有找到良径。"

黄色便利贴 1："每天使用手机时长超过 8 小时。"

黄色便利贴 2："每月网购总额在 2000 元左右。"

此外，撰写蓝色便利贴还有两个基本点：①一定要用第一人称来写；②每张蓝色便利贴的内容本身不可再细分，便利贴之间无交集。

(4) 再度提炼(粉色便利贴与绿色便利贴)。粉色便利贴是对蓝色便利贴的进一步总结,它们应能反映出某个主题。以此类推,而最后的绿色便利贴,则是最高层次的总结。这样,一张完成的亲和图就完成了(见图3-2)。

图 3-2　完成的亲和图

(5) 遍历亲和图。至此,请项目组成员共同参与,以自上而下的方式遍历亲和图(恰恰与建立亲和图时相反),从而掌握全局、识别设计机会。可以将针对某个层级某张便利贴的想法(design idea)写在第五种颜色的便利贴上,并标识清楚,如"DI:不要让用户拍照上传,应该制作数据库让用户选择"。

(6) 将亲和图表格化。制作实体亲和图时,一方面由项目组不同角色的人员共同参与和感受,能通过具象的遍历更好地看到问题和展开探讨;另一方面还需要由专门的人员做现场记录,实时地把大家的分析结果电子化,比如有不少亲和图软件可以将墙上的便利贴记录下来。或者自行设计一个表格(见图3-3),通过特征的不断提炼与合并,最终填满标签表格。

	1	2	3	4	5	6	7	8	9	10
基本属性										
商业属性										
行为特征										
场景特征										

图 3-3　表格化的亲和图

3.4.4　用户画像的输出

在历经了数据采集和数据分析之后,最终输出的用户画像将包括以下三个非常关键的组成部分。

1. 画像主体(标签构成、照片或动漫形象)

基于大数据的虚拟用户需要一个非常可人、生动的头像,从而利于记忆其具象构成。常见的方式有照片、动漫形象、标签头像等(见图3-4)。

图 3-4　使用卡通形象的用户主体形象

当下，随着数据可视化的发展，还出现了关键字/标签构成头像的做法，看起来也更为时尚且富含有效信息。图 3-5 所示为使用标签头像的用户主体形象，该图可用一款在线工具 Taxedo 制作完成。

图 3-5　使用标签头像的用户主体形象

2. 故事板(代入感、描述性、细节真实)

在赋予了用户头像之后，还要赋予用户接近真实的生活场景和场景中的行为描写。比如确定用户要完成的目标、正在进行的事件及遇到的问题等，目的是全面展示用户和产品之间的交互关系，如果再辅以一定的文学语言和感情色彩，就形成了一篇信息和情绪饱满的用户故事。用户故事现在被赋予越来越重要的地位，一则好的故事能迅速深入人心，直接打动投资者和产品用户。所以，讲好一则用户故事，在路演过程中被视为成败的关键。在市场文档中，用户故事由故事板予以表现，故事板又可分为文字故事板和图片故事板。

(1) 文字故事板。

在某娱乐公司当创意总监的盼盼是一个超级大吃货，她在闲暇时候喜欢到处吃吃吃，并将吃遍上海的每一家食店当作自己的目标。但是，近年来，食品安全问题却让盼盼非常心忧。地沟油、添加剂等负面新闻无不骇人听闻。同时，高热量高脂肪的美食宛若"糖衣炮弹"，让盼盼在满足口腹之欲的同时也让她的身材悄悄变形。但是，这几天盼盼的烦恼似乎得到了解决。在朋友的推荐下，她开始使用"四方"APP。在这个 APP 上，很多美食达人晒出了自己的独家食谱，同时也将自己做的私房菜进行销售。盼盼只要打开定位并选择想吃的菜品类别，就可以看到上海市 XX 区的美食达人在售卖怎样的菜品。通过向他们购买私房菜，盼盼不仅吃到了健康又美味的美食，又结交了很多志同道合的朋友[1]。

(2) 图片故事板如图 3-6 所示，通过多幅图片讲述故事情节，生动直观。

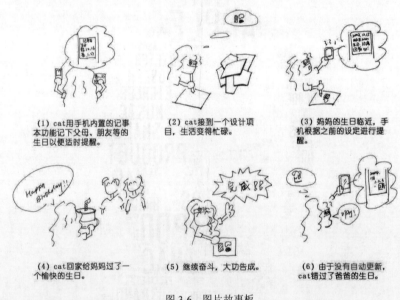

(1) cat用手机内置的记事本功能记下父母、朋友等的生日以便适时提醒。　　(2) cat接到一个设计项目，生活变得忙碌。　　(3) 妈妈的生日临近，手机根据之前的设定进行提醒。

(4) cat回家给妈妈过了一个愉快的生日。　　(5) 继续奋斗，大功告成。　　(6) 由于没有自动更新，cat错过了爸爸的生日。

图 3-6　图片故事板

通过文字故事板和图片故事板两种方式，可以形象地感知或看到用户在实际场景中遇到了怎样的难题，最终知道谁是用户，并且知道他的故事。

这一环节其实至关重要。有些时候，产品研发团队抱怨他们的用户画像推广不起来，很大程度上是因为用户的故事没有讲好。

---

[1] 人人都是产品经理网站. 用户场景神器——故事板[EB/OL]. http://www.woshipm.com/discuss/98166.html.

3. 必要数据＋具体细节/名称

在对用户画像的描述中，能嵌入真实的行业数据，再加上一些事件的细节描写，可以说是锦上添花，会更加增添画像描述的真实性，增强代入感，对画像输出和市场接受有更大的益处(见图 3-7～图 3-9)。

图 3-7　用户画像输出案例 1

图 3-8　用户画像输出案例 2

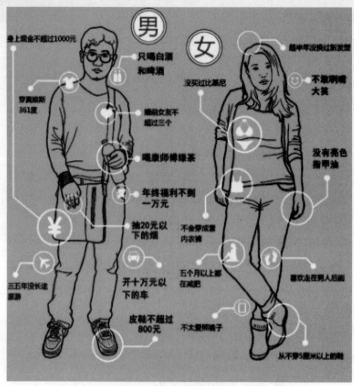

图 3-9　用户画像输出案例 3

3.4.5　用户画像的使用

　　当用户画像经过前期调研、访谈和制作的过程输出后，作为产品负责人，要确保头脑里只记得这些人，其他人都不认识，这样可以避免很多杂音和干扰，做出来的产品才会精准。同时，通过用户画像知道产品该做什么事，也知道不该做什么事。

　　当输出多个用户画像时，就需要确定用户画像的优先级——可以从使用频率、市场大小、收益的潜力、竞争优势等指标出发，做出优先权判定。这可能是个相对主观的过程，需要团队成员群策群力，最后给出一致判定。

　　如果是在产品上线后，经过统计实际使用用户数据得出用户画像，这时可以为用户画像建立一个速查表，将不同类型的用户画像及其特征、标签输入表格，供团队其他成员调用与查看。

　　以上就是关于用户画像的所有介绍。最后，还需要提醒大家两点：第一，用户画像不是万能的，和其他问题分析方法一样有自己的局限性。虽然用户画像很重要，但我们也知道像谷歌、苹果公司那些伟大的产品也不是通过画像而诞生的。不止用户画像可以确定产品依据，数据挖掘也可以，宏观的市场判断也可以，所以不必过度迷恋用户画像，前期产品调研时也不一定要在用户画像上投入过多精力以免延误产品时机。第二，用户画像推广不起来在于人物角色是否生动、易于理解和能否引起共鸣，所以在结果输出上一定要善于用互联网思维，向大众讲述一个细节丰富、数据充实、场景真实、易于传播的故事。

3.5 思考题

1. 什么是用户画像?
2. 用户画像的产生阶段有哪些?
3. 什么是"亲和图",其制作流程如何?

第 *4* 章

产品规划

　　从用户痛点到功能实现，这中间并不是一个线性过程。有时候能把握住需求但做不出功能，有时候做出了功能但不符合用户使用习惯。所以，这个过程充满了复杂性和迂回性。任何一款产品的开发都是值得认真规划的。产品规划包括功能设计、流程管理、产品架构和细节设计等方面。从宏观到微观，从观察到调研，需要投入大量的智力、体力工作，本章重点展示一款产品"从需求到功能，从功能到流程"的规划过程。

4.1　产品功能规划

　　功能设计应该说是产品规划的核心。从功能层面来说，一款产品应该包括核心功能、次要功能和系统辅助功能(见图4-1)。

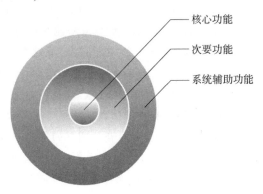

核心功能

次要功能

系统辅助功能

图4-1　产品功能层次图

4.1.1　核心功能

　　当我们谈及一款产品时，如果能用一句话概括或者一个关键词来指代这款产品，那么至少说明这款产品的功能定位是十分清晰明确的。在这方面，游戏产品做得最好，每款游戏的主题与其情节十分匹配，围绕游戏主题与任务做出相应功能开发，其使用逻辑和开发逻辑都很清晰。

　　在移动应用产品的设计范畴中，产品开发一般就是从核心功能入手的。**核心功能是一款产品的立足点，既要实现"用户带着问题打开产品，到解决问题离开产品"，也要承载其最大的商业价值和产品价值。**在 PC 时代，人们普遍认为功能越多，产品用途就会越广，获客面也会越大。但随着技术的进步与服务的升级，产品市场在加速细分，开发者从注重产品的广度向注重产品的深度转变。从总的开发趋势来看，很多产品开始从大而全向小而美回归，越小越清晰，越小越精准，能够为用户提供更好的体验与服务。从这个意义上来说，一款产品有且应有一个核心功能点。而且一个产品不应该在没做好一个功能的深度时，就去开发另一个功能，这样不但分散开发团队的精力，顾此失彼，同时也不会给用户带来良好的使用体验。

案例分析

"超级课程表"APP

　　中国的高校有着3000万级别的在校人数，由于大学生年轻、创新、富有活力，极具传播力和感染力，能够在产品的传播和推广过程中起到至为关键的作用，因而校园市场有着巨大的价值。"超级课程表"就是一款面向大学生群体，功能上对接高校教务系统，帮助大学生快速

录入课表至手机的工具类应用。截至 2016 年，该产品对外宣称已覆盖全国 3000 多所大学，拥有 1700 多万注册用户，已是全国最大的校园社区。

"超级课程表"的最初立意，就是让大学生根据学期个性化生成自己的课程表，然后应用于屏保、电子邮件等。这是典型的工具产品的定位，通过工具服务获得用户忠诚使用。凭借着"课程管理"这一核心功能，该款产品在 2011 年推出后很快借着移动互联网的东风风靡各大高校校园。2012—2014 年，产品先后荣获朱波、周鸿祎、阿里的 A、B 轮融资，融资规模高达千万，一时间成为网红级校园产品，其创始人余文佳也成为话题人物而频频曝光。

2015 年 3 月，课程表产品经历了最大规模的一次改版，其改版的中心思想是从工具向社交转变，产品改版后添加了许多社交功能，比如其中的课表功能融入到了下课聊的校内板块之中，下课聊操场版块中则拥有限时夜聊"深夜来一发"，自拍打分"我这么美我不能死""附近的童鞋"等特色板块。新加入的社交功能囊括了绝大多数的校园用户的多元化需求，让校园用户诉求得到了全面的满足。且由于其移动端的特性，对传统的 PC 端校园 BBS 起到了绝佳的替代作用。

越来越多的用户使"超级课程表"没有按捺住自己做社交的野心，但是在 2015 年，微信已经如日中天，这个社交巨头切断了校园社交产生商业闭环的可能性。在很多校园社交平台上，即使双方投缘，关系也会迅速从平台转入微信，因此这类产品往往无法做用户沉淀。

与此同时，在不断的改版和迭代中，"超级课程表"还拥有了点名功能、传纸条、树洞功能、跳蚤市场等，从一个课程管理为核心工具类产品转向了"工具+社交"型产品，从"轻"变"重"。一种评价是它在变得多元，像一个集中各种功能于一身的校园 58，但也有一种声音认为：超级课程表实际上已经变得过于臃肿，因为不断叠加的辅助功能，导致团队的精力被过度分散，原来的核心功能反而没有巩固好优势，被后来的"课程格子"等同类产品超越。而新用户来到"超级课程表"，发现并不知道自己要做什么。这样一个原来定位很清晰的产品，现在看来变得平庸而没有特色。

这是一个典型的"次要功能包围核心功能，最终吞噬产品"的案例。

（资料来源：超级课程表新版本上线 深耕校园社交[N/OL]. 东方今报，2015-03-05.
http://news.163.com/15/0305/17/AJV71JJA00014Q4P.html.）

核心功能由大多数用户在特定场景下的使用行为推导而出，比如游客来到一个陌生城市，想寻找离自己最近的酒店，面对这种典型需求开发相应的产品，就要使用 LBS(Location Based Service，基于位置的服务)技术，从实现酒店信息的搜集与推送开始，再进一步做信息排序和优化(如价格段位排序)，再做相关条件的选择设置(是否带停车位)等，最终让用户端选到自己满意的住处。又如用户经常面临送礼物的需求，但送给什么人，对应要送什么，这其实已成为送礼行为的痛点。那么，把节日、身份(关系)、事件(升学、乔迁)等场景结合进来，收罗时下潮流的礼物和送礼物的方法，为用户呈现热门的礼物推荐，打造成完整又实用的"礼物攻略"，就是类似"礼物说"这样类型产品的立足点。

由以上两个案例可见，核心功能并不意味着只是一个功能，而是指向了一个根本目的或者叫最终目标，功能可以围绕终极目标恰当地展开。比如当我们寻找一家合适的酒店时，要结合距离、价格、增值服务等多个因素来共同促成这一目的；当我们要选择送礼物时，也要结合价格、关系、事件等诸多因素来一起考量。也就是说，当我们关注核心功能时，更重要的是把真正属于核心功能的支撑部分、关联因素等也都全部挖掘出来,并且保证不能发生方向的偏离。举一个例子,比如汽车最大的价值是让我们快速、高效而安全地到达目的地,围绕这一核心功能可以在发动机改良上、油耗上、材质选择上等做出持续改进,但若要不停地想着把各种好玩的东西、功能都添加上去,把汽车打造成一个私人KTV、个人影院甚至娱乐室,然后为了留住用户再放各种广告——显然这种"车"的定位已经偏离了大众一般理解的汽车,对于那种"代步工具"需求的用户来说,这些做法未必能更好地解决用户的问题,反而可能制造出新的问题。

基于某个用户或者自身的切实需求,在某个具体的场景下,描述清楚所想要的服务并不是太困难的事情,比如出门旅行时想要有人提供不一样的定制路线,等巴士时想确定下一趟车到站的时间,在做饭时想要一套有效且直观地指导做菜的教程以及想在一些碎片化时间做些有意义的事,等等。如果我们能够保持对用户场景的正确想象,那么确认产品的核心功能其实并不难,但找准了核心功能并不代表产品的解决方案就一定会成功。再比如市面上这么多听音乐的产品,几乎每一款都能提供海量的版权音乐,在基础功能上都做得很扎实,那么为什么用户还是做出了偏好明显的选择?这是由于从产品创想走向功能实现有多种路径,对于产品团队来说,比把握核心功能更重要的是找到产品在功能设计上的最佳方案。而到达彼岸的路径只有一条:就是要回落到市场调研和用户分析的层面,把用户基于特定场景下的行为分析吃透,真正给用户带来节省时间、解决问题、提升效率等便利。换句话说,在面对相同需求的时候,能够创造出产品的独特性与真正卖点,这是我们对用户和市场的最大尊重。

下面以知识管理/笔记管理类产品——有道云笔记和印象笔记(Evernote)的对比来说明:尽管其核心功能都是记笔记和知识管理,但两款产品在设计呈现上不同,在业务实现上也有不同的处理逻辑。

这两款产品创建笔记的流程,均由底部Tab的"+"按钮所触发。不同的是,在按下"+"按钮时,有道云笔记先进入一个选择窗口,让用户进一步选择"上传图片""语音速记"还是"手写笔记"方式,选择其一后进入正式的笔记输入页面(见图4-2);而印象笔记则是直接进入了笔记输入页面,除非用户长按"+"键,则出现一个扇形的半屏窗口(见图4-3),供用户选择"录音""图片"等方式,也就是说,在更常规的情况下,印象笔记一步到位可以使用记笔记的核心功能,但有道云笔记则需要多一个步骤。从效率上讲,印象笔记似乎更胜一筹。当然,有道云笔记的做法也无可厚非,甚至可以说很周到,可这里的"周到"相对于"用户习惯"来说,印象笔记的设计更符合大多数用户的大多数使用情境,它可以更有效率地进入核心功能,同时也没有省去"周到"的考量,长按"+"按钮的方式需要用户慢慢去发现,然后形成习惯,就好像是一个产品的发现之旅,越使用越美好。所以,好的产品不是不替用户做决定,而是替用户做出最好的决定。

从以上对比得出的启示是:第一,产品功能设计要更加注重面向核心场景;第二,即使是面向核心功能,不同的产品团队仍有不同的解决方案,对用户行为考察的不同,则带来了不大相同的解决方案,而方案本身是有优劣之分的,那么由此带来的市场效果也就不尽相同。对于大部分产品团队来说,他们面临的问题并不是没有关注到核心功能,而是对其关注还远远不够,要尽可能围绕核心功能去挖掘属于自己产品的真正卖点。

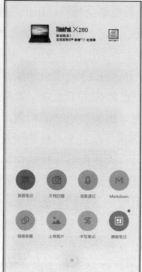

图 4-2　有道云笔记

图 4-3　印象笔记

4.1.2　次要功能

次要功能是指跟核心功能相关，但使用频次不及核心功能、重要程度不及核心功能，在开发顺序上可以相对延后的功能。

次要功能在很多时候是主要功能的一种衍生。比如，大部分音乐类 APP 都伴随开发一个听歌识曲的功能，这是考虑到年轻人不仅喜欢听音乐，喜欢在咖啡店或者走路时享受听音乐的乐趣，还有在即时听到音乐的时候想要立刻获得歌曲信息的需求。在不知道歌名的情况下，文字搜索显得十分局限，因而用户让软件听取歌曲片段来搜索到该首歌曲，这便让用户体验达到更佳，因此多数音乐类 APP 会直接将听歌识曲放置在首页做成一个二级界面(见图 4-4)。

网易云音乐　　　　　　　　　　酷狗音乐　　　　　　　　　　虾米音乐

图 4-4　几款音乐类 APP 的听歌识曲功能

次要功能在某些情形下会成为一种变现的方式。比如一款定位为提供用户查询车辆违章、提醒车主保养等服务的爱车管理 APP，以提供精准信息为核心卖点拥有了大批忠实粉丝，这些车主不定期来产品上一探违章结果，所以产品结合用户的使用特性开发出附近的修车行、洗车行等地理服务功能，并在线下与这些实体店展开合作，从而转变为一个线上导流线下的商业平台。可以说，结合用户的群体特征和具体需求，利用规模优势把用户导向消费，这种做法并不会影响到原有核心功能的地位，同时一定的商业变现还会反过来促使其把核心功能做得更好，可谓一举两得。

次要功能有时候会成为产品的亮点。比如很多工具类产品都面临停留时间短、使用频次低的问题，因为用户总是在需要解决问题(工具属性)的时候才会想到它。而如果无法解决这些问题，哪怕用户再多，这些工具 APP 的商业价值也很容易达到瓶颈。如女性生活产品"大姨妈"专注女性月经期的各种服务，尽管设计得十分贴心，深受用户认可，但产品本身仅仅依靠其核心功能无法达到使用户停留时间延长和频次提高等目的，于是产品随后增加了"社区"功能板块，并以"姐妹说"命名。在"姐妹说"身上，可以看到很多女性论坛的影子，无论是常见的粉红颜色，还是熟悉的健康情感分类，甚至某些帖子的话题都让人感觉那么熟悉。但是和过去论坛不同的是，这里采用了类似豆瓣的小组的形式，有了"姐妹说"，"大姨妈"成功把自己的海量用户沉淀了下来，只需简单的引导规则，用户就可以在里面自己生根发芽。如此一来，停留时间、使用频率都不再是问题，因为用户已经不只是想看生理周期(工具属性)的时候才会打开 APP 了，而是没事就去某个感兴趣的小组逛逛。

对于变幻莫测的市场环境来说，一个有意思的现象是：产品的主要功能与次要功能、核心功能与辅助性功能都是相对的，在一定的阶段和市场背景下还会发生转化。如"春雨医生"最早的核心功能是辅助减肥，后来转向了轻问诊平台；"大姨妈"的主要功能是帮助女性记录经期，但现在已经变成了一个主打关爱女性用品的电商平台；"小红书"本来是款跨境电商的产品，但现在更像是一个优质的商品使用体验的内容原创与分享平台。更为典型的是"足迹"这款产品，它是一个对图片的二次处理软件，为了避免与"美图秀秀"等修图软件定位的冲突，其更多的是强调通过用户主观性创作，来制造出自己独一无二的图片。"大片模式"是产品后期添加上的一个"次要功能"，但没想到这一功能得到市场的全面肯定，用户量暴增，使"足迹"一跃成为 APP 爆款，用户的热爱和追捧使"足迹"很快找到了自己的发展方向："地点故事+电影取景"这种文艺场景需求的实现——这才是战略层级的定位。所以说，**主要功能与次要功能，一开始是由产品设计者设定，但最终决定其地位与身份的是市场与用户。**

在决定对产品增加次要功能的时候，要注意这样两个原则：一是如果核心功能没有活力，增加再多次要功能都于事无补，切忌本末倒置；二是每增加一个功能，都会带来长期的产品维护成本，因而在做出决策前要做足前期调研工作和后期运营的充分准备。

4.1.3　系统辅助功能

系统辅助功能指的是技术性的、保障性的功能，如登录、注册、搜索等这种系统"标配性"的功能，以及能增进使用体验的如"夜间模式""字体设置"等。其实系统功能作为设计基础，并非可有可无，实乃整个系统的根基，尤其是如果有注册模式，还要围绕每一个用户开发个性化的如头像更换、增加签名、收藏关注等功能……离开这些，用户几乎无法很好地体验整个产品。

系统辅助功能也被称为非功能性设计，来源于用户的非功能需求，如系统的可管理要求、灵活扩展要求、性能要求、安全要求等。这些设计除了在系统的架构设计时需要充分的考虑和满足，在功能 APP 设计时也需要做相应的响应。例如，最常见的一个 APP 系统管理，通常包含数据管理、日志管理、参数管理、模型管理、模版管理、接口管理、APP 管理等。不过这部分功能大多属于"后台"管理功能，与用户接触最多的前端完全不同，这里涉及后台开发或者与现成的第三方模块对接的问题，就不展开技术论述。

4.1.4　USP 功能

作为一个产品创意者，其最头痛的问题莫过于，你想到的点子别人都已经在做了。比如说想做图片美化类产品，而市面上相关的应用应有尽有，核心功能不相上下。这种情形下该怎么应对？

其实在广告学领域，20 世纪 50 年代初美国人罗瑟·里夫斯(Rosser Reeves)提出过一个 USP 理论，要求向消费者说一个"独特的销售主张"(Unique Selling Proposition)，简称 USP 理论。该理论强调产品具体的特殊功效和利益，在销售策略上要对消费者提出一个说辞，给予消费者一个明确的利益承诺。到了 20 世纪 90 年代，达彼斯将 USP 定义为：其创造力在于揭示一个品牌的精髓，并通过强有力地、有说服力地证实它的独特性，使之所向披靡，势不可挡。

我们可以借鉴UPS 理论来定义产品的"独一无二"的功能，不过在技术复制如此快速的当下，要做到独一无二太难了。那么改为"首发特色功能"，即在核心功能都不分彼此的竞争环境下，产品做出一点微创新，做出一点有特色的功能以让用户产生独特印象就足矣。比如还是在美图领域，现在市场层面至少有十几款产品都拥有百万级别以上的用户量，可以说竞争异常激烈。而每一款产品要立足下去的唯一策略就是：保持不同并持续创新以保持不同——如"足迹"引领出"大片模式"，"B612咔叽"给少女戴上激萌的面部装饰，Snapseed以傲人"曲线"功能比肩专业修图软件，Poco的拼图，Funny的"留白"，Prisma的各式"滤镜"，善于"添加字幕"的"黄油相机"和"集大成者"的"美图秀秀"……之所以每一款产品都有一批固定的用户，就是因为这一款产品在某一点上做到了极致，让用户觉得产品在这一点上是最专业的，是无可替代的。

USP功能还可以体现在对产品制度的设计上。比如做二手物品交易的平台有很多，"转转"也是其中之一。对于二手市场交易来说，买家在找便宜，卖家在减少自身损耗，双方需要找到符合各自利益的临界点，而整个市场最让人揪心的不是买卖难做，而是买家担心卖家的物品并非物有所值，所以对于交易平台型产品来说，并不是说提供这样一个场所就足够，面向痛点解决问题才是发展王道。"转转"的规则是：卖家发布支持验机商品，然后买家下单并支付，卖家将手机发往转转优品接受验机，转转优品收货后1个工作日内完成验机并提供质检报告，买家看完质检报告，确定购买后，则由优品顺丰包邮。若收到商品与质检报告不符，优品支持全额先行赔付；若交易后出现纠纷，优品会根据验机结果全程协助买家维权……在这里，"转转"平台设立的第三方检测机构相当于一个检测、担保和主持公道的角色，一下子解决了二手市场长期以来的痛点：它首先解决了用户担心买到的物品被夸大其词甚至是假货的可能，其次也能够保证卖家货真价实的物品一分价钱一分货的卖出最高价格，最后维护了市场良好秩序，用户购买及之后的再维权也没有后顾之忧，买卖双方均能受益。

综上所述，USP功能于设计者而言，最大的指导意义在于：如果大家都在做一样的东西，一定要找到自己的特色，找到自己得以立足的价值点。

4.2 产品流程管理

什么是流程？流程是工业时代的概念，指的是从原料投入到成品产出，通过一定的设备按顺序连续地进行加工的过程。在日常生活中，我们遇到的很多场景，比如在餐厅吃饭排队、停车场进出、在ATM机上存取款、去图书馆借书等，流程几乎无处不在。

对于一款移动产品来说，流程意味着用户从打开产品到解决问题的过程。好的流程让用户迅速解决问题，差的流程让用户充满疑惑，迟迟达不到终点。从产品设计端来说，产品团队往往会绞尽脑汁规划好流程，为的就是让用户更便捷地理解产品，更高效地去使用产品。但从用户端来说，有的时候这些努力并不被接受。有一张图特别形象地揭示了这种情形(见图4-5)：产品设计者以为替用户规划了一条特别合适的抵达路径，但用户却有着自己的惯用方式。这种错位经常让产品面临尴尬，由此更加说明了产品流程设计的重要性。

也正是从这样的情形中，我们可以得出，产品的流程包含两层含义：一是从产品设计者角度出发的产品设计流程，一是从用户角度出发的产品使用流程。下文所展开分析的流程是站在设计者角度来思考如何让产品的功能得以顺利实现。当然，我们始终认为：产品设计流程应依循用户使用流程而调节、而优化、而改变。

"产品设计流程"　　　　　　　　　　　　　　　　　　"用户使用流程"

图 4-5　"产品设计流程"与"用户使用流程"

4.2.1　从最简单的流程开始

在日常对话中，流程是一个高频词汇，比如"这个事情要走一下流程""我们的业务流程是这样的……"。流程意味着秩序和规则，从某种程度上说，我们都活在流程里，就餐、出行、看电影、选课……这些基本的行动都是存在流程的。**对于产品来说，其功能的实现就表现为流程。**

产品流程指的是用户从开始使用产品到使用结束所历经的所有步骤。即使最简单的产品也有其流程，比如我们想象一部只有一个按钮的手机，这个按钮唯有一个功能就是当你按下去的时候它会自动拨通某一个电话号码，只要有网络环境，这个功能就一直生效。对于这样简单的产品，在现实中也有它对应的使用场景，比如 SOS 一键呼救型的老年人手机、手环等。这样的"单细胞"产品里也存在一个简单流程，即用户按下按钮，产品拨通电话，另外一端的用户就可以响应这通信息——这是 C2C 的产品流程；如果定义为 C2B 的产品，那么当用户按下按钮时，首先自动发送 GPS 定位到后台(技术公司/医院/报警中心)，再由后台做出应急处理，最后把这一信号分配给就近的人员(见图 4-6)，由其具体响应。可见为了实现同样的需求，不同的产品类型会存在不同的流程。

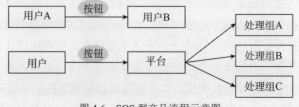

图 4-6　SOS 型产品流程示意图

流程本身可分为单线流程、多线流程和交叉流程。大部分移动端产品是单线流程，比如以ofo、摩拜为代表的共享单车 APP，其流程如下：

用户打开手机 APP→基于地理位置显示离自己最近的单车→扫码开锁(使用中) →停车上锁→APP扣费完成(使用结束)

各大医院具备挂号功能的公众号也是单线流程:

用户打开公众号→选择预约挂号→选择科室→选择医生→查看并选择可预约时段→填写个人信息→选择自费或者医保→在线支付→收到预约短信(完成)

多线流程的产品往往具备综合性的多种功能,也可以这么来看,多线流程的产品是不同单线产品的叠加与融合。这种叠加有时候是一种并列式叠加,比如城市服务类的产品往往是融合了诸多不同的市民需求,比如交水电费、缴纳社保、处理违章、网上报税甚至是同城电商等。这里每一种业务对应不同的流程,需要开发者认真应对每一个流程,保证流程的封闭性和顺畅性。有时候是一种并列加交叉的叠加,比如图像处理类产品,用户从导入图片开始,可能会进行的流程有结构处理、人像美容、滤镜添加等,在这些分流程走完之后,会进入"保存效果—分享到社交平台—保存至手机"的尾段操作,这一段流程又回归了一致。

交叉流程指的是产品在纵向使用过程中,某一个环节会出现横向流程;或者在横向流程使用中穿插了纵向流程。比如以众多银行类 APP 所具备的转账功能来说,这个功能可首先视作一个纵向流程,用户需要依次选择转账金额、转账对象、银行卡号(己方)、银行卡号(对方)和取款密码及验证码,进而达到目的。在不同的银行产品里,这些信息的顺序有可能不同,但都是不可或缺的部分。从纵向上来看,转账功能是比较简单的,但真正实现起来,尤其是结合用户的多情形需求,又充满了复杂性,主要体现在:每一个环节又可衍生出次级流程。比如转账对象的添加,既可以提供常用转账人、最近转账人这些选项,同时还可以让用户自定义添加,又需要进入姓名、银行卡号、银行卡信息的表单页面,一旦有了以上需求,一次转账过程实现起来就既简单又复杂(见图4-7)。

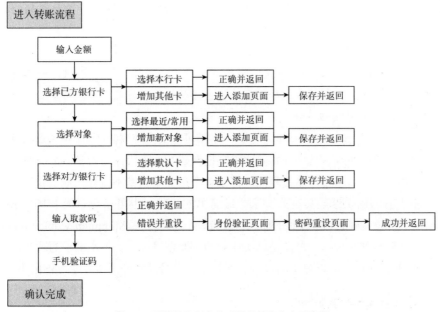

图4-7 既简单又复杂的"银行转账"交叉流程

　　单线流程在逻辑上是最简单、清晰的，而且用户容易理解和执行；多线流程适用于功能并列的产品且之间互不影响，可一站式满足用户的不同需求；交叉流程也具备多功能性，但它是一个大类别下的细分功能，这样才具备交叉实现的可能。无论是哪种流程类型，对于产品设计者来说，只有流程合理，用户才能顺畅地使用产品，满足其初始需求。

　　产品开发要从最简单的流程开始，"简单"才容易想清楚，也容易让用户理解清楚。比如笔者在实际生活中会面临这样一个情景：晚上要哼着摇篮曲哄孩子睡觉，这个事情如果用产品的方式来解决，应该如何设计呢？

　　首先，要把这首歌封装进一个产品中，只要我打开产品，摁下按钮，就直接播放这首摇篮曲。流程如下：

　　打开 APP→单击播放按钮→播放摇篮曲

　　这是一个产品的基本流程。但若产品仅仅设计成如此，也就没有设计的必要了，因为过于简单，我只要从网易云音乐里找到这首歌置顶播放一样可以解决——所以还要让这个产品具备一些"产品特征"，即所谓的"开发必要性"。

　　假设宝宝听了现成的摇篮曲，觉得"味道"不对，他就要听老爸现场的哼唱版才能入睡，那么这时就要求产品能具备录音功能，因而需要增加这样一个流程：

　　打开 APP→单击播放按钮→播放常规摇篮曲

　　打开 APP→单击录制按钮→录制哼唱版→确定→回到播放选择页面→单击播放按钮→播放录制版摇篮曲

　　一般情况下，宝宝听一遍并不能马上入睡，需要循环播放，那么流程中还需要增加循环播放选项，当然这个小功能严格说不算流程部分，而是播放器本应具备的叠加功能。

　　如果在这样的产品中还要把商业模式体现出来，也许我们可以脑洞大开地继续设想：除了一般性的摇篮曲、可录制的个性化声音之外，产品还能额外提供白噪音、更适合宝宝入睡的钢琴曲等内容，但这些内容需要付费，因而产品就要加上购买流程；如果产品把推广因素考虑在内的话，还需要添加分享到社交平台的功能，因而还需要一个分享流程：

　　打开 APP→解锁付费内容→支付说明页面→支付方式选择→支付宝/微信的支付对接或填写银行卡号→支付确认→回到播放选择页面→单击播放按钮→播放付费版摇篮曲

　　打开 APP→单击分享按钮→社交平台选择→确认

　　尽管以上设想因为功能点太简单而注定是一个不可能被生产出的产品，但是通过这个案例可以得出：对于产品设计来说，从一开始就要牢牢把握好基本流程，因为我们根据用户需求反推过来的功能点的叠加都是基于基本流程的。正是这个最简单的基本流程保证了我们不忘初心，保证我们产品方向的确定性。其实关于这个最简单的流程，也可以理解为 MVP。MVP 是埃里克·莱斯所著《精益创业》中提到的概念，意为最小可用产品(Minimum Viable Product)模型。最小可用产品意味着如果说这个产品是确实成立的，即使只有一个很小很小的功能，也要确保其可用性。MVP 会保证产品以最小的投入成本开始，以最基础的版本开始，再由小做大。

4.2.2　流程的优化管理

　　我们要求产品设计从最简单的流程开始，简单与清晰往往是结合在一起的。但并不是所有产品的流程都很简单，流程可以变得复杂，复杂依然清晰——针对"清晰"这一本质要求，需要对流程进行优化管理。

1. 精简化流程

流程优化的第一要义则是精简流程，就是说把没必要的环节删去、合并或进行合理的隐藏。

(1) 删减。

常见的一种情形是：当用户首次使用一个产品，该产品要求用户登录才可使用，于是要先选择是登录还是注册，然后进入登录流程或者注册流程。其实这里要考量的是整个流程最开始的地方，用户也许可以不用先来决定是要登录还是注册，他可以直接输入用户名(邮件或者手机号)，然后由系统来判定他的注册状态，如果提示已注册，则填写密码登录，如果提示没有注册，则依旧填写密码完成注册过程，然后再跳回登录页(见图4-8)。所以，优化过的流程删减了一个判断的环节，不得不说这种删减更加符合正常的使用逻辑。目前，很多移动端产品都是按照这个最简流程来实现登录和注册功能的。

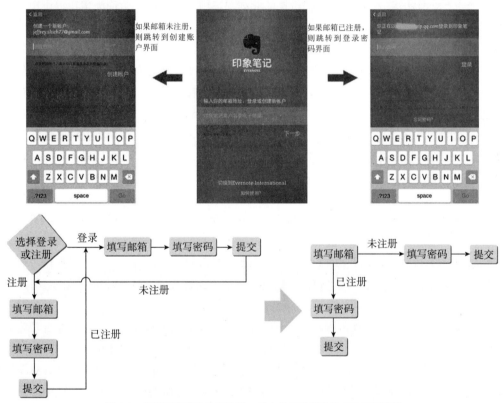

图4-8 系统判定用户是否注册，省去用户选择登录或注册的环节

(2) 合并。

电商网站的购物流程一直是产品经理研究的热点对象，今天无论是淘宝、京东等传统的电商品牌，还是新兴的蘑菇街、小红书这些移动电商品牌，在购物流程上几乎是一致的，这种一致性首先保证了用户不管在哪个平台购物，都不存在认知障碍，不用思考即可高效、流畅地完成购物；其次这种一致性也是众多设计师和用户共同打磨出来的，是电商购物平台的产品设计

和进化的自然结果。这个比较"一致"的购物流程可以总结如下:

选中商品→加入购物车→进入结算(商品数量调整、优惠券使用)→填写收货信息→支付→完成

这个流程应该说是用户熟知且似乎不能再精简的标准化过程,那么这个流程真的没有优化的可能了吗?

不,我们依然可以分成以下两种情况来讨论。

第一种情况是针对购物平台来说,大部分用户都是注册用户,这意味着他们有着默认的个人信息(姓名、手机号)和收货地址,而且大部分用户在购买商品时单次购买单件的频率是最高的,于是在特定的情形下,以上购物流程还可以进一步优化为:

选中商品→立即购买→支付→完成

也就是把"加入购物车→进入结算(商品数量调整、优惠券使用)→填写收货信息"这三个步骤合并成了"立即购买"这一步。当然,因为这里分析的是"用户单次购买单件"的大概率情况,因而"立即购买"只能作为一种可选的并列选项(见图4-9),一方面为用户提供更便捷的一键下单,另一方面依然可以给用户提供返回、撤销和修改的机会,因此这样的流程合并是合理的。

第二种情况适用于单页面形态的小型电商,这种电商是随着微信、微博等社交媒体的兴起而出现的改良型产品,特别适合基于社交媒体进行传播,有着轻盈、易分享、不用注册等特点。单页面电商按照字面理解,就是一个页面只呈现一个商品,所以往往这个页面比较长(20~30张图片),让用户从多个角度了解产品的更多信息和功用,从而也利用这个浏览时间增加用户购买决策的可能性,商品详情介绍完之后,用户需要单击页面底部的购买按钮进入下一步,下个环节是更改产品数量、使用优惠券,确认之后进入用户信息页面,填完收货人信息并确认后进入支付页面……

其实这种单页面电商的购物流程与淘宝、京东这种大型电商无异,但反映在产品设计层却无形中在每一个环节中徒增了"确定"按钮,这种设计尽管清晰但实际上没有太大必要性,属于冗余成分。鉴于此,一个优化的方案是:把商品详情和订单管理合并,最终只保留"确认提交"按钮,这种流程比起每一次"确定、翻页、等待"而言节省了不少时间(见图4-10)。

(3)隐藏。

流程优化并不是一味地让流程减少,有时候流程并不是真的被删掉了,而是被合理隐藏起来了,用户感觉不到或者不用刻意处理,从而带来更优的体验。比如,Uber所考虑的事情是不应去询问用户的位置,产品能够基于数据自动定位,利用LBS功能,用户只需要选择乘车的位置(而不是填写)就可以叫车。使用同样处理方法的还有地图导航类产品、共享单车APP等,这类产品的使用前提需要用户提供"我在哪里"的信息,并不需要用户亲自去填写,技术已经隐藏式地提供了,用户则很自然地接受这一结果,从而更快地达到使用目的。

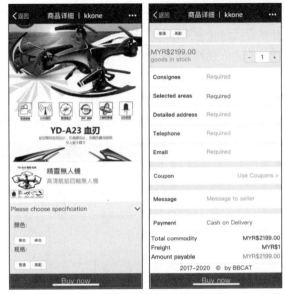

图 4-9　一般的购物网站设计　　图 4-10　商品详情+订单和用户信息的单页面电商设计(该网站由笔者设计)

2. "复杂化"流程

流程优化的要义是保持清晰。正如上文所说,保持清晰的做法不一定是一味地减少流程,甚至有时候还要增加必要的环节,以免让用户陷入思考、迷茫,这样尽管步骤上看似多了,但对于用户而言感觉不到繁复,反而因为容易理解而增强使用好感。

(1) 拆分任务。

有的产品在进入正式使用前,需要获取用户更多的个人信息,以便于提供更加有针对性的服务,故而存在一个使用前流程。比如"凯叔讲故事"在使用前会让用户(一般是孩子家长)依次确认"小孩的性别""年龄""故事种类""上传头像"等。如果按照精简设计的想法,似乎这里提供一个表单就可以一次性解决。但是从优化流程的角度来说,最好是把这个任务拆分成一定数量的子任务,每一个任务看起来十分简单清楚,这样就不会让用户感觉烦琐,而是有流程走起的节奏快感(见图 4-11)。

图 4-11　"凯叔讲故事"APP 的"用户定义"流程

又比如笔者经常使用的一个以发现和推荐APP为主的"最美"APP，它既给用户带来丰富有趣的产品推荐，同时也允许用户上传分享 APP 给其他人。但是在用户上传即分享 APP 时，传统的流程是这样的：选择应用、添加标签、描述应用、填写测评、添加截图都在同一个页面内(见图 4-12)。这种做法对设计师而言是省事的，但从用户心理来说，这么多信息要放在一个页面处理，难免带来压力并可能降低用户分享意愿。优化的思路是拆分流程、文图分离，可改为：选择应用→选择图片→填写文字信息(描述、测评、选择标签)，减轻用户的操作负担(见图 4-13)。

图 4-12　"最美" APP 的用户分享应用界面

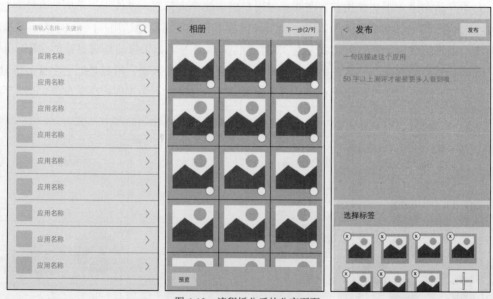

图 4-13　流程拆分后的分享页面

在上述两个案例中可以发现，拆分后的页面在设计上也显得更大气、简约，能给用户带来更好的使用体验。

(2) 进程提示。

如果实在没有简化流程的空间，或者在不得不增加步骤的情形下，出于人性化的考虑，还可酌情设计进程提示，如电商购物应用中的渐进结账流程(见图4-14)，这样让用户清楚自己的每一步操作和当前所处的位置，也可以提升用户对流程的理解。

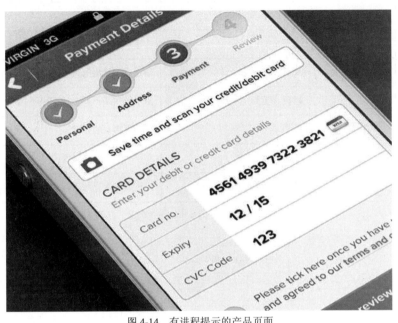

图4-14　有进程提示的产品页面

综上，我们所说的流程管理及优化，从本质上要求产品更加符合逻辑，更加符合用户的使用习惯，而优化的路径除了常规的简化和减少流程以外，在特定的情境下还需要增加流程环节，以便于让用户感到更清晰。所以换句话说，使用产品的步骤多少并不是影响其使用体验的关键。明白了这一点，就明白了"优化流程"的真正含义。

4.2.3　绘制产品流程图

流程图也被称作"输入/输出图"，是一种沟通性质的"图形化语言"。一般会使用一些标准符号代表某些类型的动作，如判断用菱形框表示，具体的操作行为、活动用方框表示，开始和结束用圆角矩形框表示(见图4-15)。

常见的流程图分类有两种：一种是业务流程图(Transaction Flow)，一种是页面流程图(Page Flow)。

对于产品团队来说，用得比较多的是业务流程图。业务流程图又分为两种，一种是单纯的用户操作行为流程图，这种流程图往往只涉及一种用户角色，也就是表达用户"从哪进—做什么—从哪走"的过程(见图4-16)。

元素	名称	意义
	任务开始或结束(start&end)	流程图开始或者结束
	操作处理(process)	具体的步骤名或操作
	判断决策(decision)	方案名或条件标准
	路径(path)	连接各要素，箭头代表流程方向
	文件(document)	输入或者输出的文件
	已定义流程	重复使用某一界定处理程序
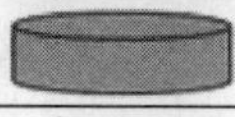	归档	文件和档案的存储
	备注(comment)	对已有元素的注释说明
	连接(connector)	流程图和流程图之间的接口

图 4-15　流程图常用元素及含义

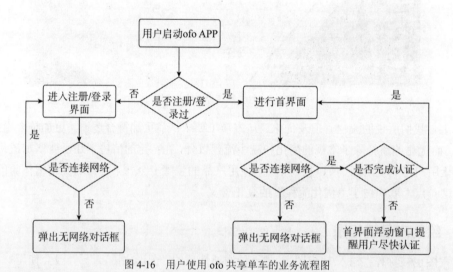

图 4-16　用户使用 ofo 共享单车的业务流程图

　　另一种是全局视角的流程图，它涵盖并表现了多角色、多模块的复杂功能实现。在形式上有点像游泳池里的泳道，所以又俗称为"泳道图"。绘图元素与传统流程图类似，但主要通过泳道(纵向条)区分出执行主体(部门和岗位)，并能够直观地描述系统的各活动之间的逻辑关系，有利于用户理解业务逻辑。"泳道图"一般要考虑三个方面：①涉及哪些主体？②每个主体都有哪些任务？③各个主体之间怎么联系的？以 P2P 平台为例，它涉及借款人、平台、投资人、第三方支付四个主体，每个主体需要完成的任务、任务之间的联系和先后顺序都需要通过流程图展现出来(见图 4-17)。

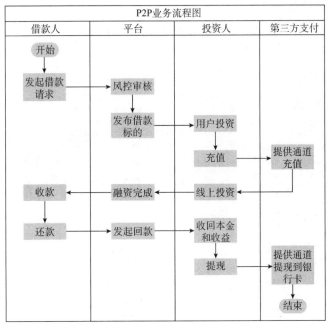

图 4-17　P2P 业务流程图

页面流程图可以表达"用户通过什么操作进了什么页面及后续的操作和页面",注重梳理各个页面之间的跳转关系,但它一般并不面向用户,而是面向设计师的。设计师需要把产品的逻辑理解清楚,然后通过纯"前端"展示的方式(有时候需要丰富的设计细节、高保真页面,见图 4-18),从而使团队上下对于产品功能实现达成一致。

(a)"云吸猫"产品页面流程图(深圳大学网新专业 2015 级　简海鹏　陈璐　桂秀男　郑丽婵)

图 4-18　产品页面流程图

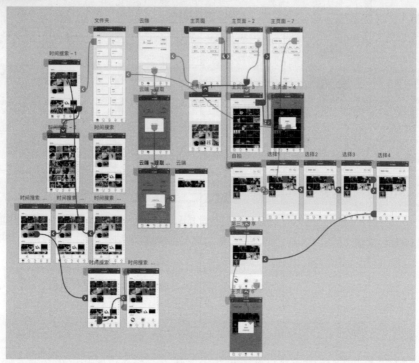

(b)"时光抽屉"产品页面流程图(深圳大学广告专业 2015 级 林申益 李子丹 陈瑜)

图 4-18　产品页面流程图(续)

从结构上来说，一般流程图有三种结构：顺序结构、选择结构、循环结构(见图 4-19)。

接下来介绍如何绘制流程图。这里要区分两种情况，一种是针对产品设计者(团队成员)，一种是针对产品体验者(学习者)。对于前者，往往需要在产品开发前就完成绘制，需要对产品有深度理解；对于后者，其实是以"用户"身份使用产品，这个绘制过程在一定程度上有点像对产品进行"复盘"。正常来说，这两种不同身份的角色进行绘制的结果如果比较一致，就说明产品的实现达到了初衷。下面以"今日头条"这一高频资讯类产品的使用情形为例，具体说明流程图的绘制。

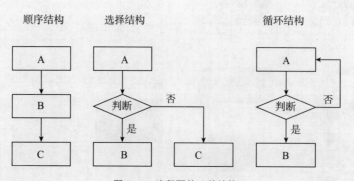

图 4-19　流程图的三种结构

我们以产品设计者的角色来进行以下展开。首先，要抓取出产品使用的重要节点。设想用户来到今日头条，其使用路径主要存在以下三种：

打开APP→浏览页面→选择文章→阅读、转发、分享、收藏

打开APP→登录/注册→进入收藏→搜索/选择文章→阅读、转发、分享

打开APP→登录/注册→发表文章→评论管理

　　这三种使用方法的区别在于，第一种更倾向于只是满足阅览和分享需求的游客模式；第二种是注册用户模式，满足定向搜索和收藏文章、评论、转发、分享等需求；第三种是作者模式，除了具备以上所有功能外，主要是发表文章和对留言评论进行回复。据此，我们绘制出最简化的使用流程图(见图4-20)。

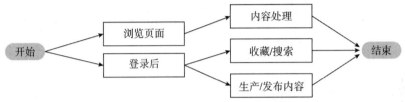

图4-20　最简化的"今日头条"使用流程图

　　接下来需要找出流程中的变量，或者说影响流程走向的关键因素。在这里，依然把握上述两个重要节点：①是否需要登录注册；②是否需要生产内容。针对第一个问题，要考虑用户注册和登录的情境，一般情况下，用户如果仅仅是浏览或者分享都不需要注册，但首次使用产品时会有注册提示，用户在进行特殊内容操作(如收藏)时需要登录。当然，用户无论在何种情形下都依然有权拒绝登录及注册请求。根据这一考虑，加上"是否首次启动"的变量，由此引起后面一系列流程的变动(见图4-21)。

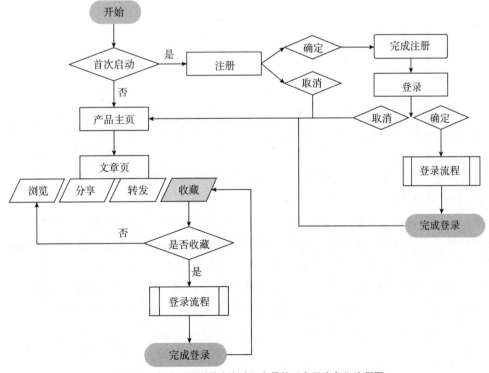

图4-21　加上"是否首次启动"变量的"今日头条"流程图

再接下来，需要加上"是否需要生产内容"这一变量。当用户是生产者角色，进入后台可以发布文图、音视频内容，还可以管理之前发布内容的用户留言、评论，也可以修改或者删除发布的内容……当发布完成后，用户既可以回到普通浏览状态，也可以继续发布新的内容（见图 4-22）。

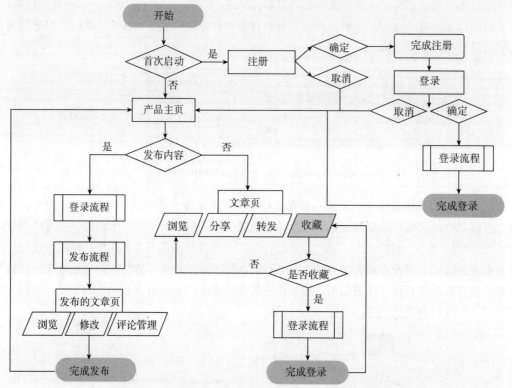

图 4-22　加上"是否需要生产内容"变量的"今日头条"流程图

实际上，用户在使用过程中还会面临很多其他变量，比如登录时忘记用户名或密码，比如所处的网络环境在 Wifi 和 4G 之间切换，比如某些情境还需要实名认证……可以说，只要有新增变量，就要在流程中让用户停顿处理。对于产品设计者来说，也许并不需要他能绘制多么事无巨细的流程图，但不得不承认，流程图确实有助于设计者更加清楚产品功能的实现逻辑，在产品进入开发环节之前，产品业务逻辑要取得一致认识，流程图起码要能在纸上跑通。

绘制流程图常用工具有以下三种。

(1) Visio。Visio 是微软推出的一款流程图绘制工具(见图 4-23)，它有很多组件库，可以方便快捷地完成流程图、泳道图、结构图的绘制，该工具比较容易上手，更适用于 Windows 环境。

(2) Omnigraffle。Omnigraffle 更适用于苹果电脑(见图 4-24)。其优点就是画出来的图形比较美，同时支持外部插件；缺点是没有比较好的泳道流程图插件，画泳道图不是很方便。

图 4-23　Visio 软件界面

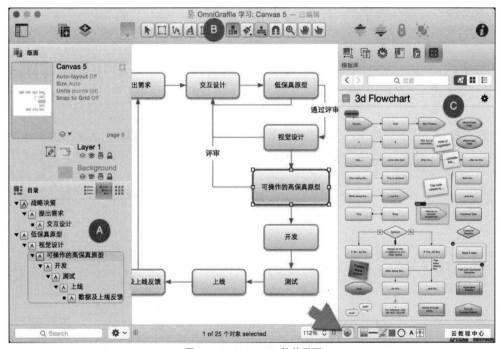

图 4-24　Omnigraffle 软件界面

(3) Process On。这是一款网页版的在线作图工具(见图 4-25)，其优点是无须下载安装，支持在线协作，可以多人同时对一个文件协作编辑，提供很多流程图模版，可以方便地画出流程图、思维导图、原型图、UML 图；缺点由于是在线的，要注意及时保存和输出。

图 4-25　Process On 工具

4.3　产品架构设计

在知晓和确认了产品核心功能，并对产品流程有了一定设想之后，就进入产品架构的设计环节。产品架构是对产品功能和产品流程的具体排布，具体来说，产品架构就是解决"产品的功能会被放在哪一层级以及如何实现的"的问题。

4.3.1　产品架构模型

在写作中，有一个著名的金字塔原理，由麦肯锡的咨询师巴巴拉·明托(Barbara Minto)发明，他提倡按照读者的阅读习惯来组织文章，先由一个总的思想统领多组思想，然后依次往下，下面的每一层都是对上面一层的解释——这就是一种典型的结构，也是比较容易理解的一种思维框架(见图 4-26)。加瑞特(Jesse James Garrett)，在《用户体验要素：以用户为中心的产品设计》这本书中，系统阐述了互联网产品的几个典型的架构模型。

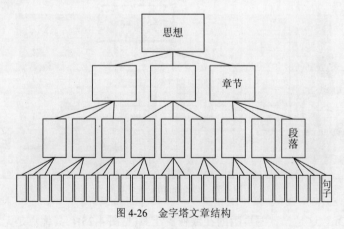

图 4-26　金字塔文章结构

1. 层级结构(Hierarchical Structure)

层级结构(见图 4-27)与金字塔结构几近一致。在层级结构中，节点与其他相关节点之间存在父级/子级的关系。子节点代表着更狭义的概念，从属于代表着更广义类别的父节点。不是每个节点都有子节点，但是每个节点都有一个父节点，一直往上直到整个结构的父节点。层级关系的概念对于用户来说非常容易理解，同时软件也是倾向于层级的工作方式，因此这种类型的结构是最常见的。

这种伞状式的产品架构，是互联网、移动互联网产品中使用得最多的一种信息结构，比如使用频度最高的微信、QQ 及各类 C2C 的移动产品，都是使用这种产品架构进行产品设计。这种架构的特点是符合人类的认知习惯，因为人们天生就有分类的习惯。

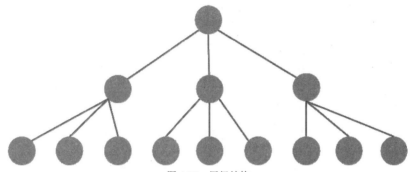

图 4-27　层级结构

2. 自然结构(Organic Structure)

自然结构(见图 4-28)不会遵循任何一致的模式。节点是逐一被连接起来的，同时这种结构没有太强烈的分类概念。自然结构对于探索一系列关系不明确或一直在演变的主题很合适。但是自然结构没有给用户提供一个清晰的指示，从而让用户能感觉他们在结构中的哪个部分。

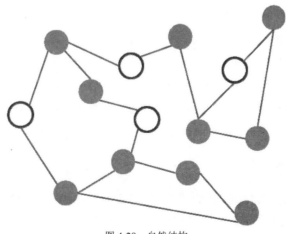

图 4-28　自然结构

如果要让用户产生自由探险的感觉，比如某些娱乐或教育网站，那自然结构会是个好的选择；但是，如果用户下次还需要依靠同样的路径去找到同样的内容，那么这种结构就可能会把用户的经历变成一次挑战。

3. 线性结构(Sequential Structure)

线性结构(见图4-29)常见于媒体。连贯的语言流程是最基本的信息结构类型，而且处理它的装置早已被深深地植入我们的大脑中。书、文章、音像和录像全部都被设计成一种线性的体验。

在互联网产品中，线性结构经常被用于小规模的结构，例如单篇的文章或单个专题；大规模的线性结构则被用于管理那些需要呈现的内容顺序，比如在线教学应用或内容。

图4-29　线性结构

4. 矩阵结构(Matrix Structure)

矩阵结构(见图4-30)允许用户在节点与节点之间沿着两个或更多的"维度"移动。由于每一个用户的需求都可以和矩阵中的一个"轴"联系在一起，因此矩阵结构通常能帮助那些"带着不同需求而来"的用户，使他们能在相同内容中寻找各自想要的东西。举个例子来说，如果某些用户确实很想通过颜色来浏览产品，而其他人偏偏希望能通过产品的尺寸来浏览，那么矩阵结构就可以同时容纳这两种不同的用户。

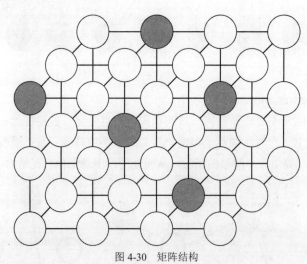

图4-30　矩阵结构

值得注意的是，如果期望用户把这个当成主要的导航工具，那么超过三个维度的矩阵可能就会出现问题。在四个或更多维度的空间下，人脑基本上难以将其可视化出来。

4.3.2　产品架构逻辑

产品架构的设计既要符合上述的思考逻辑，也要符合基于产品的特有逻辑，比如用户在使用产品中的特定顺序，或者用户抵达目的的多重路径、入口排布。产品架构就是抽象出来的页面分布和功能罗列，这里主要涉及功能的排序问题和流程化处理问题。

1. 产品架构的排序逻辑

排序是产品架构首要处理的问题。其中首先是功能的优先级排序，其次是即使处在同一个功能优先级，在页面上也要体现为展现顺序的先后，即主要与次要位置的排序等。所以，不管是按照自上而下还是按照自左至右的架构来设计，设计者必须要思考的问题是，什么样的功能必须要提前，处在结构的顶端或处在页面的优势位置？而要回答这个问题，则意味着首先要找到功能排序的依据是什么。

这里要引入两个方法来解决排序问题：一种是基于四象限法则，另一种是基于 Kano 模型。

(1) 四象限法则。

四象限法则是是由著名管理学家史蒂芬·科维(Stephen R. Covey)提出的一个时间管理理论：把要做的事(如工作中的事)按照重要和紧急两方面的不同程度进行划分，可以分为四个象限：重要而且紧急、重要但不紧急、不重要但紧急、不重要而且不紧急(见图 4-31)。其中，第一象限里的事情具有时间的紧迫性和影响的重要性，无法回避也不能拖延，必须首先处理、优先解决。它表现为重大项目的谈判、重要的会议工作等。第二象限里的事件不具有时间上的紧迫性，但是它具有重大的影响，对于个人或者企业的存在和发展以及周围环境的建立维护，都具有重大的意义。第三象限包含的事件是那些紧急但不重要的事情，这一象限的事件具有很大的欺骗性。很多人认识上有误区，认为紧急的事情都显得重要，实际上，像无谓的电话、附和别人期望的事、打麻将三缺一等事件都并不重要。这些不重要的事件往往因为它紧急，就会占据人们很多宝贵的时间。第四象限的事件则大多是些琐碎的杂事，没有时间的紧迫性，没有任何的重要性，这种事件与时间的结合纯粹是在扼杀时间，是在浪费生命。发呆、上网、闲聊、游逛，这是饱食终日、无所事事的人的生活方式。

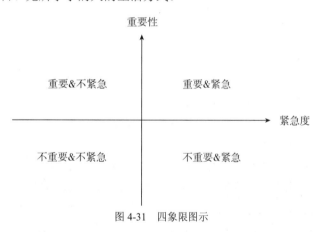

图 4-31　四象限图示

如果把四象限理论运用到产品规划上来，那么至关重要的一个事情是：我们在产品框架的顶端到底该放置什么？可以用以下指标来对功能的重要性展开自问和自测：

　　　不做，会造成严重的问题和恶劣的影响

　　　做了，会产生巨大好处和极佳效果

　　　跟核心用户利益有关

　　　跟大部分用户权益有关

　　　跟效率或成本有关

　　　跟用户体验有关

同时可用以下问题来展开产品功能是否紧急的自测：

不做，错误会持续发生并造成严重影响

在一定时间内可控但长期会有糟糕的营销

做了，立刻能解决很多问题，产生正面的影响

做了，在一段时间后可以有良好的效果

以上问题越倾向于给出肯定的答案，越意味着在产品结构处理上，这一功能务必要置于顶端位置。

(2) Kano 模型。

Kano 模型是东京理工大学教授狩野纪昭(Noriaki Kano)发明的对用户需求分类和优先排序的有用工具，以分析用户需求对用户满意的影响为基础，体现了产品性能和用户满意之间的非线性关系[1]。

根据不同类型的质量特性与顾客满意度之间的关系，狩野纪昭教授将产品服务的质量特性分为以下五类：

- 基本(必备)型需求——Must-be Quality/Basic Quality
- 期望(意愿)型需求——One-dimensional Quality/Performance Quality
- 兴奋(魅力)型需求——Attractive Quality/Excitement Quality
- 无差异型需求——Indifferent Quality/Neutral Quality
- 反向(逆向)型需求——Reverse Quality

其中，基本型需求也称为必备型需求，是顾客对企业提供的产品或服务因素的基本要求，是顾客认为产品"理所当然要有"的属性或功能。当其特性不充足(不满足顾客需求)时，顾客很不满意；当其特性充足(满足顾客需求)时，顾客也可能不会因此表现出满意。期望型需求没有基本型需求那样苛刻，要求提供的产品或服务比较优秀，但并不是"必须"的产品属性或服务行为，有些期望型需求连顾客都不太清楚，但是他们希望得到的，也叫用户需求的痛点。魅力型需求是指当顾客对一些产品或服务没有表达出明确的需求时，企业提供给顾客一些完全出乎意料的产品属性或服务行为，使顾客产生惊喜，顾客就会表现出非常满意，从而提高顾客的忠诚度。这类需求往往是代表顾客的潜在需求，企业的做法就是去寻找发掘这样的需求，领先对手。无差异型需求是指不论提供与否，对用户体验无影响，是质量中既不好也不坏的方面，它们不会导致顾客满意或不满意。反向型需求是指引起强烈不满的质量特性和导致低水平满意的质量特性，因为并非所有的消费者都有相似的喜好。许多用户根本都没有此需求，提供后用户满意度反而会下降。

在产品架构的实现中，也可以依据 Kano 模型对产品功能的性质做出自测与市调，进而做出优先级的标注(通常用 P1、P2、P3、P4 来标注，P1 优先级最高，P4 优先级最低)，这样在确定产品究竟如何架构之前先做好了第一项工作：产品功能优先级的排序。

2. 产品架构的模块逻辑

架构的填充部分，被称为模块。模块思维是一个分解再重构的过程，模块思维的内在要求一是分类处理，二是流程化处理。对于产品来说，有的模块相对独立，比如支付模块、个人中心模块，不过大部分模块互相关联，尤其是具有内容从属关系的模块，如母栏目与子栏目，或

---

[1] 魏丽坤. Kano 模型和服务质量差距模型的比较研究[J]. 质量管理，2006(9)：10-13.

者具备业务关系的模块,如从商品详情页到购物车再到支付——所谓产品架构的模块逻辑就是按照分类原则和流程化原则把产品框架有机地搭建起来。

一般而言,产品架构在产品概念化的尾期阶段输出,其输出表现形式一般是产品架构图/产品结构图,架构图首要表现的就是产品功能模块。比如以微信(V6.6.5)为例,其在功能层面重点集成了 7 大模块(见图 4-32)。这些模块就像骨骼系统,支撑起了整个产品。但是作为架构来说,又需要根据业务逻辑把这些系统像组件一样组装在一起,才算完成了整体架构。这些模块之间并不是相互独立的,其内部存在着千丝万缕的联系,比如微信的搜索模块既与信息/资讯模块和通讯录模块结合,同时又内嵌于发现模块内部,用户可以通过多个入口和路径到达。

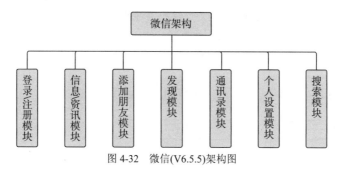

图 4-32 微信(V6.5.5)架构图

模块的提炼并不困难,首先需要把模块设想为粗线条,不要涉及过多的细节。比如对于"淘宝"这款产品,粗线条的模块就是先区分为卖家模块/买家模块和平台模块,进入卖家模块,又需要进一步设计商品管理(上新、更改、删除)模块、订单管理(发货、取消、完成)模块和卖家个人中心模块,随着商品品类的完善以及客流的增加,还需适时增加促销/优惠模块、数据可视化模块等,方便卖家对商品进行更优化的管理;而进入买家模块,需要进一步设计商品分类+搜索模块、购物车模块、买家个人中心模块等;进入平台模块,需要合理想象卖家和买家的共同所需,比如开发客服模块和支付(结账、入账和退款)模块等——有了这样一个基本结构,确定不可或缺的元素和部分之后,产品的架构就立起来了。

其次,模块的确定并没有统一的原则和标准,甚至大多时候是依靠所谓的"产品感"。比如近两年共享经济快速发展,在此模式的感染下,出现了很多"两头型"的产品,一头对接有需求的用户,一头对接响应需求的企业,滴滴、嘀嗒、爱彼迎(Airbnb)等都是这类产品的代表。按照粗线条原则,这类产品基本上可以分为提出需求和响应需求两大模块,再具体到每个产品提供服务的具体场景中去,合理设想其子模块。如滴滴的打车用户在叫车时需要提供自身定位和目的地信息,这就对应着打车用户的输入指令模块;而另一端的车主用户则在用车需求列表中依据距离、价格等因素做出选择,对应着接单模块。双方完成一次订单交易后,车主需要结束订单,用户需要确认付款和给出评价,因而各自又对应着车主状态管理模块(接单开启、接单中、接单结束)、支付模块和评价模块。可见,在确认模块的属性和功能时,需要结合用户使用场景做出具体分析。

模块的流程化要么是按照线性的时间顺序,要么是按照非线性的空间结构/业务流程来走的。比如过关类的游戏类产品,一定是按照时间顺序安排各个模块;内容消费类产品整体上看没有时间的先后顺序要求,一般是用户按需选择内容,但是内容的阅读则又要坚持线性顺序;

社交类产品也是非线性的模块结构，它围绕用户的综合社交需求，制定点对点对话模块、群聊模块、个人展示模块(头像、昵称、空间等)。所以，模块不是固化和呆板的，而应时时做出创新并灵活地再构，以形成最优化的产品架构和产品流程。

4.3.3　绘制产品框架图

在设计产品之前，可以用产品架构图将产品的页面和功能清晰地描绘出来。

产品框架图首先用于呈现页面层级，要清晰地展现产品的入口/首页及层级关系，可以用不同字体大小、加框架或底色的方式来区分层级。以美图公司的"美拍"产品为例(见图 4-33)，可以看到产品有两级页面，首页有"美拍""我的关注""拍摄""发现""我"五个同级栏目，二级页面则分布在五个栏目上，共计 31 个页面，既承载着内容，也承载着产品本身的诸多子功能和辅助功能。

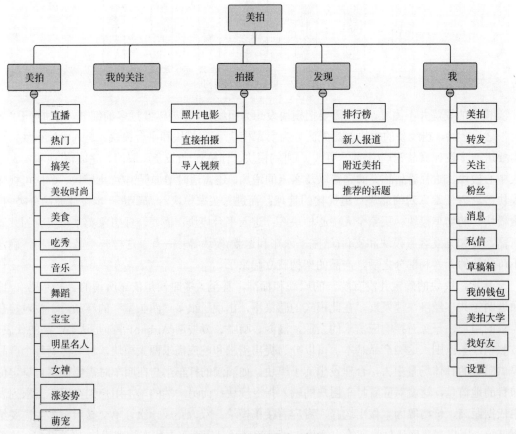

图 4-33　"美拍"的产品框架

其次，产品框架图可以把功能与页面清晰对应起来，每个页面应承载什么功能，或者功能在哪里实现，通过框架图可以把产品思路进行深度梳理，也可以直观地看到功能与页面的匹配关系，并方便做出调整。图 4-34 所示为"喜马拉雅听"的产品框架图。

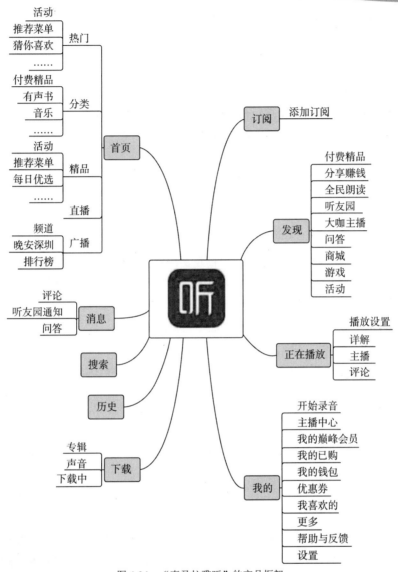

图 4-34 "喜马拉雅听"的产品框架

简单的产品框架图可以用Word、PPT 绘制，如果追求富有设计感和更专业的方式，可以用百度脑图(http://naotu.baidu.com/)等工具来辅助实现。

4.4 敏捷开发与迭代管理

对于产品的生命周期来说，既包含了从无到有的创造过程，也包括从 1 到 N 的成长过程。在互联网时代，从 0 到 1 和从 1 到 N 的过程都在快速缩短，不确定的因素在增加，因而产品开发方法和管理手段也要反映这种现实。敏捷开发与迭代管理作为移动互联网产品的方法论应景而生，旨在改观传统模式下开发周期长、成本高等不足。接下来对此内容分别展开介绍。

4.4.1 敏捷开发

1. 敏捷开发的概念

敏捷开发的提出最早是在 21 世纪初，有 17 个程序员在美国犹他州碰头开会并提出了 Agile Program Development 的概念。他们发起并成立了"敏捷联盟"，并且发布了一份比较有名的宣言：

个体和互动高于流程和工具；

工作的软件高于详尽的文档；

客户合作高于合同谈判；

响应变化高于遵循计划。

这四句话几乎相当于敏捷开发的核心价值观。在敏捷开发之前，瀑布流开发模式是主流的传统开发模式。瀑布流模式适用于规模较大的软件开发，它严格地把软件项目的开发分隔成各个开发阶段：需求分析，要件定义，基本设计，详细设计，编码，单体测试，结合测试，系统测试等。开发过程按照环节依次推进，如果达不到输出的要求，下一阶段的工作就不展开。瀑布流开发非常重视和强调"文档"，开发人员通过文档来取得共识和建立对产品的认知，在一定程度上，文档的重要性超过了代码的重要性。瀑布流模型把每个开发阶段都定义为黑盒，希望每个阶段的人员只关心自己阶段的工作，不需要关注其他阶段的工作，这样可以让开发人员能够更专注于本职工作，提高阶段效率。

在进入移动互联网时代之后，用户需求在快速切换，市场在快速升级，基础技术和创新技术都在快速更新。快节奏和高效率成为社会运转的重要特征，而用户显然已经习惯了这样的新常态。对于产品设计者来说，用户场景和 PC 时代的互联网软件及服务都有了很大的差别，而传统的瀑布流的开发存在着弊病——研发离用户较远、开发过程冗长、基于文档的死板、出现返工时代价很大等越发不能容忍，因而必须要顺应态势，压缩版本迭代的时间周期。

敏捷开发就是以用户的需求进化为核心，采用迭代、循序渐进的方法进行软件开发。在敏捷开发中，软件项目在构建初期被切分成多个子项目，各个子项目的成果都经过测试，具备可视、可集成和可运行使用的特征。换言之，就是把一个大项目分为多个相互联系但也可独立运行的小项目，并分别完成，在此过程中软件一直处于可使用状态。

因而，敏捷开发是一种方式灵活、进度快速、模块可控的方法，这种方法针对移动互联网产品有着天然的优势。尤其对于创业型的小公司而言，敏捷开发能够快速把握变化，响应变动，实现小步快跑。

2. 敏捷开发的流程

(1) 建立需求列表——产品负责人将整个产品转化为产品 Backlog。Backlog 可以理解为需求池，这个需求池里一是要确定好需求范围，二是根据一定的原则做好需求排序。

(2) 确定开发周期——与全体的团队成员召开会议，主要讨论和预估每个需求开发的时间，确定哪些需求是需要在第一个开发周期(Sprint)中完成的，并合理预估开发周期的时长，比如以周为单位，3 周是一个 Sprint。

(3) 制作任务墙——把第一个 Sprint 中的 Backlog 写在纸条上并贴到任务墙上，让大家认领分配(任务墙就是把未完成、正在做、已完成的工作状态贴到一个墙上，这样大家都可以看得到任务的状态)。

(4) 每日反馈会议——让大家在每日会议上总结昨天做的事情、遇到什么困难、今天开展什么任务。为节省时间，可采用站立方式，比如在每天早上大家定时在任务墙前站立讨论，时间控制在 15 分钟内。

(5) 绘制燃尽图——燃尽图是把当前的任务总数和日期一起绘制，每天记录一下，可以看到每天还剩多少个任务，直到任务数为 0，第一个 Sprint 就完成了。

(6)周期评审/总结会议——在 Sprint 完成时举行周期评审/总结会议，要向客户演示自己完成的软件产品。随后对第一个 Sprint 进行总结，以轮流发言方式进行，每个人都要发言，就上一次 Sprint 中遇到的问题、改进和大家分享讨论，同时对下一轮 Sprint 展开设想和评估。

4.4.2 迭代管理

敏捷开发意味着一种思维方式的转变，即作为产品设计者，无须一步到位将产品完美呈现，而是逐步修正、逐步优化、逐步接近完美，在这个过程中，产品设计者要根据市场和用户的变化快速调整、快速布局和快速迭代。迭代是敏捷开发的自然结果，通过迭代真正实现需求的释放，通过迭代赋予产品更多的可能，摸准未来的方向，本质上是一种最佳管理方式。

1. 迭代的本质：唯快不破

小米联合创始人黎万强在其《参与感》一书中，讲到快速迭代与敏捷开发就是一种面临迅速变化的需求快速开发的能力。通过小步快跑的方式持续不断地发现问题、解决问题，在较短周期内不断改进、提高和调整，适应快速变动的市场需求。总的来说，快速迭代强调是对整个产品领域需求的高效管理。

首先，快速迭代追求"最快"的速度。所谓"天下武功，唯快不破"，当你还在为你的点子振奋不已的时候，或许已经有人着手开始研发了，当你把产品推动问世刚刚被种子用户认可的时候，相关竞品已经上线并且功能上更胜一筹，甚至把你下一步想优化的功能点提前实现了，碰到这样的市场竞争态势简直令人崩溃——但实际情形也大多如此或者更甚。产品团队所能做的，就是在一开始就组建好一支高效的、充满斗志的团队，并从技术上将产品开发切分成多个子项目，各个子项目的成果都经过测试，具备集成和可运行的特征。换言之，就是把一个大项目分解为多个相互联系但也可独立运行的小项目，在此过程中软件一直处于可使用状态。这样的话，就可以随时推出产品，随时增加需求，随时根据竞争态势调整产品更新策略。

2. 迭代的实现：平滑部署

更新产品是一件需要极其谨慎的事情，因为要创造出新的价值，也要有效维护老用户的利益和习惯。那么在迭代的过程中需要运用集中部署技巧，第一种部署方式是灰度发布。

灰度发布(又名金丝雀发布)是指在黑与白之间，能够平滑过渡的一种发布方式。即让一部分用户继续使用产品特性 A，一部分用户开始使用产品特性 B，如果用户对 B 没有反对意见，那么逐步扩大范围，把所有用户都迁移到 B 上面来。它是对某一产品的发布逐步扩大使用群体范围，也叫灰度放量。它可以保证整体系统的稳定，在初始灰度的时候就可以发现、调整问题，以保证其影响度。从本质上说，灰度测试可以算作 A/B 测试的一种特例，在对比中选择最优方案。比如有的产品同时发布两个(甚至多个)并行的版本，邀请有兴趣、有时间的用户试用新版本，如果新版本运行正常，大部分用户习惯新版本后，再将新版本设为默认版本。对于用户数量庞大的服务和产品，这个过渡可能需要几个月的时间。

还有一种平滑部署的方式是区域性逐步部署，先在某个区域内部署新版本，然后逐步扩大范围。

此外，还有一种方式就是面向产品的增量部署，将功能更新项分割成几个较小的部分逐步发布。具体做法是：将自己的产品拿出来给一部分目标人群使用，通过他们的使用结果和反馈来修改产品的一些不足，做到查漏补缺、完善产品，为以后产品的正式发布夯下基础。

可见，所谓平滑部署就是一心为用户着想，方便他们适应变化，同时最大限度降低新版本带来的负面影响和风险。比如微信版本的迭代、新功能的添加往往是现在小规模用户群里发布，经过一段时间的数据收集和使用反馈(甚至这一过程会多次反复，以做出最准确的市场决策)，而后在下一次版本升级中纳入全量发布，像红包、卡包这些成功的功能点都是源于平滑部署的执行。

3. 迭代要求：封闭需求

快速迭代需要注意的是：每一次迭代前，所收集的需求需要封闭，如果需求不封闭，开发的进度是难以控制的。

封闭需求是保证开发顺利完成的前提。每次迭代前重新调整需求的重要性，及时加入重要的业务需求和用户需求，将重要性不高的需求往后调整；每一次迭代都要突出重点，果断放弃当前的非重点……在追求开发速度的过程当中，团队不仅对产品的成长形成更为清醒的认识，而且或可建立适合自身的敏捷制度，最终制定一个完善的、效率高的设计、开发、测试、上线流程，制定固定的迭代周期，让用户更有期待。

产品的生命周期是一条常规的 S 曲线(PLC)，包含引入、成长、成熟和衰退四个阶段。对于设计者来说，一个理想的情况是：通过产品的优化迭代推动产品快速进入成长期。当一款产品被推动问世，这只不过是实现了产品的从 0 到 1，而从 1 开始就是迭代的开始。如果这是款生命力持久的产品，迭代就是往 N 的方向持续没有止境。比如，微信截止到 2018 年 12 月其最新的版本是 6.7.4，这已经是该产品的上百个公开版本了，如果加上内测版，可能已经发生了成百上千次迭代。在这个过程中，昂扬的斗志、坚韧的耐力、对于产品的感情都是不可或缺的。

4.5 思考题

1. 产品在功能规划时需要注重哪几个层面的功能？
2. 产品流程的优化管理方式有哪两种？其本质要求是什么？
3. 产品迭代的实现有哪几种方式？

第 5 章

文档管理

 产品文档的书写与规范化，是产品设计初学人员的必经之路。以清晰简洁的语言组织文档内容，用相应工具来书写漂亮的文档更是产品经理的必备技能。产品文档包括商业需求文档(BRD)、市场需求文档(MRD)和产品需求文档(PRD)。本章重点介绍商业需求、市场需求和产品需求这三个文档各自需要解决的问题，然后分别介绍各类文档的格式要求与内容结构。

对于一个初入行者来说，能够条理清晰地写出一份产品文档是一项基础能力。作为产品经理，日常性的工作内容之一也包括输出各种产品文档。产品文档既是关于产品思路的梳理、思考的总结，也是从"想象"到"落笔"，以文、图、音视频的形式予以体现、沟通和存档，真正地让创想变为受保护的版权内容。产品文档主要包括商业需求文档、市场需求文档和产品需求文档三种。每一种文档都对应着一种形式要求，甚至还需要使用相应工具来辅助表达，其目的是实现清晰、简洁、美观的呈现和顺畅的对内对外沟通，下面将逐一介绍每一种产品文档的规范与内容要求。

5.1 商业需求与 BRD

通俗地说，描述产品及项目的商业需求，就是回答"项目有没有必要开展""需要多少投入"和"多久能够盈利"的问题。其重点考虑的是产品的商业模式问题，包括盈利的预测及市场趋势的判断等。在这个层面的需求，大部分属于战略方向的判断，因而对于产品的诞生与否具有决定性。

5.1.1 商业需求解析

首先，产品或项目有没有必要开展？这就要判断市场的形势，当前的大环境在发生什么变化？产品是否代表新的趋势？需要用有说服力的论据来证明这一切。

针对市场的分析一般从大局入手，如各类GDP数据或者人口增长、CPI(居民消费价格指数)数据等都可以调用，这些对于宏观经济的发展与判断虽然必要但并不能有效解决投资者的疑虑，比较有效的方法还是细分到产品所在的垂直市场。比如一款面向男士护肤的电商项目，在整体表明美容护肤市场的繁荣增长后，重点是用翔实的数据论证：男性护肤市场呈现出比女性市场更快的增占率和更大的活力，同时需要在关照行业环境和政策环境的前提下，表明这个细分市场的未来空间有多大，当前是蓝海抑或是红海抑或是血海，项目的未来走向有多少可能性，项目具备长期投资价值还是宜采取快速"赚热钱"策略，等等。同样，这些问题的回答不仅要展示给自己的团队，更要展示给投资者。

其次，需要思考的是，自己的产品在资本投入方面会有多大的体量？投入产出效益如何？比如在两年前，一些创业团队热衷于APP开发，当时的开发成本在20万~100万元之间，APP开发之后还要进行技术维护、升级和迭代，因而技术成本在项目中占有一定的比例。除此之外就是高额的推广费用，还有团队成员的薪资，一般运行一年的APP产品的最低成本都是百万级别，那么产品团队需要考虑的问题就是现有的资金能够维持产品的存活时间是多久，在产品运行过程中应该有怎样的融资战略？在资金消耗完之后又该如何应对？

现在一些小规模团队，甚至两三个人的创业或是从一个微信公众号做起，省略了部分技术开发费用，他们就要在人员支出和推广营销方面重点考量：如果是一个轻启动项目，大约10万元就能够运作起来，所以要有半年期或者一年期的一个整体资金规划。不管是哪一种产品形态，作为发起人，必须要想明白的是，资金从哪里来？项目多久会盈利？投入产出比问题不仅要让自己的团队弄清楚，更需要向潜在的投资者交代明白。

最后，产品本身是否有商业模式？模式是否可得到验证？在进入移动互联网时代之后，很多传统的商业思维得到挑战，周鸿祎、雷军等新兴领袖人物高举互联网思维大旗，用他们的成功验证了一些迥异传统的观点。比如，周鸿祎强调互联网的商业模式应该是免费模式，从理论上讲，一款产品使用的人越多，摊到每个用户的成本就会越低，近乎为零，从而使免费成为可能。他提出好的产品只要拥有了大规模的用户之后，就拥有了无限种可能。比如360浏览器、手机卫士等免费产品实际上所取得的经济收益远远超过原来单纯的定价售卖。不过，这种免费模式真的适合所有公司吗？这两年众多的产品实践表明：一味等待着拥有大规模用户之后再考虑商业模式的公司，往往还撑不到那个节点就夭折了；而一些商业模式清晰的产品，比如"本来生活""途虎养车"，随着时间的推移会体现出更大的平台价值。所以，试图通过创新创意来招徕大规模用户，一味等待广告效应的产品越来越具备高风险性。对于一款创新型的产品，最好在一开始就对商业模式，尤其是盈利模式有清晰合理的规划，即使是用户规模优先的"免费模式"，也要说明在用户达到5万人、10万人、100万人之后分别会实施怎样的转化策略。

以上分别从战略、资本和模式三个方面阐述产品的商业需求，在考虑清楚这三个结构化的问题之后，要把思考的东西落笔成文，输出一个结构化文档，这就是商业需求文档。

5.1.2　BRD 的撰写

BRD(Business Requirement Document，商业需求文档)是产品设计中的规范性文本，也是产品生命周期中最早的文档，其内容涉及市场分析、销售策略、盈利预测等。BRD 不一定要长篇累牍，但一定要凝练深切、抽丝剥茧，既可供公司高层讨论，也可供投资方做出决策。其中，BRD 最核心的是要体现出：项目的商业价值几何？如何用有力的证据来说服别人对项目的认可？

一份完整的 BRD 至少要包括以下四个方面的内容：

- 项目背景，阐释为什么做(why)。
- 项目时机，为什么是现在做(when)。
- 项目规划，阐释怎么去做(how)。
- 项目的收益、成本、风险与对策。

1. 项目背景

背景分析常用的工具是 PEST 分析法，即 Political(政治)、Economic(经济)、Social(社会)和Technological(科技)。显然，无论是一个国家或地区的政治制度、体制、方针政策、法律法规，还是国际和国内的经济形势与发展趋势，企业所面临的产业环境和竞争环境，抑或社会道德风尚、文化传统、人口变动趋势、文化教育、价值观念乃至技术变迁等，对于企业发展及项目的立项和推动都有直接或间接的影响。如果每一份商业需求文档都按照 PEST 的四个因素来罗列的话，未免显得烦冗。一份精炼的 BRD 文档，在项目背景部分会着重呈现以下几点。

(1) PEST 四个因素中哪个方面对市场的影响最为显著，在此影响下，市场到底发生了怎样的变化？

(2) 是否能敏锐地捕捉到市场资源(如资本、人才)等向哪个方向流动和集中？到底哪一个领域发生了价值的快速增长？

(3) 市场是否因某个条件的变化而引发了新的问题,这个问题亟待解决,否则后果会如何？

通过以上三个问题的回答,基本可以把握住项目背景的核心内容。

例如,我们来分析一下国内汽车市场:经过几十年的市场铺垫,现在汽车的销量在我国呈现爆发增长势头,无论在政策产能规模还是经济趋势或是购车文化心理都对汽车销售十分有利,正因为此,汽车市场的竞争也呈白热状态,其中一个最显著的变化是:为了提高销量,汽车销售环节的利润在迅速下滑,甚至没有利润;此外,随着汽车保有量迅速提升,汽车保养、维修、售后的市场在急遽扩大,资本、人力等资源在向汽车后市场流动,汽车保养领域的价值发生快速增长;但当前市场主体鱼龙混杂、良莠不齐,高额的保养费用、低劣假冒的汽车配件损害了消费者利益,需要用新的力量和手段来改善这一局面。

经过以上分析,再去推出一个汽车后市场相关的项目就顺理成章和有说服力了。

2. 项目时机

项目时机就是要回答这个问题:为什么要现在做？是看到市场空白,看到尚未形成红海,所以为了占领市场先机？还是整个行业前期试错结束,方向已经明朗？还是看到市场空间潜力和容量巨大,需抓紧加入跟跑队伍？不管是哪种情形,最好用数据来证明当下就是最好的加入时机。

如微软公司曾在 2000 年的时候推出过一款平板电脑,但当时 PC 端电脑刚刚在市场上发力,其处理能力和性能也处在一个飞速增长的态势下,人们无暇顾及平板电脑的诞生。直到 2010 年,数据显示:PC 端增长达到瓶颈,甚至笔记本电脑的增长也显得疲软乏力,苹果公司适时推出第一代 iPad,相比较处理能力和性能,人们开始偏好便携性和轻处理能力,因而苹果的决策大获成功,iPad 随后开始引领平板电脑市场的新一轮增长。

3. 项目规划

在项目规划部分,重点是阐述项目在什么时间段分别做什么。尽管不涉及产品细节,但这里会提供产品的解决思路、大致方案及产品规划的时间段。

(1) 产品解决思路:即产品面向什么问题,解决路径如何,指出产品从哪儿开始、落脚到哪里,打算用什么方法实现。比如,某团队发现了现在很多年轻人喜欢代购商品,也喜欢帮人代购,这些行为主要的发生地是在朋友圈。那么,针对这种有代购需求以及有为别人代购需求的用户,能否有更优化的解决方案？如果顺着这个问题深入思考,打算做一款产品来解决,那么其思路就是:做一款APP,加上有效的机制设计解决信任问题,从而使两头用户的需求能够有效对接起来,实现更大规模和更有效率的代购市场。

(2) 产品大致方案:提炼出解决方案的步骤。比如,一款面向3～6岁儿童的性教育交互产品,解决的思路是:首先从 2018 年 1 月 10 日联合国教科文组织当日发布的《国际性教育技术指南》大纲开始,将其中的儿童性教育知识点做一番全面梳理;接着把知识点故事化,赋予故事情节、角色;再者把故事产品化,也就是通过场景绘制、角色植入、元素合成等方法形成一个在移动端呈现的动画产品;最后一步是产品交互化,通过在故事情节的合适节点中插入选择题、问答题等方式,教导儿童在危机情形下如何应对,并有效记住其中的应急方案。总体来说,这款产品的主要解决方案是：梳理知识点(保证其科学性)——知识点故事化(保证其趣味性)——故事产品化(解决方案专业性)——产品交互化(解决方案的有效性)，如图 5-1 所示。

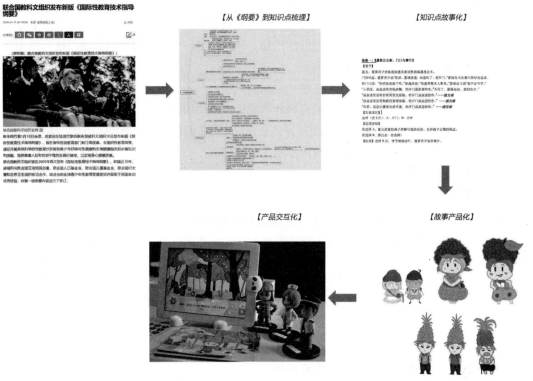

图 5-1　深圳大学 2014 级网络与新媒体专业毕设作品：《儿童性教育(3~6 岁)交互产品解决方案》的设计思路

(3) 产品开发规划：即对产品的开发、测试、上线、迭代等做出大致的时间规划，一般用梯状图或者表格来表现(见图 5-2)。

第一阶段		第二阶段		第三阶段	第四阶段
市场调研	用户画像	功能规划	技术框架	开发	内测-上线

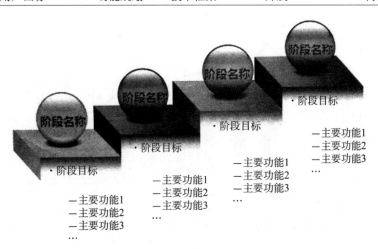

图 5-2　产品开发规划图

4. 项目的收益、成本、风险与对策

首先，需要简明提及项目的商业模式是什么，打算如何盈利。如果你的思路是先占有大规模用户，再考虑如何盈利，现在的投资人可能已经不喜欢这样的表述方式了。

其次，需要重点展示项目的投资回报率，要对项目的成本进行预估，对于收益进行评估，对产品或服务做出合理的定价。根据时间的推移，计算出 3～5 年的投资回报表，展示出项目从投入到盈亏持平、再到盈利的路线图。

最后，需要说明，该项目可能存在哪些层面的风险，预备的应对之策是什么。只有注重每一个细节，以表示对项目或产品本身的设想非常完善，才能增强项目书的说服力。

总之，BRD 作为产品实施之前的决策评估依据，其总体的要求是要直观、精炼，要点突出，其最终目的是说服对象投入产品开发费用和相关市场资源。

5.1.3 BRD 案例

产品文档的写作属于典型的"文无定法但又有章可循"，就是说产品文档并不像公文文书一样有着固定且严格的格式要求。市面上能看到的产品文档寥寥无几，下面这几个案例均来自学生作业，其中有亮点也有不足，主要为读者提供一个框架及行文的参照。

"妆起来"美妆指导类 APP 商业需求文档

作者：巢婉盈(深圳大学　2015 级网络与新媒体专业)

一、项目背景：消费结构升级与用户形象投资

1. 消费结构升级

2016 年，国内社会消费品零售总额为 33.23 万亿元，同比增长 10.43%(见图 1)，虽然近两年有所下滑，但仍然十分可观。同时，城乡居民生活水平不断提高，中产阶级数量稳固增长，消费规模日益扩大且对消费品质要求趋高，整体消费结构逐步升级。

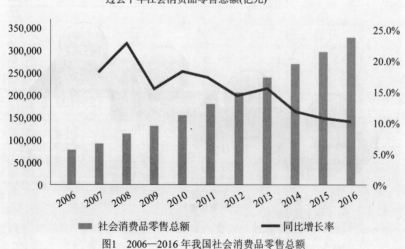

图1　2006—2016 年我国社会消费品零售总额

2. 形象投资陡增

随着经济增长，消费结构的转变，个体对自身的教育投资、形象投资与社交投资也在持续增长。现实中，人们开始变得越来越注重自我的外在形象，整个社会俨然已经进入一个"形象时代"。不仅是个人，就连产品、企业、城市以及国家也都开始注重自己的形象包装。在这个"颜值当道"的时代，好的形象决定了第一印象，甚至可能影响未来的发展，因此形象投资在国民消费中所占的比重也迅速上升。

另外一个诱发形象投资陡增的原因是社交媒体时代的到来，以 Facebook、微信、微博为代表的社交产品的出现让社交变得越来越方便，也逐步成为每个人生活中不可分割的一部分。通过社交，人们可以分享、学习、交流一切他们感兴趣的话题，从而满足自身各种基本的或精神的需求，而社交媒体用户在内容发布上多倾向于通过自拍的方式展示个人形象，因而对个体外在形象的重视也达到了前所未有的高度。

二、行业现状：化妆品市场规模稳增与美妆 APP 丛生

1. 化妆品行业规模稳定增长

伴随居民收入的增长、城镇化的提升、化妆消费观念的转变，国内化妆品行业通过二十多年的积累发展，市场规模保持稳定增长。2015 年中国化妆品零售交易规模为 4 843.9 亿元，同比增长 19.5%，2011—2015 年复合增长率为 20.6%。按 2011—2015 年统计人口计算，我国人均化妆品消费额从 169.8 元上升到 352.4 元，5 年时间人均化妆品消费额实现翻倍。目前我国化妆品消费总额已经超过日本，成为仅次于美国的世界第二大化妆品消费市场(见图 2)。

图 2　2011—2018 年我国化妆品零售市场规模

2. 线上渗透率逐渐提升，移动美妆成为大势所趋

截至 2016 年 6 月，我国手机网民规模达 6.56 亿，较 2015 年底增加 3656 万人。网民中使用手机上网的比例由 2015 年年底的 90.1%提升至 92.5%，手机在上网设备中占据主导地位。同时，女性网民规模从 2.83 亿人增长至 3.19 亿人。女性网民的快速增长为化妆品互联网零售市场发展奠定了坚实的用户基础和更为广阔的发展空间。而且，电商平台让用户的信息获取更加高效，为美妆用户提供了更快的消费决策过程，美妆社区的快速发展为用户提供了更有效率的交流平台。未来，随着化妆品品牌方和线下专营店积极发展线上渠道以及电商平台通过与品牌

方合作，为用户提供更好的产品和体验，化妆品网络零售市场规模将继续增长，化妆品线上渗透将进一步加深(见图 3)。

图 3   2011—2018 年我国化妆品网购市场规模

3. 现有美妆类 APP 的类型

根据应用功能和运营模式的区别，国内女性移动美妆应用可以分为六类：社区+媒体类、社区+大数据类、社区+电商类、传统自营类、垂直电商类、美妆工具类。

(1) 社区+媒体类

传统垂直美妆媒体从 PC 端转型到移动端，移动端延续网站媒体属性，为厂商提供营销推广，为用户提供美妆资讯及社区交流平台。

(2) 社区+大数据类

以用户对产品的 UGC 点评及使用和点评为核心数据，为消费者提供购买前的决策信息参考。

(3) 社区+电商类

以美妆社区、用户 UGC 内容为基础，建立用户黏性，提升用户活跃度，增强用户影响力，引导用户在其自建 B2C 电商商城进行妆品消费。

(4) 传统自营类

化妆品厂商、传统经销商，力图借助 APP 应用拓展营销渠道，保持品牌关注度，拓展线上渠道，布局新的营销渠道与战略。基于大多数的消费者对化妆品厂商及传统渠道经销商拥有品牌信任感，对于产品的真伪及质量保证有信心，这是其获得用户的主要原因。其次，厂商及渠道经销商自建平台，有利于培养用户对产品及品牌的忠诚度。

(5) 垂直电商类

聚焦于美妆类的 B2C 垂直电商，利用限时特卖、在线商城、闪购等多种模式，实现独立于综合 B2C、C2C 平台之外的线上美妆垂直电商模式。该类产品可有效利用其品类聚焦及专业性，吸引到更精准的美妆类用户，直接产生购买行为，实现一定的商业转化。

(6) 美妆工具类

通过模拟化妆、美妆教程、妆品消费管理、智能个人皮肤护理等模式切入细分市场、获取用户流量，再通过导流将用户引向交易平台。目前，工具类的美妆 APP 在产品定位、内容机制、现有商业模式上大同小异，同质化现象比较严重，另外也还未探索出与厂商等上游结合的商业模式。

三、项目时机: 美妆教学缺口扩大

以上分析可得出,化妆与护肤市场的稳定增长,移动用户群体的迅速扩大,共同为女性美妆类产品带来了先决条件。然而,经过进一步市场观察得出:目前,大多数美妆产品的重心在引流和商业转化上,而在教学服务方面并不够深入和系统。一些美妆博主通常选择在微博或者是直播平台上进行视频教学,这类零散的内容也并没有得到有效整合,随着化妆成为当代年轻人必备的一项新技能,我们认为:美妆教学市场目前仍是一片值得挖掘的蓝海。

四、项目规划

1. 核心功能: 快速妆容匹配+定向教学

产品核心功能就是快速妆容匹配和定向教学——比如用户上传自己的素颜照片,或打开摄像头进行拍照,系统会根据用户的五官、脸型、优点及不足之处,匹配出与用户最合适的妆容;用户根据自己的需求,比如不同的场合(通勤、聚会、约会、宴会等)或者是自己的喜好(韩系、日系、欧美系、烟熏妆等)进行妆容选择。在选择自己所需要的妆容之后,用户可以点开教程详细了解妆容的步骤。教程方式有两种方式:一是图文教程,二是视频教程。用户可以根据自己的需要选择不同的教程。

2. 产品架构

产品架构图如图 4 所示。

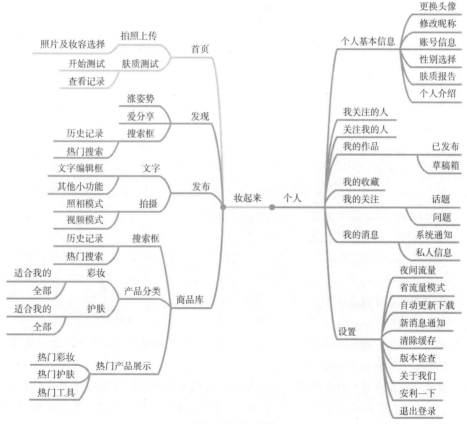

图 4　产品架构图

3. 产品路线

产品路线规划如表1所示。

表1 产品路线规划

版本	1.0 版本	2.0 版本	3.0 版本	4.0 版本
规划	快速妆容匹配、详细教程、肤质测试、产品导购、社区	完善快速妆容匹配库与详细教程、完善商品库信息;增加问答分区及邀请回答功能	增加微信、QQ、微博登录入口,增加直播功能	修复已知的 Bug,增加线下活动的入口

五、收益、成本及风险评估

1. 收益构成

收益构成主要包括以下几部分。

(1) 广告收入

启动页广告(用户首次进入APP时,会出现启动页,再次进入时,启动页将不会出现);轮播广告;产品主题活动推广。

(2) 商家押金

商家入驻押金、平台导流抽成。

(3) 打赏提成

文章打赏和直播打赏抽成。

(4) 用户数据收入

利用已有数据做成研究报告,出售给需求方。

(5) 线下活动收入

报名费、商家合作费。

2. 开发成本

开发成本主要包括以下几部分。

(1) 开发制作成本

- 人员成本: 一款 APP 制作开发过程需要后端工程师、客户端工程师、UI 设计师和产品经理各一名,这是制作手机APP 应用软件相对精简的配置。每月每名人员成本大概为 1 万元,以半年为期支出大约为 24 万元。
- 技术成本: 包括服务器租赁费用和外包团队费用等。影响 APP 服务器租赁费用的因素主要有线路、配置、带宽、地区四个方面。参考阿里云服务器的价格,比较好的配置可以控制在 1 万元左右。

(2) 运维成本

- 房租、水电、清洁、通信网络、办公用品、办公设备维护、公关等,每月支出大概为 1 万元,半年支出大概为 6 万元。
- 服务器、技术维护和更新迭代,以及推广(网站线上付费推、广百度竞价、行业链接、邮件群发、APP 线上付费推广、软文自推、广告投放等),这一方面的支出在 10 万元左右。

(3) 人力资源成本

技术人员、客服人员、后勤人员等工资、社保、出差办公、员工福利费用，每月每名人员成本大概为 5000 元，以半年为期支出大约为 15 万元。

以上支出以半年计总共花费为 56 万元。

3. 风险评估

风险评估主要体现在以下两方面。

(1) 市场方面

该产品深耕用户服务，培育期较长，内容生产成本较高，优质内容提炼困难，最终可能失去先机，产品无法进入成长期就被淘汰。

(2) 产品方面

在技术快速更迭的背景下，既有产品通过不断完善和增加新功能，满足用户的高质量要求，而新产品需要不断打磨和试错，也有可能无法做到最优的用户体验，失去核心竞争力。

 点评

商业需求文档重点是说明项目的出发点、项目重点解决的问题和项目打算如何解决问题。在互联网上，我们很难找到公开分享的标准、规范的商业需求文档，该篇学生作业可以说在写作水准上基本达到了商业需求文档的标准，优点和不足并存。

该项目打算在美妆教学领域有所作为，这一市场机遇的捕捉还是相当不错的——化妆护肤市场的蓬勃、年轻人对自我审美的追求、社交媒体自我建构的需要共同凸显了该类产品的必要性，而且项目认为目前市面的产品没有很好地解决美妆的教学服务问题，因而产品的切入点也是成立的。先重点解决好用户服务问题，再去探讨商业模式等问题，这一逻辑可以接受。甚至对学生而言，这个产品还可以是非商业化的，所以在后文中关于盈利模式的探讨个人觉得不必苛责。但是，文档中存在一个难以绕过去的 Bug：产品实现方式上有点流于想象，比如产品试图对用户进行脸部扫描分析进而给出妆容指南，这一实现技术应该写得更加具体一些，在产品规划的部分要有所体现，在产品开发上这是一个真正的难点，也会带来相应的技术风险。所以围绕这一难点，不应避而不谈，而应在多个环节(风险预测部分)有所体现。

此外，在开发成本的推演方面，基本上涵盖了产品方方面面的支出，这里有体现细节的调研，比如阿里云服务器的价格；也有含混不清的表达，比如 10 万元的广告推广费用等，数字的模糊问题可以通过市场调研的方法予以进一步明晰化。

5.2 市场需求与 MRD

市场需求是面向市场着重考虑产品定位和用户定位的问题，即市场是否真的存在需求空间，以及是否存在有此需求的用户群体。

5.2.1 市场需求解析

从产品定位来说，每一个产品都有大致的产品方向，比如有的产品致力于解决环保、交通、教育等社会公共问题；有的产品是针对现有问题的再优化，如节能低碳的新式照明产品、减少二手烟污染的智能烟灰缸、有提醒和关怀功能的智能水杯等；还有的是完善一个产业链条的问题，如银行、超市、旅游机构等推出的移动端产品，目的是使之业务布局更加全面。

有了产品方向之后，一般而言，如果不是完全创新型产品，接下来要深入了解市场已有的同类产品的发展态势，尤其是主流企业的市场规模，用一种科学的估算方法来评估市场空间的大小，同时以发展的眼光去预判其未来的增长空间。如果市面上还没有相关业务及产品，那就要详细确认：自己的产品满足的是真需求还是伪需求，是市场时机未到还是地区结构差异的原因等。如果真的是空白型产品，则要集中火力快速推进与渗透。

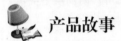 **产品故事**

2011 年，网易的前新闻副总编张锐创立了春雨医生就医平台，是面向移动互联网打造移动端的春雨医生 APP。这一产品的开发动机，就源于张锐对中国医疗行业的观察。在实际中，也许有一半的病人其实是不用专门跑到医院来看病的，他们对自己小疾小患的担心确有必要，但同时也占用了其他真正需要看病的病人的时间或资源。因而，从一定程度来讲，张锐所做的移动医疗平台其实是看到了市场的一个空白。他试图用互联网的手段解决医疗资源错配的问题，用在线问诊的方式解决大部分患者的小忧患，通过调配医生时间增加医疗资源供给，从而使得医疗系统的效率得到全面的提升。

想法是美好的，但现实却让这个产品的发展推迟了 4 年。在此期间，春雨医生一度遭遇融资困境，产品的市场推广无力为继，究其原因，主要是时间节点过早，产品的痛点与人们的意识还不匹配，市场层面的产业链各环节也尚未培育成熟。但是，春雨医生选择了坚持，创始人选择了坚信，他们撑过了最艰难的时期。产品从"轻问诊"到"空中医院"、到"电子健康档案"，再到"在线问诊开放平台"，张锐一步步让春雨医生成为互联网医疗入口和平台级的应用，并借此整合医疗行业各环节资源，使互联网医疗逐渐从看病升级到治病。官方资料显示，春雨医生已拥有 50 万注册医生、超过 1 亿注册用户。据媒体 2016 年 6 月报道，春雨医生已完成 12 亿融资 Pre-IPO 环节，2015 年线上问诊业务实际收入 1.3 亿元，盈利 3000 万，

春雨医生产品，最终如其名称一样，如一股春雨般惠及众生。

(资料来源：作者搜集整理)

从用户定位来说，产品研发的一个根本问题是产品是面向大众还是面向小众。如果定位的用户群体是所有人，往往会意味着一个更激烈的红海市场，且这个市场会存在一些垄断式的巨头，新进入者门槛极高，在战术上也必须采用颠覆式打法，比如社交产品和游戏产品市场都是这种情况；而如果是小众市场，针对一些特定的人群，如军人、毕业生、职场小白、失独老人、失孤家庭……这样的产品定位可能会更清晰，架构相对也要简单一些。通过深入细致的用户调研，可以了解现有的产品对这个群体而言，已经满足了什么，还有什么有待进一步满足，进而找到自己的市场机会。就国内市场来说，有接近 10 亿的移动互联网用户，无论抓住哪个圈层，

都足以让产品立足，这就是为什么哪怕仅仅是在上班途中的公交车或地铁的场景中，图文信息流(今日头条、腾讯新闻等)、短视频(快手、抖音等)、知识免费/付费产品(知乎、喜马拉雅等)、在线音乐(网易云音乐、酷狗音乐、QQ 音乐等)、在线文学等类别内的产品会并存，并会一起占用用户的通勤时间而不管它们产品属性有多么不同。

无论是哪一种用户定位，其实产品本身一定要清晰一点——在产品研发前，去设想哪些人是自己的主流用户，在产品上线推广之后，通过调查反馈来验证产品是否抵达了自己的主流用户。不管是面向大众，还是面向小众，只有牢牢把握住主流用户，满足了主流用户的需求，才能真正支撑起产品的生命力。

5.2.2　MRD 的撰写

MRD(Market Requirement Document，市场需求文档)是产品由"准备"阶段进入到"实施"阶段的重要文档，是对产品进行市场层面的说明。其重要性在于 MRD 的质量直接影响到产品项目的开展及公司产品战略意图的实现。

一份 MRD 至少要包括以下方面的内容：用户描述和市场描述。

1. 用户描述

用户描述主要是进行目标用户群体的确认，包括目标用户群的地域、职业、学历、婚恋状况等基本信息，还包括消费尺度、兴趣爱好、出行习惯、作息时间等特征信息。除此之外，还应把握该用户群体的需求痛点是什么，比如年轻父母为小孩儿刚上幼儿园不适应而不安，公司老总为刚成立的公司找不到合适人才而焦虑，刚毕业的大学生因找不到合理价位和合适位置的出租房而着急……根据马斯洛需求层次理论，还需确认用户群体的需求动机更多的是处在哪一层，是生理需求、安全感需求、社会关系需求、尊重需求，还是自我实现的需求。最后，根据这些调研或者访谈得来的用户数据进行用户画像的制作和输出(请参阅本书第 3 章：用户画像)。

2. 市场描述

市场描述主要是指市场规模预测，进行竞争对手产品分析和 SWOT 分析。

首先，对市场容量和未来发展做出预估。比如通过对市场上主流企业、产品的占有率和市场体量进行加权反推，或者根据详细的调研数据，结合消费数据、人口数据等做出关系精算，从而确定产品发力的市场的规模，并对未来的增长空间做出科学评估。

其次，设立"功能、内容比对、用户体验、推广策略、下载数据"等诸多指标来进行竞品分析，必要的话做出细致的表格，使人一目了然地看到竞品的概况。这种对手情报收集工作能够使企业更加清楚地认识自身。

再次，通过 SWOT 分析法来对自身企业(产品)的优劣势做出客观评价，更多的是看到自己的市场机会到底在哪里。

5.2.3　MRD 案例

以下是一款基于微信的小程序设计——返璞归真，构思巧妙，产品很轻，非常符合小程序的产品特点。

小程序"返璞归真"市场需求文档

作者：刁科尹、郑玉芬、翁博业、陈颖欣(深圳大学　2015级网络与新媒体专业)

一、用户描述

(一) 目标用户群的确认

本产品的目标用户人群年龄层为 14～36 岁，主要的目标人群为在校学生、在职青年、相亲人士，总体上为年轻未婚人群。

1. 在校学生

在校学生是社交网络的主流活跃用户。这些人群较为年轻，接受新鲜事物的程度高，有比较强的好奇心和猎奇心理，追求新奇有趣，关注明星网红，同时善于参与传播。

2. 在职青年

这些人群工作压力大，生活忙碌，没有太多时间处理现实中的人际关系，因此他们的人际交往大多都是依靠社交平台，是社交网络的重度用户。

3. 相亲人士

在网络相亲越来越盛行的趋势下，这一人群对素颜照有着更高的需求，他们希望在相亲前可以看到与真人相差不大且较为真实的照片。

(二) 用户痛点

当今社交平台虚假照片盛行，部分人群将照片过分地美化、美颜，不仅造成了社交平台中形象的呈现千人一面，更是丧失了真实的自我。因此，越来越多的用户渴望看到真实的对方，而不是修图过度的虚假照片。

(三) 用户特征

我们的用户年轻，追逐时尚潮流，喜欢接触并尝试新的互联网产品。他们有强烈的好奇心和猎奇心理，甚至对虚假事物有窥探欲望；性格外向，喜欢在社交平台上交友，但对修图过度的照片比较反感。

(四) 用户需求

首先满足了用户的心理需求——每个人都会有不同程度的好奇心和八卦心理，比如当看到微博上关注的明星或者网红发布的一张"素颜"照片，便会好奇地想要知道是否真的为"素颜"。

其次，受驱动于同性之间的嫉妒心理和异性之间的窥探心理，比如出于嫉妒心想要知道他/她比自己美的照片是否有经过修图，或者是出于对异性朋友的好奇想要知道他/她真实的相貌。

再次，也满足了部分用户的真实社交需求，这也是该产品实用的一部分。当在社交网站上交友，尤其是相亲时，所有人都不希望看到的是一个"虚假"的人，不想与现实形成太大的落差。

最后，出于和朋友之间的玩笑和恶作剧，会满足用户娱乐的需要。

(五) 用户画像

典型用户：小红，女，20 岁，大二学生

小红是一个活泼开朗的大学生，参加了很多社团活动，有很多朋友，长得漂亮，很爱拍照，周末经常和朋友一起出去玩，顺便谈谈八卦。她很喜欢刷朋友圈，但对于朋友圈中一些爱"炫耀"美照的人嗤之以鼻。有一天她又看到学校的话题人物发了一条朋友圈，照片中这位风云人物非常出彩，让周围的人都黯然失色，在嫉妒心驱使下，小红想要看看她素颜的样子。

典型用户：小明，男，24 岁，职场新人

工作上的压力让小明疲于跟人交往。周末休息的时候他喜欢打游戏、看直播，因此认识了很多网友。最近他关注了一个直播网红，这位网红经常在微博上发自己的各种美照，这让他有了一种窥探心理，想要看看这位网红真实的样子。

典型用户：小吴，男，31 岁，白领

小吴是个十足的工作狂，一心想要干出一番事业。由于工作太忙没有时间恋爱，导致他一直以来都没有女朋友。最近父母的催婚让他倍感压力，因此他决定在网上相亲。然而，每次见面后他都觉得自己受到了欺骗，因为真人跟照片相差太大了。这个周末他又要去相亲了，面对女孩发来的照片，他很怀疑，这次他希望可以在见面之前先看看对方素颜大概是什么样子。

二、市场描述

(一) 市场容量评估

速途研究院发布的《2017 年美颜拍照市场分析》显示：美图秀秀以 17.7 亿的累计下载量成为同类应用中的引领者；美颜相机同样以 10.9 亿下载量的不凡成绩处于第二名。天天 P 图、360 相机、Faceu 激萌下载量均在 2 亿次。美颜修图拍照类软件的盛行，也反衬着反美颜市场的强大需求。目前，市面上还没有成熟的反美颜类的应用，相关市场几乎是空白的，因此可以预估，我们产品的市场容量是较为可观的。

(二) 竞品分析

1. MAKE APP

(1) 竞品选择

2017 年 5 月，一款名为 MAKE APP 的美颜消除软件在 APP Store 上线，在海外风靡一时。作为目前市场上唯一一款反美颜类的应用软件，我们选择将其作为我们的主要竞品。

(2) 市场分析

MAKE APP 在 Twitter、Instagram 上火了一阵之后，开始清洗国内社交网站。其于 2017 年 5 月 19 日上线 APP Store，5 月 30 日进行了更新，接入了摄像头，目前已经更新到 4.0 版本，截至 2017 年 12 月 15 日，其下载量为 1.9 万次，评分为 3.3 分(见图 1)。

(3) 产品团队及定位

MAKE APP 的开发公司为 Magic Unicorn Inc.，曾经推出过另一款产品 Magic，能够实时检测照片面部表情，探测情绪后给人脸自动添加开心、悲伤、生气等效果。MAKE APP 声称运用了神经网络技术(Neural Network Technology)，可以识别美颜效果，从而将照片还原到真实状态，其产品介绍是"使用神经网络技术和 AI 来给任何人脸卸妆"。

(4) 产品功能

MAKE APP 兼具卸妆和上妆两个功能(见图 2)，均为一键操作，无法选择处理程度和范围。有摄影功能，支持直接拍照和手机相册中的照片直接上传两种模式。在处理过程中可以实时查看前后对比照片，保存处理完成的照片时，也会保存前后对比照。支持直接将照片分享到 QQ、微信等社交平台。

图1　MAKE APP下载界面　　　　　图2　MAKE APP 有卸妆和上妆两个功能

(5) 发展现状

MAKE APP 上线之后，腾讯创业小组对其进行了测评，发现 MAKE APP 并没有真正识别美颜效果的能力，它只是通过将照片中的人眼睛变小、脸变大、皮肤变粗糙等来实现所谓的反美颜效果，通过降低照片饱和度、模糊、淡化眼眶以及加深黑眼圈等操作，使得照片看起来有一种卸过妆的效果。不仅如此，MAKE APP 连基本的识别人脸的功能都没有，将一张没有经过处理的纯文字照片进行处理，在一键卸妆后，照片变得极其模糊。该软件的一键上妆功能也十分地不理想，被网友戏称为"夜店风"。对此，有网友表示："这款软件大概就是，化了妆把你变成一个丑人，没化妆就把你变成一个死人。"

2. 腾讯优图实验室

(1) 团队介绍

腾讯优图实验室是腾讯旗下顶级的机器学习研发团队，其在人脸识别、图像识别、声音识别三大领域拥有数十项领先技术，具备千亿规模的多媒体大数据计算能力。2017 年 4 月，其人脸识别 MegaFace 刷新世界纪录。

(2) 技术优势

2017 年 10 月 22 日在意大利威尼斯举办的国际计算机视觉大会(ICCV)上，腾讯优图团队带来的被誉为《一键卸妆》(Makeup-Go: Blind Reversion of Portrait Edit)的论文，在社会各界引起了强烈反响，引爆社交媒体。全球首个 AI 卸妆效果算法诞生了。拿到一张美化过的图片，我们往往并不知道它在人脸美化应用中经过了怎样的"加工"——即它所使用的操作类型和计算参数，这对现有复原模型提出了极大的考验。但腾讯优图实验室的工程师们提出的这种新算法，即使在不知道美化系统具体参数的情况下，仍然能对美化后的图像进行复原。经过测试发现，腾讯优图提出的这种"盲复原"的效果还不错，比目前几种主流模型的结果都要更接近原始的图像。对此，腾讯优图表示：在未来，把一张精致无瑕的照片还原成真人模样不是难事。

虽然腾讯优图现在还没有开发出实际的反美颜应用，但是根据其在 ICCV 发布的论文来看，腾讯优图在反美颜这一方面的算法探索已经非常成熟，再加上依托腾讯庞大的用户基础和技术资金等支持，可以预测：腾讯优图在反美颜市场上将会占据举足轻重的地位。

(三) SWOT 分析

1. 优势

所处行业中现有产品的竞争较小。目前已有的同类产品都来自国外，分别是 Primo、MAKE APP，而国内还未有同类产品出现。但是，由于国外已有的两个产品都不具备真正的反美颜功能，所以反响并不大。而我们产品的定位是较大程度地消除美颜，实现素颜效果。再则，产品的定位较为清晰，该产品的定位具有实用性，可以应用于社交及相亲上。目标用户较为年轻，该群体的市场可塑性强，更乐于接受新鲜事物且具有更强的传播能力。

2. 劣势

首先，产品的技术问题还未真正实现，且变现能力较差，较为合适的变现方式是吸引广告主投放广告。但是新产品知名度相对来说没有那么高，不确定因素较多，因此难以吸引广告主。其次，产品可能会面临一个伪需求，即用户的需求可能是个即时需求，因此会比较难吸引能够长期使用的忠实用户。

3. 机遇

产品的技术虽然未真正实现，但是技术壁垒已经解除。我们相信，技术攻关是一个迟早的事，并且随着互联网社交和美颜类软件的发展，虚假的照片在网络社交上会越来越泛滥，重返本真势必会成为一种新的需求。

4. 挑战

现有反美颜 APP 受到的争议较大，一方面是因为它并不是真正的反美颜，而是将人变丑，因此它会遭到某些人群如网红、修图达人等的排挤和攻击；再者它可能会面临一些道德风险，在以美颜相机软件为主流的市场下，它的"反其道而行"会有一定的困难。

三、需求描述

(一) 基本型需求

能够较大程度地实现美颜消除效果，尽可能将照片还原到真实状态。使用者可以选择人像消除或景物消除模式，人像消除模式可以将照片还原到素颜状态，而景物消除模式则可以除去风景照、食物照中的滤镜，以看到照片的真实场景。

(二) 期望型需求

1. 效果前后对比

在处理照片的过程中，可以实时查看处理前后对比图。

2. 选择消除范围

使用者可以自主选择需要处理的照片范围，根据自身的需要处理照片。

3. 选择消除效果

使用者可以自主选择需要消除的效果，而非简单粗暴的一键操作。

4. 一键分享

使用者可以在软件内直接将处理后的照片分享到 QQ、微信等社交平台。

(三) 兴奋型需求

使用者处理完照片后，发现处理后的照片与真人相差无几，还原的精准率极高。

 点评

小程序"返璞归真"致力于让照片不再成为"照骗"，可满足窥探、猎奇、娱乐等多重心理需求，甚至满足相亲这样的现实需求，是一个集娱乐和实用于一体的小程序，比较容易抓人眼球。这篇市场需求文档总体来说，思路清晰，重点突出，行文简洁，论证有力，能让人快速了解该产品的核心卖点、市场已有的竞品、用户的反应等。然而，受限于技术水平的原因，该产品应该说属于创意型产品，功能实现距离用户的预期还有较长的距离。

5.2.4 BRD & MRD 案例

一些互联网公司在实操中，经常出现文档合并的情形，比如将商业需求文档和市场需求文档合二为一，以更富实效地提供关键信息。鉴于此，下面提供两篇结合在一起的文档实例。

Dating APP 商业需求与市场需求文档

作者：李松燕、朱然、黄婉月、黄弋维、张利香(深圳大学 2015 级网络与新媒体专业)

一、项目背景与时机

1. 项目背景

近年来，以情人节、七夕等节日衍生出的为情侣设计的各种线下产品和服务(如饭店、影院、商城)正飞速发展，商家"价格打折浪漫不打折"的各种活动层出不穷，也侧证了情侣市场带动的强大消费力。与此同时，线下"情侣经济"的热潮也带动了线上情侣产业的发展。据 2017 年 6 月易观发布的《中国移动互联网网民行为分析》报告显示：整个移动互联网呈现出年轻化的特点，30 岁以下人群占比超过一半，其中以 24～30 岁的网民居多。而据腾讯新闻发布的《中国人婚恋态度调查报告》显示：近六成年轻网友都有过 1～3 次的恋爱经历。因而，由年轻网民撑起的移动端情侣市场的潜力不容小觑。

2. 项目时机

目前，以微爱、小恩爱为第一梯队情侣类APP专注于情侣沟通与互动，提供私密社交，以恋爱更有趣为目的，提供相关功能与服务。

而近年来，随着居民可支配收入的增长与年轻一代消费观念的改变，人们对于吃喝玩乐的需求不断增加，带动了周末去哪儿、活动行、豆瓣同城等活动信息聚合平台的蓬勃发展。以此为基础，我们提出的"情侣经济"与活动信息聚合相融的新形式，针对情侣生活，为他们提供一个约会去哪儿和去干嘛的信息集合与分享平台。同时我们发现，以微爱为代表的情侣APP领跑者也加入了社区板块，即吃喝玩乐与经历分享，并邀请商家入驻，但由于以情侣私密空间的打造与互动起家，所以并未完全发挥出其潜能。

因而，新产品的切入恰逢其时。

二、用户描述

1. 用户痛点

除了长途旅行之外，情侣在进行日常的、一天左右的短时约会时，总得一起干点什么。传统、常见的约会方式如吃饭、逛街、看电影过于单调乏味，缺乏新感。而市场上专门为情侣定制的约会场所、活动较少，即使有，价格也偏高。想要有趣、浪漫又能增进感情的约会，同时花很少的钱真的很难。

2. 用户特征

这类情侣通常已经度过了刚开始在一起时，两个人只要在一起做什么都有趣的甜腻期，进入了恋爱关系中的平淡期。但他们还没有进入共同生活、稳定的婚姻生活状态，所以需要约会活动来维持关系。

这时情侣之间的约会活动由于时间、金钱、想象力等因素的限制，变得形式单一、内容乏味，进而让他们对恋爱关系产生了失落感。

3. 用户动机

针对以上痛点，用户需要一款产品来为他们提供更加多元化、贴近实际、实践成本与门槛低的约会方案，使约会这件事变得更有趣，以此维护恋爱关系，满足情感需求。同时通过社区进行约会内容的分享和互动，满足用户自我实现的需求。

4. 用户建模

(1) 使用场景

场景一：忙了一天终于下班了，小美想要约男朋友晚上出去见个面。她打开了Dating APP，发现首页的约会地图又多了许多标记。她点开公司附近的一个红色标记："欢乐谷万圣节主题夜场门票，今晚只要60块，美滋滋！"小美第一次知道原来欢乐谷也有便宜的夜场票卖，于是她立刻下单了两张票。

场景二：到了周末了，阿方的女朋友从广州来到深圳找他。"整个深圳都逛遍了，我还能带她去哪儿呢？"阿方一边想着一边打开了Dating APP，他发现了分享社区里的一条："和男朋友在福田区孤儿院做了一天的义工，看着孩子们开心的笑脸，累并快乐着！"阿方感觉两个人一起献爱心十分不错，于是他点开了帖子下方孤儿院发布的自愿者报名链接，给自己和女朋友都报了名。

(2) 用户角色建模

阿方，男，21岁，深圳的在校本科生，有一个在广州的女朋友，在一起一年多了。每个月会见两次面，一般都在周末两天。和女朋友两人都是学生党，生活费2000元左右。因为他们没多少预算，所以去不了远的地方，每次见面几乎都是吃饭、看电影、逛逛商场，两人都觉得十分无趣，广州深圳几乎也都逛遍了。每次见面之后，两人都苦恼于这次约会要去哪儿、做什么。

小贝，女，19岁，惠州某高校大二学生，有一个同校大三的男朋友，两人在学生会相识。和男朋友在一起四个月了，她开始觉得两个人之间的关系变得平淡无聊起来。除了每天在校园里的相见，她觉得每次固定的约会活动实在是太无趣了，除了一起吃吃饭看看电影，仿佛再无其他乐趣。想过一起计划出去旅行，但两个人的生活费都有限。小贝开始对这段关系迷茫起来，难道谈恋爱就是为了找一个人一起吃饭看电影吗？

三、市场环境

1. 市场潜力预估

根据易观千帆数据，周末去哪儿的月活用户约为 40 万，而小恩爱的日活用户约为 250 万左右，月交易额达到了 3000 万。

虽然我们的产品是情侣约会活动信息的集合平台，看似为细分领域，但却是全新领域。它既不像情侣 APP 有进入的门槛，也着眼于"约会去哪儿与去干嘛"这一男性与女性均存在的痛点，与私密社交情侣 APP 也相比，弱化了女性偏向。

因而，以用户需求与市场空间推测，产品的前景较为可观。

2. 竞品分析

基于情侣约会去哪玩儿和玩什么的产品定位，我们选取了微爱与周末去哪儿两个 APP 进行竞品分析。

(1) 产品定位

微爱：致力于让情侣的生活更美好、更甜蜜的情侣应用。

周末去哪儿：面向都市年轻人提供周末周边游和本地休闲活动资讯，以及预订和支付服务。

(2) 产品架构

"微爱"产品架构如图 1 所示。

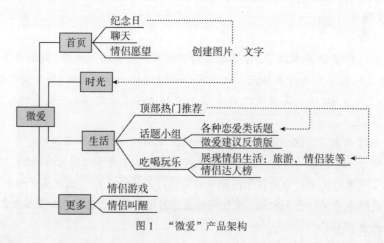

图 1 "微爱"产品架构

"周末去哪儿"产品架构如图 2 所示。

(3) 盈利模式

微爱：养成类游戏盈利；生活公共社区板块广告盈利。

周末去哪儿：通过用户购买体验/服务，从中赚取利润差额；推广营销，获得广告收入；商家入驻。

(4) 运营策略

微爱：线上与线下活动。

周末去哪儿：官方组织活动，其他组织团体入驻活动；与多方合作，形成活动 IP，提高产品的用户黏性。2016 年 4 月"周末去哪儿"成为上海迪士尼官方合作伙伴，作为合作 IP，全方位提供产品开发和推广服务；与陌陌的线上/线下合作，获得了陌陌 APP 中的"附近活动"入口，同时陌陌还会在"群组"频道中给予"周末去哪儿"一些曝光机会。

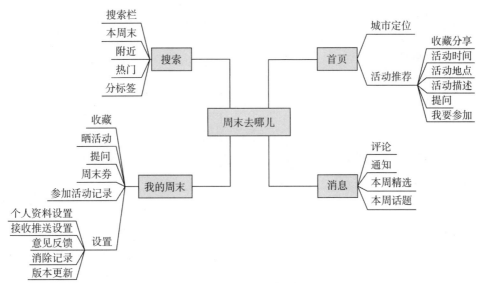

图 2 "周末去哪儿"产品架构

(5) 总结

微爱：作为情侣APP中的领跑者，唯一涉及社区即吃喝玩乐生活分享，但其重心仍然还是情侣的私密空间打造与互动，以养成游戏盈利的商业模式获得了较大成功。

周末去哪儿：产品架构较为简单，聚焦周末出行与活动信息。由于内容均由平台发布，因而均为付费活动。其模式与我们的产品较为相似，但目前的困境是无法以新颖内容吸引用户，且同质化竞争激烈。

3. SWOT 分析

(1) 优势

① 采用基于地理位置信息的地图形式呈现活动，形式较为新颖。

② 细分场景，多元解决用户约会烦恼的痛点。

③ 以 UGC 主导的形式为用户提供全新的分享平台。

(2) 劣势

① 由于需要持续创新内容以留存用户，运营成本可能较高。

② 关键技术可能需要通过外部接入支持。

(3) 机遇

① 市场空间巨大，顺应发展趋势，目前竞争态势良好。

② 聚焦情侣生活，契合"浪漫经济"热潮，商业潜力较之私密社交更加明晰。

(4) 威胁

① 涉及领域较新，以产品驱动满足这一需求的方式，对消费者来说需要的教育成本较高。

② 替代品众多，基于消费者已有认知，可能会选择市场上别的已知平台。

③ 以微爱、小恩爱为代表的潜在竞争者若逐步转型，更加着眼线下情侣活动，较之我们的新产品可能更具用户基础。

四、项目规划

1. 核心功能点

一款基于 LBS 的解决 "情侣约会去哪儿和去干嘛" 问题的 UGC 分享与信息集合平台。

2. 产品架构图

产品架构图如图 3 所示。

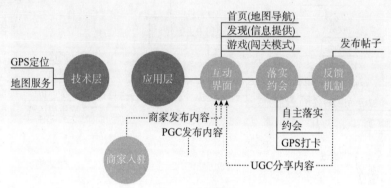

图 3　产品架构图

3. 产品路线图

产品路线图如图 4 所示。

需求描述	前期	中期	后期
基本型需求：获取约会活动与地点信息	地图导航	帖子呈现	
期待型需求：快速清晰得知热门活动、社区分享且互动性强		帖子发布、点赞评论、收藏帖子、个人信息设置	
兴奋型需求：个性化定制约会			设立闯关游戏模式、优质帖子排名优化、地图呈现优化

图 4　产品路线图

五、项目收益与风险评估

1. 商业模式与前景

基于商家入驻发布广告信息的商业模式，为适合约会活动、具有约会场景性质的商家提供发布信息的平台，并精准推送给目标用户。

平台稳定发展后，可促进线下商家更多关注 "浪漫经济"，增设针对情侣的产品与服务，形成线上与线下的互动与正反馈。

2. 预计风险

(1) 全新市场

情侣约会活动信息是一个全新领域，用户对这一领域较为陌生，需要时间建立对此的认知。

(2) 替代品众多

虽然有相关需求，但用户如今可以轻易地了解相关信息，可能更倾向于选择已有渠道获取信息。

(3) 线上到线下

由于存在从线上到线下的过程，如果在落实约会的过程中体验不佳，可能影响平台信任度。同时线下活动后又需要获得线上反馈，用户完成全流程需要投入较大时间成本。

(4) UGC 内容发展停滞

由于使用 UGC 的形式，如果用户不愿在平台分享，或平台中优质资源匮乏，则无法留存用户。

"云吸猫" 产品商业需求与市场需求文档

作者：简海鹏、陈璐、桂秀男、郑丽婵(深圳大学　2015 级网络与新媒体系)

一、项目背景

《2017 年中国宠物行业白皮书》显示，截至 2017 年末，全国宠物猫狗数量达到 8746 万只，市场规模达到 1340 亿元，这个数字在未来 3 年还将增加 40%。这意味着：几乎每 10 个人中，就有一个人在养猫或养狗。而在 2017 年，微博上网红猫"楼楼"的去世，引发近 10 万网友为它哀悼。

另外，从 2016 年开始，"空巢青年"这个群体就被广泛关注。数据显示，这个群体主要分布在北上广深等一线城市，且都是"80 后""90 后"。他们一般远离故乡，独自在外打拼，未婚单身且独居。在交往成本高昂的现代社会，他们更多地会选择养宠物。但很多人因为现实条件不允许，会选择在社交平台上"云吸猫，云吸狗"，甚至很多微博大 V 也是这样红起来，比如"回忆专用小马甲"……总的来说，"宠物市场的社交化"已经成为一片新的蓝海行业。

二、项目时机

2015 年，日本经济学家发明了一个新词——猫咪经济学。"猫咪经济学"是指不管经济多么困难，大众对猫及其相关产品的热情永远高涨，只要商家用对猫咪，就能吸引人群关注并从中获益。

调查显示：中国养猫的人群中，将猫作为孩子和家人看待的用户占比高达 80% 以上，这意味着猫咪在人们生活中扮演着越来越重要的角色。在这样的背景下，除了传统的猫粮、猫咪用品外，猫咪咖啡店、猫咪寄养、猫咪殡葬服务、云养猫 APP 等都成了新兴热门的产业。在深圳大学附近就开了好几家猫咪咖啡厅，并且很受学生的欢迎，经常能在朋友圈和微博等社交媒体看到他们分享在咖啡厅的吸猫心得。

然而相比线下"吸猫"，线上的"云养猫"的发展显得更为蓬勃。早期的"云养猫"，起源于一些博主在微信、微博等社交平台上分享自己猫咪的日常，从而吸引猫奴们的围观。"回忆专用小马甲""瓜皮的 id 酱"等微博大 V 就是利用自己的宠物吸引了上千万粉丝。其中，"回忆专用小马甲"靠着一只苏格兰折耳猫和一只萨摩耶犬做广告、写软文，成功成为营销号中的佼佼者，关于这两只宠物的周边抽奖微博转发数最高超过 50 万(小马甲的一条微博广告的价格为 2 万元左右，年收入超过 800 万)。

不过这些都是基于微博的分发平台而成名的大 V，目前在单独垂直领域的"吸猫类"APP 并没有一个领跑者，这是我们选择在这个时机启动"云吸猫"产品的最主要原因。

三、市场描述

中国的宠物市场及相关产业链规模日益扩大，截至 2016 年，中国宠物总量超过 1 亿只，市场规模超过 1000 亿元(见图 1)。但是与国外相比，中国的宠物数量远未饱和。美国有 4 亿只宠物，是美国人口的 1.3 倍；从城市拥有犬只的家庭占比来看，北京为 7.5%、上海为 4.5%，全国仅为 1.7%，而美国 70% 的家庭拥有宠物。

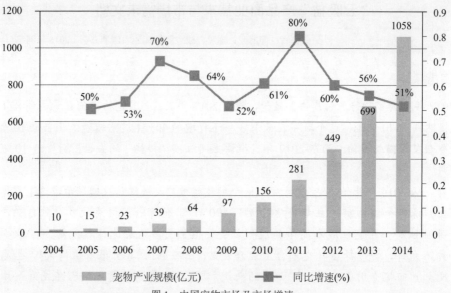

图 1　中国宠物市场及市场增速

出于种种原因，现代白领很多时候没有办法购买宠物自己饲养，而互联网的出现为大量白领提供了一种新型的养宠模式——云养宠物。根据真实的宠物市场市场规模，我们预计互联网经济下的"云养猫"的市场容量超过 150 亿。

四、用户描述

1. 用户痛点

① 现代社会人际之间交往成本越发高昂，而宠物的存在可以替代人际交往中的大量社交需求，温暖人心。

② 热爱猫狗的都市白领多半处于人生的奋斗期，在外租房居住，多为合租或房间较小，真实养猫狗不够方便，想以云养猫来体验宠物带来的温暖。

③ 很多人对猫狗身上的毛或者其他东西过敏，但又热爱猫狗，他们有亲近猫狗的需求。

2. 用户建模

(1) 用户特征

● 地域：城市居民。

- 职业：都市白领。
- 个人情况：收入较高，年龄处于20~30岁之间的独居青年。

(2) 用户动机

根据马斯洛需求理论，当人们满足基本的生理和安全需求后，需要有情感和归属的需要，猫狗作为人类最忠实的朋友，对于都市中孤独的白领们，在情感上能够给予他们很大的慰藉。

(3) 用户画像

小鹏，21岁，男，单身，远离故乡，独自在外打拼，在一家互联网公司做一个苦逼的码农。每天凌晨回家，早上10点到公司。一天的生活主要集中在公司和家两点一线，没有别的业余生活和乐趣。这样的生活时常让他感到孤独，但是在大城市生活，和朋友合租，他也没办法养宠物来慰藉他孤独的心灵，更重要的是，舍友还对猫毛过敏。

所以小鹏很喜欢在微博上关注一些猫狗大V，平时下班上班路上，打开微博看看"猫片"，让他每天的心情都变得舒缓了不少，感觉工作压力都没有那么大了。

五、需求描述

基本型需求：看别人的猫——照片，小视频，动态。

期望型需求：实时看别人的猫——直播功能。

兴奋型需求：特效投喂——在直播过程中，用户和主播可以进行互动，实现手机投喂猫粮的功能。

六、项目规划

1. 核心功能点

直播互动"吸猫"——给你最即时的互动体验。现有市面上的吸猫软件大多以宠物博主的短视频和图片分享为主，缺乏宠物博主和粉丝的实时互动性，我们希望能够打造一款以直播为主的"宠物"软件，通过实时互动增加用户黏性。

2. 产品架构

产品架构如图2所示。

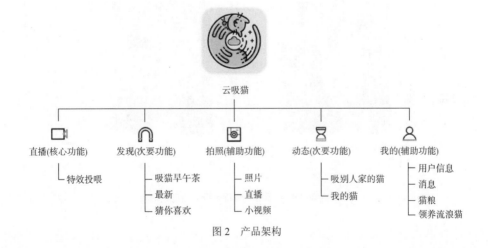

图2　产品架构

3. 产品路线图

产品路线图如图 3 所示。

功能页

通过底栏icon和左右滑动切换

详情页

图 3　产品路线图

4. 主要页面设计

根据核心功能设计主要页面，如图 4～图 7 所示。

图 4　直播吸猫(右图框内为特效投喂的道具形状)

图 5　"发现"页面

图 6　"动态"页面

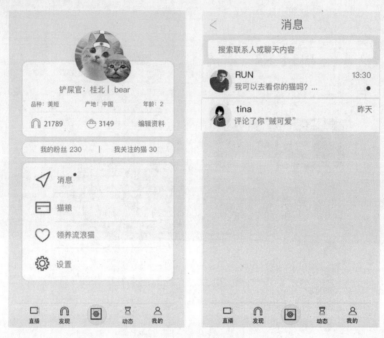

图 7 "我的"页面

七、商业模式

1. 直播打赏分成

因为核心功能是直播功能,所以主打商业模式也是围绕直播展开,直播的礼物分成是核心的营收手段之一。

根据主播的签约与否,给出不同的分成模式。

- 签约主播 6:4 分成【平台 6/主播 4】。
- 非签约主播 4:6 分成【平台 4/主播 6】。

2. 广告模式

通过直播中插入相关的弹窗广告或者定位广告,收取广告费用进行营收。

3. 增值模式

会员特权:APP 板块同时会提供短视频分享和图片分享,用户可以通过充值会员,拥有全平台宠物博主的宠物短视频,图片优先观看权等其他特权。

增值服务购买:用户也可以选择单个宠物博主进行定向购买特权服务,比如关注某个博主,获得专属于用户个人的猫咪视频等特权。

八、商业需求

1. 收益预估(6 个月为一个周期)

(1) 总收入

- 用户量:10 万。
- 单个用户打赏:20 元/月。

- 总收入：$20×6×10=1200$ 万。

(2) 总成本

- 假设员工数量：10 人，每月工资 $1\sim1.5$ 万/人。
- 人力成本：15 万/月，半年：90 万。
- 房屋等设备成本：20 万/月，半年：120 万。

(3) 收益预估

总收入－总成本＝$1200-120-90＝990$ 万。

2. 产品定价

打赏道具价格：结合产品特色及其他直播平台的打赏价格对比，定位为如下价格。

- 猫粮：1 元人民币 1 袋。
- 磨牙棒：5 元人民币 1 个。
- 逗猫棒：12 元人民币 1 个。
- 猫爬梯：55 元人民币 1 个。
- 猫砂：66 人民币 1 个。
- 猫领结：88 人民币 1 个。

 点评

这两篇 BRD&MRD 文档都撰写得比较认真、全面，各有所长，可圈可点。

第一篇的 Dating APP 产品主打情侣浪漫经济，定位精准，做法实际，旨在通过用户分享内容给其他情侣提供借鉴，与此同时，产品会给出个性化定制路线供用户参考，这种做法可以在一定程度上缓解情侣相处方式单一无趣的问题。需要指出的是：产品富有创意的提出游戏闯关模式，即把情侣的定制路线改为简单游戏的形式，通过线下的打卡或者基于地理的任务完成，回到线上完成游戏闯关，以此增强情侣使用产品的黏性和成就感。这部分内容在文档中没有得到充分的展开与强调，实属遗憾。

第二篇云吸猫产品的文档中，第三部分的市场描述做得不够细致，缺少对竞品的针对性分析以及由此带来的 SWOT 分析，尤其在提出该产品将填补市场的空白时，一定要十分谨慎，尽量避免此类的描述，因为可能确实由于视野所限没有发现同类产品，但针对庞大的宠物市场，一定有相关的论坛、社交媒体账号及其他产品的辅助功能中有所体现，所以应该把这些都纳入竞品范畴。

5.3　产品需求和 PRD

当工作推进到实质的产品设计阶段，要考虑的是产品本身的需求。这一层次的需求主要包括三个部分：功能层面、UI 层面和 Demo 展示。具体又包括产品功能设计与管理、UI 设计方案、交互设计方案、颜色、字体、板块设计等诸多"细节"问题。产品需求的所有维度所导向的最终结果，就是让人看到这个产品，甚至可以感觉到并模拟使用这个产品。

5.3.1 产品需求解析

在第 4 章介绍过产品分为核心功能和次要功能，一般情况下，每个产品都有自己的核心功能，这个核心功能就是产品的特色标签和最大卖点，并且决定了市场的最大边界和收益的最大效果。从主要和次要划分，进一步可推测产品的开发顺序，一般优先开发的就是产品的最重要功能，或者在实现程度上相对较易的功能。作为产品优先级的功能，有时还意味着这个功能相对其他功能在开发成本上较低，或者开发时间短而可控。这意味着当这一功能开发并迭代到产品时，既能给用户带来新鲜感，还能有效控制产品运营的总成本，防止过多的投入使团队陷入难以运转的尴尬境地，从而使产品的生命力始终保持在一个活跃的程度上。

比如，通过复盘"蚂蚁短租"APP，发现在其较早的产品版本中，其核心功能是帮助用户找房，但用户只能通过手动选择地区和片区，才能模糊找到可供选择的房源，而后，这一功能快速得到优化，可以结合文字及语音输入来快速精准定位到片区，为用户提供更多更完美的选择，所达到的实现效果已经相对理想；这款产品随后开发出的第二个功能是模仿 Airbnb 的特色房源的服务，如在供应的选择中出现了更多的民宿、房车、树屋甚至沙发客等，打破了原来的居家型产品结构，同时增加了更多的关于特色房源的故事、房屋主人的故事等背景元素，使得整个产品的形态更为立体和丰满，也激发了用户想去体验的动力……因此，可以在产品需求文档撰写中，将上述两种功能的定义和需求提炼为"版本"设计的一部分。

至于 UI、UE 层面，从产品需求这一维度来说，需要定义和展示的是产品的主要调性——由配色板、主色调、模块、Logo、页面设计风格等综合体现。

5.3.2 PRD 的撰写

PRD(Product Requirement Document，产品需求文档)的主要作用是呈现产品的初始面貌/高保真原型，同时把产品中所涉及的基本概念予以梳理和阐释。

一份 PRD 文档可以包括以下几个方面(根据具体情形而定)：
- 功能需求列表
- 预计版本
- 规则与概念定义
- UI 设计与展示
- 原型展示

1. 功能需求列表

此部分主要是对自己产品的需求进行进一步细分，对产品的核心功能需求、辅助功能需求做出划分，并对各种功能进行优先级的排列。比如有一款课程管理为主要功能的产品，其功能需求可列出表格(见表 5-1)。

表 5-1　课程管理类产品功能需求列表

功能名称	主要描述	优先级	备注
课程登记	用户选择时间段输入并生成个性化课程表	P1	
课程提醒	用户可对个别课程进行进一步设定,包括设置提醒(如作业提交、考试日期)等	P1	
课程资料分享	如讲义、笔记、历年考题之类的信息整合与共享	P1	
课程小组管理	对于一门课程的小组合作成员进行管理,开发内部聊天等	P2	
活动通知	具有讲座、活动等通告功能,可以通知本校以及附近院校的讲座和活动,对于感兴趣的讲座或活动可以收藏	P2	
页面美化	页面的 UI 改进等	P3	

2. 预计版本

预计版本可以理解为在一定时间段内规划的迭代版本,每一个版本会升级和释放部分需求,逐步完善产品的使用体验。因而,版本可用以清晰标明产品的演进历程。其格式如下:

主版本号.子版本号.希腊字母

如 360 浏览器版本号:4.2.RC。

也可以全部使用数字,如微信版本号 6.6.6。

一般情况下,在产品需求文档中列出的功能默认为第一版本的开发所需。如果有明确的迭代规划,则可以更加详细地描述出每一个升级版本及其所对应的功能点。

3. 规则与概念

每个产品可能都有自己的使用规则或者说"玩法",如微信设置的照片三天可见是一种规则,这种规则让新加的非熟人式好友对对方的了解保持一定距离;前面所提到的"转转"APP,通过对检测和担保角色的说明确立了第三方规则,从而也确立了自身作为二手交易类产品的独特竞争优势;"斗米"APP 通过先行支付这一规则的确立,也在众多竞品中脱颖而出;助眠类产品"蜗牛睡眠"通过发起"红包挑战"活动增强用户的使用黏性,其具体执行方法是每个挑战者支付 2 元钱,如果未能在第二天早上按时打卡,那么这个资金将会被所有参与者共同瓜分(反之也可通过按时打卡获取微薄收益),所以这一活动规则的落脚点就是以小小的投入激励用户形成良好的作息习惯;在社交产品领域,一款叫做 Die with me 的产品也创建了一种奇特的规则:当手机的电量只剩下 5%及以下的时候才允许使用该产品,这种规则为用户创造出使用产品的"动力",即抓住最后的机会去跟一个人聊些什么,这种看似无聊的设定其实切准了人性的特点,有力地提升了产品的用户活跃度……因而,对于很多产品来说,如果在功能设计上没有做出实质突破,那么可以在产品规则方面做些微创新来获得用户青睐。

除此之外,还有一些产品会自己制造一些概念,以加深用户对产品的印象,形成更深刻的品牌认知。如湖南卫视的社交产品"呼啦",其用户在使用过程中会涉及"元气值""呼啦果实""徽章"等道具概念;直播类产品在概念营造方面更是不遗余力,斗鱼的"鱼丸"、虎牙的"藏宝图"、快手的"海洋之心"等概念既是对商业模式的包装,也在用户和使用者群体中间强化了圈层认同;"时间胶囊"APP 用胶囊的形象概念,形成与同类时间管理软件的区隔;一款主打陌生人社交的学生毕设作品 PICO 提出完整的"孤独星球"概念,把每个个体的所思所想和对外的一次表达称之为"电波"……

对于产品设计团队来说，规则与概念的设计是十分有必要的，既可以深化产品认知，也由此形成对用户行为的引导管理。当然，规则与概念的设定与阐释要合理和详细，其中对应的功能、可兑换现金的比例等，都需要在产品需求文档中予以清晰展示。

4. UI 设计与展示

UI 决定了产品的颜值。在 UI 设计部分，首先是对产品风格进行定调，也就是人们常说的基调，产品基调主要由色彩来决定。常见的色彩运用与风格有以下几种：

- 科技风格(蓝白、墨绿、黑灰等冷色)。
- 现代简约(扁平风、高清图模糊处理、文字少，见图 5-3)。
- 清新风格(性冷淡、色系偏浅、饱和度较低，见图 5-4)。

图 5-3 简洁的扁平风、现代主义风格受到用户偏爱

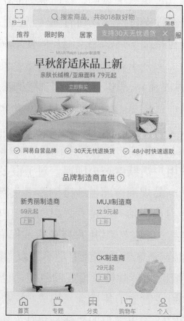

图 5-4 在众多电商类产品页面中，网易严选的性冷淡风别具一格

- 怀旧浪漫(旧木板纹理、划痕、水渍)。

- 女性专题(粉红、紫罗兰、嫩黄、丝绒黄金)。

- 趣味卡通(糖果色、彩虹色、粉彩色)。

然后对于产品的基本配色予以说明,对于颜色的使用方式和色彩阈值予以规定,形成"标准色方案"(见图5-5)。产品设计中所有呈现出来的设计元素都要严格执行这一标准方案,形成视觉统一感和产品风格。

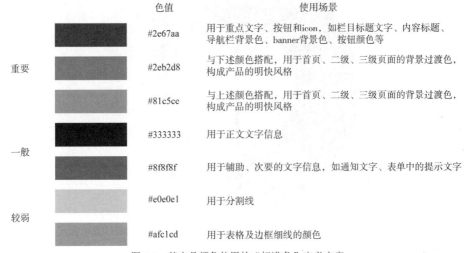

	色值	使用场景
重要	#2e67aa	用于重点文字、按钮和icon,如栏目标题文字、内容标题、导航栏背景色、banner背景色、按钮颜色等
	#2eb2d8	与下述颜色搭配,用于首页、二级、三级页面的背景过渡色,构成产品的明快风格
	#81c5ce	与上述颜色搭配,用于首页、二级、三级页面的背景过渡色,构成产品的明快风格
一般	#333333	用于正文文字信息
	#8f8f8f	用于辅助、次要的文字信息,如通知文字、表单中的提示文字
较弱	#e0e0e1	用于分割线
	#afc1cd	用于表格及边框细线的颜色

图 5-5　某产品颜色使用的"标准色"定义方案

> **提示**　很多新手在产品配色方面总是陷入困顿和纠结,特别建议将 UI 的设计交给专业人士。如果设计者对于产品调性部分有着特殊坚持,可以从以下基本原则入手,以确保配色风格符合色彩规律,贴近大众和市场审美。

- 邻近色搭配:确定两种色相后,可以选择在色环中这两种色相间的色相作为补充。这样整个色彩风格会趋于和谐(见图5-6)。

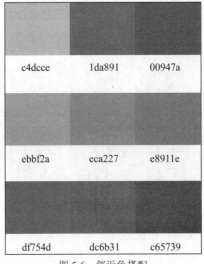

c4dcce　1da891　00947a

ebbf2a　eca227　e8911e

df754d　dc6b31　c65739

图 5-6　邻近色搭配

● 对比色搭配：对比色放到一起能产生强烈的互斥感，用来突出某些部分。对比色分为色相对比、明度对比、饱和度对比、冷暖对比、补色对比、色彩和消色的对比等。在实操层面，对比色就是使用色相环上呈 180°对应的两种颜色(见图 5-7)。对比色搭配使用。在影视作品中较常见(见图 5-8)。

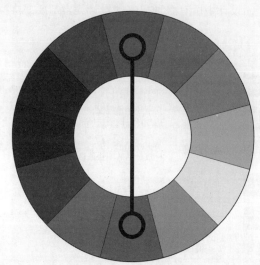

图 5-7　色相环上的对比色

图 5-8　《天使爱美丽》中的红—绿对比

标准色制定的简单操作方式为制作配色卡——首先选择一幅视觉体验舒适(或冲击力强)的图片；通过 Photoshop 里的滴管工具，从图片中选取颜色构成配色条；定义提取的色块，将每一种颜色对应运用到产品的元素部分(见图 5-9)。

#bed48c

#92ba26

#165331

#070e07c

#646634

图 5-9　配色卡制作

关于配色卡的制作及配色方案，可以参考网站 www.design-seeds.com，网站中有很多成型的案例可供设计者参考借鉴(见图 5-10)。

Your Daily Dose of Inspiration

EXPLORE NOW

图 5-10　参考网站中的配色方案

在 UI 部分，最好能呈现产品的 Logo、原创 Icon 集、首页面或者具有代表性的页面，这样会让人对产品有更直观、更具体的把握和感受(见图 5-11)。

e 购——海外代购 APP

Dating——约会方案分享平台

宿说——舒缓减压APP

汤小厨 APP

图 5-11 深圳大学网络与新媒体专业 2015 级、2016 级学生设计作品

5. 原型展示

在文档中最好还能展示通过Axure、Sketch、Principle 等产品设计及交互设计软件输出的产品原型。其中，Axure 侧重于输出交互式产品，可以基于手机端和网页浏览器来演示；Sketch可以方便地制作产品界面示意图，可以通过印刷版或 PPT 来展示；Principle 作为新兴的交互设计软件，其设计输出的产品可以作为最小可行性产品(mvp)，在正式开发前进行用户的可用性

测试等。

在本书第 8 章将着重讲解利用 Axure 来制作产品高保真原型的实操方法，通过 Axure 制作、输出产品原型、发布到云端，就可以在路演时或者团队内部沟通时直接演示产品的使用流程和功能实现，是"高效沟通信息，确保产品准确开发"的最佳方式。

综上，产品需求文档等于是归纳和梳理了对产品的所有设想并予以平面和交互的设计呈现。输出完整的产品需求文档，意味着产品设计者已经对产品有着非常深刻的理解，而团队成员也会全面依据产品需求文档进行开发落地。

5.3.3　PRD 案例

在实际中，产品需求文档已经越来越少用文字的形式来表达了，鉴于 Axure、墨刀、Sketch 等产品设计软件的普及，许多产品团队倾向于直接将产品设计出来供直观感受与交流探讨。这也就是说，当进入到产品需求文档阶段，产品的效果图以及在页面的交互顺序和流程等都应该在软件中直接体现出来，而文档起到的是"存档"和"文本支持"等基础作用。

PETO DO 产品需求文档

作者：林沛颖、邓梓谦、谢皓然、陈麓安(深圳大学　2015 级网络与新媒体专业)

诚然，我们的生活与工作已经离不开手机，而年轻人玩手机成瘾也已成为显而易见的现象，根据相关调查数据："90 后"平均每天有近 4 小时被手机占据，学生群体每天使用手机的平均时长(3.9 小时)高于非学生群体(3.5 小时)，近三成"90 后"每天接触手机超过 5 小时……那么如何在使用手机的问题上进行合理的自我管理，是每一个年轻人需要认真思考的问题(尤其针对手机重度使用者)，而我们的产品旨在辅助解决这一问题。

其实市面上针对手机的时间管理类产品不少，像 Forest、Habitseed、番茄时钟等，这些产品的通用逻辑是：在用户不碰触手机的时间段内创造出一定的激励手段(比如 Forest 的做法是培育出一颗茁壮大树)，从而达到让用户远离手机的目的。在经过一番激烈的头脑碰撞后，我们决定"反其道而行之"，即在用户不该使用手机却在使用或超时使用手机时，通过在屏幕端跳出手机宠物予以干扰的形式达到让用户放下手机的目的。手机宠物是 PC 端的演变趋势，且具有趣味性、体验养成和消磨时间的特点(见图 1)。

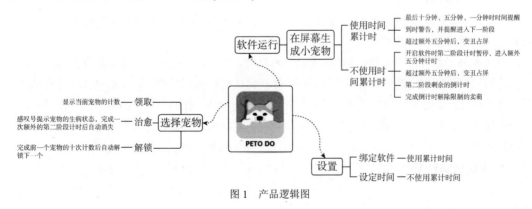

图 1　产品逻辑图

一、功能需求列表

功能需求列表见表1。

表 1　功能需求列表

功能名称	主要描述	优先级	备注
绑定手机上的指定 APP	用户使用 PETO DO 的方法是，绑定自己常用的几款 APP，比如微信，那么在使用微信时就可以激活 PETO DO 的计时功能	P1	
时间设定	包括两个设定： 一是设定不使用手机的时间； 二是设定使用指定 APP 的时间	P1	
宠物领养功能	选择产品可提供的趣味宠物	P1	
宠物干扰功能	如果用户超过了玩手机的设定时间，那么宠物则开始裂变复制充满屏幕达到干扰目的	P1	
解锁功能	通过付费或任务等方式，解锁新的宠物，带给用户新的体验	P2	
页面美化	页面的 UI 改进、宠物的动作、外形设计等	P2	

二、预计版本

1.0 版本：完成 P1 系列的功能开发，使产品实现基本功能。

2.0 版本：完成 P2 系列的功能开发，将产品推向完善状态。

2.1 版本：开始内测。

2.1.1 版本：正式上线。

三、规则与概念定义

1. 绑定软件规则

初次运行 PETO DO 时，或者之后可以在软件设置界面中设置，设定绑定要监控和控制使用时长的软件，即当用户设定的软件位于手机显示的最上层运行时，软件会自动在后台进行计时，并在屏幕角落生成萌宠，萌宠兼顾时间提醒的作用，最后 10 分钟、最后 5 分钟和最后 1 分钟时分别出现一次对话框提醒剩余时间，以及在额外的 5 分钟操作时间里每隔 1 分钟出现一次对话框提醒。

2. 设定时间规则

一个是用户使用所绑定软件的累计时间，称为第一阶段计时；另一个是不使用这些软件的累计时间，称为第二阶段计时。

使用软件的累计时间是指：只要是用户使用所绑定软件的任何一款，都会记录在用户所设置使用时间的倒计时中，若退出则倒计时暂停，累计的使用时间耗尽后，就会出现提醒并自动进入第二阶段计时，需要完成该阶段的计时才能进入下一个循环，开始一个新的第一阶段，进入另一个计时循环。此外，软件默认设定时间外有 5 分钟的超时时间，即在进入第二阶段后，如果用户打开绑定软件，则第二阶段的计时暂停，进行这 5 分钟的倒计时，耗尽后触发软件的惩罚机制。

3. 宠物选择规则

(1) 用户可以在设定完时间之后选择要领养的宠物作为提醒的信使，完成一次时间循环后，宠物可得到一次计数。

(2) 宠物的解锁。达到 10 次计数后可解锁下一个宠物(10 次计数后仍可继续领养该宠物)；破坏循环时则宠物会进入生病状态；当一只宠物出现病况时，用户无法领养和解锁其他宠物，只有将其治愈好才能继续正常的领养动作。

(3) 宠物的解锁有顺序规定，即当用户解锁了宠物 1 后才能解锁排在其后面的宠物 2，而不能解锁了宠物 1 后直接跳过宠物 2 去解锁宠物 3、宠物 4、宠物 5 等，以此类推。

(4) 治愈生病宠物的条件是领取生病的宠物额外完成一次守时任务/计时循环。

4. 软件触发规则

(1) 处于使用时间时。

① 当用户打开所设定的软件时，会在屏幕出现小宠物，并在最后 10 分钟、最后 5 分钟和最后 1 分钟时分别出现对话框进行倒计时提醒。

② 当用户使用软件达到所设定的累积时间时，出现对话框提醒时间到。

③ 用户在消耗额外的 5 分钟计时时，每隔 1 分钟出现一次对话框提醒；当 5 分钟耗完后，宠物便开始变丑，并且开始以细胞繁殖的速度占领屏幕的最上层，完成了同次循环第二阶段的计时后，宠物占屏消失，但视为一次破坏循环的行为，宠物进入生病状态。

(2) 处于不使用时间时，宠物始终位于屏幕显示最上层的角落提醒剩余时间。

① 当用户开启所设定的任何一款软件时，第二阶段的计时暂停，进入额外 5 分钟的计时，并出现提醒。

② 用户在消耗额外的 5 分钟计时时，每隔 1 分钟出现一次对话框提醒；当 5 分钟耗完后，宠物便开始变丑，并且开始以细胞繁殖的速度占领屏幕的最上层，完成了同次循环第二阶段的计时后，宠物占屏消失，但视为一次破坏循环的行为，宠物进入生病状态。

③ 第二阶段守时任务完成后，宠物会在屏幕角落耍宝/卖萌，用户可以抚摸宠物(点击宠物)，点击后宠物便从桌面消失并获得该宠物的一次计数，当用户打开所设定的软件时，便再次出现用户领养的宠物，视为开始下一个循环，两个阶段和额外的 5 分钟开始重新计时。

四、UI 设计与展示

产品 Logo: 设计灵感来自于当红的表情包宠物: 柴犬(见图 2)。

产品界面(从使用开始)见图 3 和图 4。

图 2　柴犬 Logo

图 3　产品界面 1

图 4　产品界面 2

五、原型展示

请扫描以下二维码进行体验：

5.4 思考题

1. 商业需求文档着重解决什么问题，其主要结构是什么？
2. 市场需求文档着重解决什么问题，其主要结构是什么？
3. 产品需求文档着重解决什么问题，其主要结构是什么？

第**6**章

用户体验

　　用户是我们这个时代的重音词和高频词。一切以用户为中心，在互联网时代不再是一句空洞的口号，尤其在移动端产品设计中，从核心功能到微观细节，从视觉美感到交互感受，用户体验设计所积累的诸多理念和做法落到实际，从场景适配入手，于细节处深打磨，通过践行"功能可见，即时反馈，结果可期"来实现用户对产品的预期或者超出其预期。本章结合诸多案例展示了用户体验作为整体性设计的理念，在最后着重介绍了影响用户体验的控件要素的设计规范。

6.1 用户体验概述

用户体验(User Experience，UE/UX)就是用户使用产品的所有体验和感受的总和，这种感受包括心理层面和生理层面的，比如视觉感受、点触与反馈感受、认知感受、价值感受(是否满足了用户需求)、情绪感受、超预期感受(意外惊喜、收获)等。

著名的用户研究专家《用户体验设计》的作者奎瑟贝利(Whitney Quesenbery)提出了 5E 原则，认为用户体验包含五个方面。

- 有效性：实际可以等同于可用性或者有用性，就是这个产品能不能起到作用。
- 效率：产品应该能提高使用者工作效率。
- 易学习：学习成本低。
- 容错：防止用户犯错，以及修复错误的能力。
- 吸引力：从交互和视觉上让用户舒适并乐意使用。

史蒂文·克鲁格(Steve Krug)在《点石成金》(*Don't Make Me Think*)这本书里提到的用户体验包括以下六个方面。

- 有用性：能否帮助人们完成一些必需的事务？
- 可学习：人们能否明白如何使用它？
- 可记忆：人们每次使用的时候，是否都需要重新学习？
- 有效：它们能完成任务吗？
- 高效：它们是否只需花费适当的时间和努力就能完成任务？
- 合乎期望：是人们想要的吗？

此外，ISO 9241-210 标准将用户体验定义为"人们对于针对使用或期望使用的产品、系统或者服务的认知印象和回应"。

事实上，用户体验并不神秘，它本身的构成正是基于对"是否有效""是否有用""是否有吸引力""是否易学习"等一般问题的回答，或者可通俗地描述为"这个东西好不好用，用起来方不方便"，而关于这些问题的回答都是主观性的，所以用户体验也是主观的，且其注重实际应用时产生的效果。

我们来设想用户使用产品的一般流程：他最初是带着一个问题或需求来使用产品的，当他关闭/离开这个产品的时候如果这一需求被满足了，这就是最小程度地实现了基本用户体验，这一层面被称为产品体验的功能层；如果在这一过程中，他首先看到了一个非常有美感的界面，带来了舒适的视觉享受，这一层面被称为产品体验的表现层；如果用户既能感受到一个静美的界面，同时视线又很轻易就"被引导"到功能入口，当他通过合理的交互(点击、选择、填写)、极短的流程和及时的反馈等高效率地实现了目标，我们就认为该产品是友好的、易用的，这一层面是用户体验的框架层。

综上所述，我们把用户体验拆解为功能层、表现层和框架层。其中，功能层由技术来决定，即开发技术的优化程度影响了功能实现的优劣；表现层由设计来决定，设计师的审美与设计水准影响了产品的视觉表现；框架层由交互来决定，用户抵达目标需要的层级、互动方式等形成了产品的立体形态(见图6-1)。

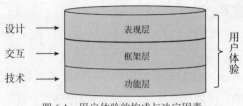

图 6-1　用户体验的构成与决定因素

了解了用户体验，下面来看用户体验设计。对于一个界定明确的用户群体来讲，其用户体验的共性是能够经由良好设计实验来认识到并根据经验或规则予以实现的。不管我们是改变一个版块的布局，改变一个按钮的颜色，还是改变交互的方式，改变功能实现的流程，如果我们能得到用户群体的正面反馈，那么这就是最好的设计。可见，**用户体验设计就是"一切围绕用户体验而展开，一切又落脚于用户美好体验，真正践行以用户为中心，想用户之所想，想用户之未想"的设计。**

用户体验设计首先聚焦在核心功能的实现。对于任何产品来说，功能是摆在第一位的，功能对应的是用户的需求或者欲望。产品先有功能，再谈其他。好比音乐产品的播放功能不能失灵、电商产品的购物车不能"损坏"、地图产品的导航功能不能失效一样……从这个意义上说，功能一定是先于颜值而存在的。核心功能实现的优劣直接影响用户的根本体验，试想用户带着需求来使用产品，却未能得到基本的满足，那么用户体验就无从谈起。

从开发的角度讲，功能是由技术决定的，技术障碍会造成功能稀缺或者漏洞，相反，优越的技术布局也会铸成技术门槛，拉开与竞争者之间的差距。因而，对于产品开发来说，要去跟提高 0.1 秒钟加载速度较真，去跟把整个页面大小缩小 1KB 较真，不能容忍产品操作体验上的停顿，不能在产品核心、流程核心功能的设计开发上妥协，只有追求极致，才能真正达到用户极致的体验。

其次，用户体验设计是一种整体性设计。一个产品免不了要对多个功能点进行布局，但用户体验设计却不是孤立地针对一个个点，而是"牵一发而动全身"，要运用全局思维来应对用户的每一个具体而细微的需求。比如，对于大部分资讯和内容服务类产品来说，内容搜寻和定位是比较核心、和高频的需求，但针对这一需求，绝不是设置一个搜索框就可以，而是要把"内容定位"从一个"功能点"升级为一个"体系"来看待，这样，栏目的合理分类、Tab 项的合理设置等都变成了"内容定位"体系的一部分，如图 6-2 所示，图中是常见的"最新分享"和"最热分享"Tab，让用户更容易感知和选择。体系化的设计有助于用户对功能信息进行快速的定位，通过把一部分筛选功能前置，也可以简化用户的操作流程，甚至不用走到"搜索"这一步就可以达到目的。

最后，用户体验设计是一种超出用户预期的设计。尤其是用户没想到的，产品做出来了，用户想到了，但产品实现得更好，这都会带来超预期体验。比如，当用户执行手机屏幕截图的操作后，打开微信的任意聊天窗口，选择"+"号发送其他内容时，微信默认会提示你是否要发送刚刚截取的那张图片，此时可以选择这张图片，也可以继续选择发送表情、位置等其他内容，几秒后不选择，提示就会消失，整体上不影响操作流程，却在体验上提升了很多(现在淘宝、京东的客服窗口也支持这一操作，见图6-3)。这就是产品在深谙用户的操作习惯之后，为用户预判，并使用户在不易察觉的情形下高效完成任务，该举措极大地提升了用户体验。还以微信为例，当用户打开一个群聊窗口，如果有未读信息，单击右上角的新信息提示(见图6-4)，就会快速定位到上次阅读的地方，免去了用户向上翻页和难以查找的烦恼，这实际上也解决了用户的一个使用痛点。可以说，想用户之所想，想用户之未想，比快更快，比好更好，都可以让用户发出WOW的惊叹声。

图 6-2　常见的"最新分享"和"最热分享"Tab

图 6-3　微信的发送截图操作

图 6-4　微信的未读信息提示与定位

6.2 从场景适配入手

传播学里经典的 5W 理论指的是 Who、When、Where、What、What channel，即"谁在什么时间，什么地点，通过什么渠道传达了什么内容"。其实这 5W 也非常适用于产品，它们分别对应：用户是谁、什么时候会用、在哪里使用、满足了什么需求和选择了什么渠道。可以说把 5W 连接起来就是一个用户使用产品的具体场景，它概括描述为：谁在何时何地做了什么——具备这种洞察能力对于产品设计者来说至关重要，因为随着用户媒介素养的不断提升，其对移动端产品的使用体验产生了越来越高的预期和要求。作为产品开发设计人员，其必须要接受的挑战是：竞品越来越多，用户也无比现实，稍有不满就会"粉转路人"，但稍有触动也会"路人转粉"。那么，应该从哪里着手来获得对于良好用户体验的正确判断呢——最大程度代入用户的场景与角色，也许是打造用户体验的最佳切点。

所谓场景适配，就是在合适的时间和地点，为合适的用户提供合适的服务。这是充分关注人在"何时何地"使用产品的行为，也是"以用户为中心"的设计理念的直接实践。"场景依赖于人，没有人的意识和动作就不存在场景。"[1]晚上入睡前躺在宿舍/出租屋/自己家床上、上下班等候公交/地铁到来的公交/地铁站台、起床后消耗 15 分钟的卫生间、动辄排起长队的银行、医院、火车站……这些都是司空见惯却不为注意的场景，"场景"无处不在，特定的时间、地点和人物存在特定的场景关系，延伸到商业领域便会引发不同的消费市场。而通过对场景的因素思考，可以帮助设计师、产品经理更好地理解用户真实、即时的需求，从而更好地设计、改进产品。

首先，通过思考场景，可以确定产品及服务的具体形态。比如罗振宇的"罗辑思维"公众号，之所以每天早上 6 点钟发送一条 60 秒钟的语音，就是考虑到用户早晨在床上醒来，处于意识半睡半醒之间，这时是不会去阅读一篇长篇大论的文章的，而一段轻柔的语音适合唤醒，适合迅速激发脑细胞的活力。而这段 60 秒的语音产品，在最后还会提示用户发送一个关键词，可以收到一篇主题相关的推送文章，那么当用户起床之后，在如厕的时候，恰恰可以通过回复关键词获取老罗的推荐，在那情那景之下阅读一篇 2～3 分钟的文章。由此可见，正是基于细致入微的对用户使用场景的思忖，才知道该给用户提供什么形态的产品。

其次，通过理解场景，可以推敲产品的功能设置和优化举措。比如手机拍照功能，从当前的市场竞争结构分析，手机拍照功能至少有三个竞争点：一是看谁更清晰，谁的效果可以媲美单反；二是看谁更快速；三是看谁更美颜。这三个方向都源自大量真实的用户使用场景，也诞生了代表性的手机品牌，比如强调可以拍星空的 Nubia 手机，强调前置 2000 万柔光自拍的 Vivo 手机，强调有四个摄像头的华为 Mate 20，还有抢拍最犀利的锤子手机。我们以锤子手机的研发思路为例——结合场景来思考，手机抢拍的场景很简单：用最快的速度拍下稍纵即逝的某个画面，这个画面可能是路人快闪，可能是流星划过，又可能是孩子的鬼脸。这种需求场景之下，

---

[1] 吴声. 场景革命——重构人与商业的连接[M]. 北京：机械工业出版社，2015.

速度就是一切,快就是王道。所以,iPhone 最早的方法就是锁屏上有一个快捷进入相机的按钮,确实能瞬间打开相机,而且对于有锁屏密码的情况,也是可以直接进入相机,这都是为了抢速度,不过从开启到对焦到拍照的过程,仍然解决不了某些场景下要求更快速的问题。所以锤子T1 的做法是:掏出手机时长按两侧按键即可进入相机,松手即拍照——这不仅省去了点击图标打开相机和点击拍摄的步骤,还省去了对焦,以默认对焦无限远的模式拍照,这样能保证速度最快。T1 后来还做了一系列优化,比如松手拍照会连拍多张,能记录下松手后一段时间内的多个画面,捕获目标画面的可能性就大大提高了。这都是专门针对场景所研发的功能,而这些功能如果脱离场景,是很难想象和设计出来的。

又比如对于每一个手机用户来说都十分熟悉的"网络切换"场景:当我们从外面走进家中,一般都会采取的操作是停掉流量,打开 WiFi 连接。对于部分手机来说,这种自动切换已经实现。但当这种切换场景转换到公共场所,于用户而言,除了考虑方便还要考虑安全问题,尤其是很多人在不知情的情况下,连接到了伪基站的信号,一些重要信息便会在不知不觉中泄露,有可能造成重大财产损失!考虑到这些特殊场景,可做出进一步改进:比如允许用户设置若干(包括家中、亲戚家、工作单位、客户单位等)熟悉的 WiFi 信号自动连接,其余的自动连接则要在连接前进行友情提醒和询问——产品的优化思路随即成型。

最后,通过沉浸场景,可以知道产品的改进空间和发展方向。我们以人人离不开的微信产品为例,微信的语音功能推出之后,用户反馈有褒有贬,褒扬者觉得语音推送提高了交谈效率,尤其对于懒人来说省却了打字的麻烦,以及在很多不方便打字的情形下提供了方便的信息交流途径;不满者觉得语音的推送是方便了发送人,但不一定方便接收人,比如接收者正在开会,身处一个要求绝对安静的场所等。可见正如很多其他产品一般,微信语音产品也是具有两面性,其设计者显然也注意到这些使用的不便之处,并做出一些优化。比如对于不便接听者,可以采用语音转化文字的功能直接阅读文字;比如为了防止语音信息过长使人丧失点听耐心,把语音长度限制在 60 秒以内。这些改进都是加分项,也都充分考虑了使用者的不便所在和场景需求,从而给用户带来更好的使用体验。

其实,在产品研发的"用户画像"的环节,就已经对用户的产品使用场景做出了一些描绘。通过场景模拟甚至场景再现,直观地观察、感受用户的交互和使用习惯等,最大程度地接近与还原用户,进而给产品开发提供思路,这是场景适配的真正要义。

【思考】

在用户日常使用微信语音的经历中,仍然存在一些让人"暴躁"的痛点,比如:

- 点击后发现没声音,仔细检查发现原来设置了听筒语音,然后乖乖重新点击放在耳朵。
- 点击后认真听消息,却不料手抖点击了屏幕,语音戛然而止……这时只能再来一次。
- 很认真地听了消息,却发现 59 秒的语音原来只有 5 秒时间在讲重点,其他都是废话……
- 即使点击语音转文字,经历了 10 秒等待不说,解码出来完全如乱码,无奈点听后才发现,原来说的是家乡话……

通过对这些场景的梳理,我们总结出:微信语音仍有较大的痛点,就是用户对于语音的播放缺少控制权,或可考虑的优化路径是:

（1）增加播放条，让用户可以从断掉的地方重播，或者对于重点部分反复播放。

（2）更进一步优化，比如可以允许用户快放音频，以便更快地消化语音信息。

至今，我们虽没有从微信这款产品看到以上改进，但已经有产品遵循场景化思维，做出了更符合用户使用场景的产品。图 6-5 所示为"得到"APP 的播放器设计，可以允许用户调整语音速度，自行掌握学习进度；某款社交 APP，允许用户选择语音播放的节点。

图 6-5　"得到"APP 和某款社交 APP 的播放器设计

6.3　于细节处深打磨

"最好的产品通常会做好两件事情：功能和细节。功能可以吸引用户关注这个产品，而细节则能够让关注的用户留下来"，这是丹·赛弗(Dan Saffer)，在其《交互设计指南》中所说。实际的情况亦是如此。在技术水准上，大部分竞品之间你追我赶不分上下，基本功能都可以实现，反而是在各自产品细节的打磨上，会形成产品的差异性和特质性，所谓"细节决定成败""细节是魔鬼"，在产品的开发逻辑上屡试不爽。

以情怀著称的锤子手机，尽管其市场销量表现不是很好，但不得不承认其在产品的细节打磨上，还是有很多值得称道的地方。比如锤子手机在开机设置环节，提供用户"左手操作"和

"右手操作"的选项，充分考虑到左撇子使用人群的习惯；锤子手机的录音功能支持录制多种音质的音频，录音过程中可随时为音频标记时间点，回听过程中迅速找到音频关键时间点。录音锁屏插件使用户即便在锁屏界面也能暂停、继续或停止录音；锤子手机预览图片时不开自动转屏可以手动旋转图片；在 2016 年 10 月推出的一个手机版本中，锤子手机还提出了 One Step 的概念和功能，One Step 相当于模拟电脑 Dock 的功能，从屏幕右上角往左下角划就可以呼出 One Step。用户可以在主界面做正常的操作，并且随时可将正在处理的内容直接拖曳到右边 Dock 的快捷按钮中。看似简单的设计，极大地提升了手机的生产力。除此之外，锤子手机的细节还有很多，甚至九宫格里的那个不起眼的时钟，当你从任意一个界面切换到时钟的时候，秒针会停一下，这是对现实生活中看表的时候觉得第一秒特别长(停表效应)的模仿，这简直是做到极致的细节。

关于苹果手机的动人细节，就更多了。比如最受老年用户欢迎的一键归零(Home 键)；比如手机摇一摇可以删除输入的内容，再摇一摇又可以撤销删除，免去了用户逐字删除和长久按键的不便；比如在接听电话时有两种不同的显示状态，在使用状态下，iPhone 接听电话显示的是按钮；在锁屏状态下，iPhone 接听电话显示的是滑动，这是因为手机在使用状态，使用按钮接听更方便(或者使用按钮拒绝)，如果在锁屏状态下允许使用按钮，有可能产生误操作，滑动毕竟是个相对"较难"的盲操交互。苹果手机的设计细节一直是国内安卓阵营争相模仿的对象。

接下来，我们来考量：当用户使用 APP 时有哪些因素和细节会影响用户的使用体验。

6.3.1 影响用户体验的细节

1. 打不开产品

当用户充满兴致地点开产品时，偶然会遇到完全打不开的情形，导致这种情形的原因有二：第一种是产品已停止运营，但用户不知情，且空白页面无任何提醒；第二种是产品后台暂时遇到技术故障(或访问人数过多过于集中)不能正确显示。无论是哪一种，当用户确认并非自身的原因(如网络未通)后，对于产品的信赖感会骤降。甚至下一次再打开同款产品时，心理有一种莫名的紧张，这绝对是一种糟糕的产品体验。

2. 等待加载

加载是产品在呈现之前的常见情形，加载取决于承载产品服务器的速率和规模，也取决于产品本身的技术算法。加载属于正常的访问等待，也适用于临时打不开页面的应急反应，但如果加载期间没有任何设计提示，就会无形中给用户无比漫长(甚至不能访问)的感觉。如果有一些类似进度条、有趣动效等的设计，让用户明确知道自己的等待时长，会增强其对产品的掌控感。

3. 各种通知的干扰

几乎是每一款产品，在用户下载使用时都需要不断获取用户授权，如"是否接受产品的推送""是否允许访问通讯录""是否允许访问相册""是否允许获取当前位置、调用摄像头、启用录音"等。这些频频出现的通知一方面会扰乱用户的使用流程，另一方面极易引起部分用户的反感。比如装个"手电筒"APP 都要读取通讯录，这就让用户担心自身的隐私被泄露和滥用，进而对产品生发反感。

4. 产品评分邀请

一些产品在用户刚下载不久(甚至每次打开时)就会跳出一个窗口,希望用户去 App Store 给产品打分,这种迫切的心情似乎可以理解,毕竟分数的高低会影响产品的推广和下载量。但是用户的心情也需照顾,即使部分产品动辄以"跪求爷爷给个好评"等文案来打动用户,但用户面对此伎俩只是付之一笑,真正值得他们主动去给出评分的,或是从内心深处打动了用户,或是需要一个合适的契机触动,总之,产品评分不可强求。

5. 频繁的升级提醒

产品的升级一般分为强制、提示和静默三种。静默的升级一般就仅以红点或字样显示,干扰最小。强制的升级一般是重要升级,或停止旧服务或改了致命 Bug,期待高转化率,所以启动即升级,否则无法继续使用。或者有特色功能更新,希望用户使用,那么就需要用户升级以获取更好的体验,如图 6-6 所示,常见的更新/升级提示是基于功能更新,写得越清楚,越容易获得升级操作,左侧图的体验比较好。对于强制类的升级提醒,由于弹框是无法避免的情况,那么只能通过修辞的渲染及视觉的美化,尽量减少用户的不爽。须知:强制升级的后果或者说面临的一个风险就是用户转投其他竞品。

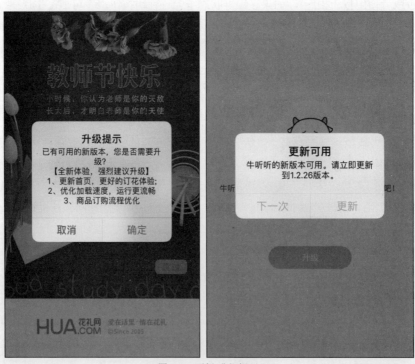

图 6-6　更新/升级提示

6.3.2　APP 产品的细节设计

1. 注意留白

在登录页设计上,QQ 手机版使用一张非常青春、清新的背景图(叠加上黑色半透明图层),用户名和密码的输入空间与页面留白都非常舒适,避免输入失误(见图 6-7);在登录 bilibili APP

时，出现一个顶端嵌入动画人物的界面，当用户输入密码时，人物会闭上眼睛，以表示对隐私的保护，特别可爱(见图6-8)。

图6-7 QQ手机版的登录页面设计

图6-8 bilibili的登录设计细节

2. 适时出现

前面提到了产品在"通知""升级""评分邀请"时，会打断用户的使用流程。针对这些意外出现的信息，要在细节上进行针对性处理，把干扰降到最低。

比如把提醒及授权分拆到对应的功能中，当用户使用时再提醒开启，而非一进入应用就各种弹出打断用户的正常使用。如在Keep这款产品中，单击主页上"本周好友运动排名"时，才出现获取地理位置的授权信息(全页面非弹框)，用户这时可结合自身情况，充分考虑接受还是取消(见图6-9)。

又如在引导用户对产品进行好评时，首先可在后台通过数据筛选出一批比较活跃、黏性较大的用户，针对性地发出好评邀请，这样获取好评的反馈率也会较高；其次还可以在用户遇到使用困难需要反馈的时候，把评分的功能融入其中，除了能够引起用户的好感度，还能够降低使用者对于此种强制评价机制的反感程度，顺着用户的情绪去完成原本枯燥的评分工作；最后，辅以诚恳得当的文案，促使用户完成评分，如 Keep 的评分邀请，文案大方得体，提升了用户的点击欲望(见图 6-10)。

图 6-9 Keep 的"开启定位"通知页面   图 6-10 Keep 的评分邀请

而关于升级提醒类弹框，文案一定要简洁明了。同时，要给用户自主选择的权利，允许他们做出不升级的决定。

3. 切准痛点

对于产品设计师来说，对于用户痛点的探寻和把握应该成为一种自觉。当他们感知到用户的一些需求时，还应该更深入地再问一句：这是他们真正的痛点吗？痛点有时候不止一个，比如有个学生团队想为海购人群提供服务，他们调研时发现用户首先比较在意商品是否是正品，而实际上当国际快递的相关信息呈现在包裹上时，很大程度又能打消他们的疑虑，这时候他们更在意的是价格。价格包括两部分，一个是正品原价，另外一个是附加价格，也就是不算低的国际邮费，如果能把邮费省去，对于用户而言是真正解决了一个痛点，所以团队提出了"拼购"的理念，用户从官网订购后，后台选择并单发往国内，能够替个人省出邮递费(见图 6-11)。

痛点有时不止于表象，又比如手机里有着使用者太多的个人隐私和秘密，因此一些文件管理类的 APP 也应运而生，这类产品的逻辑相对简单又充满玄机：如果只是一般的设置密码来控制文件的可见与隐藏性，实际上只是实现了表面的或者一部分需求，而真正完整的需求是用户可以设置哪些内容又是可以开放给其他人的，从而避免从一开始就"知道你隐藏了很多信息"

的感受。因而，这类产品的设计方式不能武断，要真正把握痛点，或可采用"双重密码"的方案：一套自己用，一套给访客用，访客密码解锁后(即识别了访客的身份后)，主人所设置为隐私的内容仍会被无痕隐藏。

4. 符合本能

所有的用户体验设计都基于用户的心理学，基于人的本能，人的本能控制着人的大部分行为，所以理解人的本能对设计指导具有重要意义。

微信是国内用户使用频率最高的产品之一，微信有许多设计堪称表率，除了上文提到的根据用户的行为习惯而设计的"你可能要发送的照片"，还有信息"撤回"功能，这个细心的设计帮助人们避免很多尴尬，也在某些情境下富含诸多隐性含义，成为社交行为中微妙的对话行为。除此之外，在微信聊天时，如果有多条语音信息，点击第一条之后，会自动播放下一条语音。这个设计无形中帮用户省了很多麻烦，如果语音信息很多的话，就不用一条条去点击。

2018 年初开始，抖音一路火爆，这不仅源于抖音的内容富有创意和调性，还在于其产品的使用体验也很好，界面设计打破了一贯的"瀑布流式"的布局，而是完整地呈现一个内容，使用户快速聚焦和快速沉浸，观览完毕后手指上滑即可进入下一个内容，富有节奏快感。此外，还有一些设计细节令人印象深刻，如标签栏的分割线组件除了基本的信息分割以外，还充当了音量条功能(见图 6-12)，这是典型的一举两得，大大简化了页面，让用户更专注于内容。

图 6-11　拼购产品——海豚 APP 首页

图 6-12　"抖音"的"界面分割线"具备音量条功能

进入"天猫"APP 的商品详情页，当页面上滑时，置顶按钮出现，而页面往下滑时，置顶按钮消失，因为这时用户是想一直往下查看更多的商品……诸如这样的一些设计都是从用户的使用心理出发，于无形中让用户获得更好的体验。

6.3.3　APP 产品的细节设计要求

大部分用户在使用产品时都有小女生的心态：如果能在某个细节打动我，我可以接受你的所有缺点(当然是在不影响主要功能的前提下)。结合我们自身的实际使用体验，我们确实会因为产品某些细节的到位、关怀而对产品产生好感甚至忠诚，比如"简书"APP的一个小细节：××喜欢了你的文章《××××》，让人备受鼓舞。那么对于产品设计者来说，就不得不认真对待细节、打磨细节，需努力践行这样12个字：功能可见，即时反馈，结果可期。

1. 功能可见

"功能可见性"这个术语是由心理学家詹姆斯·吉布森(James Gibson)于1966年在其《知觉系统之感觉》一书中提出来的。当被应用于设计时，功能可见性这个术语指的是用户得以察觉到的所有操作可能性，比如平板是用来推的，旋钮是用来转动的，插槽是用来插入东西的，球是用来投掷或弹跳的……当功能可见性被利用得当时，用户只需看一眼就知道该做什么，因而可以说功能可见性是一种强有力的设计线索。从一般的设计要求来说，诸如按钮要显著、提示文案要做特殊处理、可点击的部位要清楚、部分交互操作要有实时引导……这些基本的产品细节要充分予以充分关照。

2. 即时反馈

操作有反馈其实也是功能可见性的部分，当用户点击、输入、轻触、双击、缩放等操作时，产品是及时给予响应的。这些响应通过震动、颜色变化、放大缩小变化、声音、动效等予以体现，让用户知道他们的操作已经被执行了。反馈从心理学角度来说是一种正向的激励，有反馈提升的设计在点击率、转化率方面比一般的设计要明显具备数据优势。

3. 结果可期

经历了诸多产品的熏染，用户对于产品的操作结果都会有预期，比如单击"提交"按钮即显示评价/完成页面，单击"下载"按钮即开始执行下载任务，输入文字单击"搜索"按钮即呈现搜索结果……产品设计应该体现出这种"自然的顺畅性"，给出符合用户预判的结果，如果用户期待的反应没有出现，就会陷入迷惑、困顿，带来使用体验的差感。

最后，再来谈一下细节的误区。

产品的干扰功能不是细节——关于产品功能的设置，用一句颇有禅意的话说就是：善做加减。在产品上线后不断打磨的阶段，大多是一个去繁就简、做减法的过程，使用户能够聚焦到产品的核心功能上，逐渐习惯、产生喜欢和生发依赖。然而，对于很多产品设计者来说，还有个无法回避的问题就是：当产品有了越来越多的用户，我还能为用户带来什么？尤其是服务类或工具型的产品，一开始聚焦在某一个单一功能上，后期会忍不住拓展自己的服务领域，想为用户带来更多。比如银行类APP，围绕花钱和理财会梳理出非常多的服务模块，用户在上面可以充值话费、购买影票、购买星巴克的咖啡甚至一些电子类产品等，很像一个完整的生态。而这个生态的构建有一个共同的基础，就是用户的资本账户，如何撬动用户的消费成为产品拓展模块的引导线。相反，例如一个吐槽、树洞类产品，一开始是反社交的，但当用户有规模之后，竟然开始引导用户连麦、同城聊天，开发了特别多的社交场景，在一个产品内出现两个功能相悖的版块，这种做法令人费解——总的来说，在一个大类项下进行功能删减无可厚非，关键看自己企业拥有的资源可否支持，而跨类项和远离核心功能点的尝试则要有所谨慎。

产品的负面设计不是细节——有些产品设计者对于用户的行为洞察是十分清晰的，然而到了产品设计环节，还是没忍住画蛇添足，把一个流畅、简洁的行为过程搞得凌乱、断裂，这一点在某些电商类网站上就有所体现，比如笔者在"当*"电商平台上购买一个耳机产品，在经历了选择、对比、查看用户评论后把产品放入购物车，进入订单支付页面，在这一页面有一个使用优惠的选项，打开后进入一个抽奖页面，每个用户有三次抽奖机会，三次抽奖有两次落空，第三次中了一个理财的广告奖(实际上这也是广告商的一贯套路)，该广告提示会给用户提供38888元的理财基金，只需填写手机账号下载APP即可。用户若单击，就进入APP下载页面，而即使不单击，这个时候也无法再回到最初的支付页面，只能重新打开"当*"，再次进入购物车，支付订单……其实不光是在该电商平台上，其他同类网站也有类似做法，用户刚下订单就会收到一堆优惠信息或者奖励信息，用户不小心打开浏览后，很容易迷失在一堆凌乱无章的界面，进而忘记了自己的订单状态，这种让用户在稀里糊涂中中断原有预定过程跳转到其他优惠的功能，就是产品的负面设计，这样的细节最好不要。

6.4 用户体验要素

在本章第一节中，我们总结出用户体验的"功能、框架与表现"层，毫无疑问，这些层面所对应的"技术、交互与界面设计"都会影响到用户体验。用户体验的核心理念以用户的视角为基准，因而产品带给用户的所有的操作反馈和情绪感受就会置于特别重要的位置。尽管从技术开发、布局框架、功能范围到前端呈现，产品团队会付出想象不到的努力，但用户并非能全部感受其用心。鉴于此，我们尤其需要在意用户端的体验主要集中在哪些范畴。

6.4.1 视觉要素

用户对于产品界面的感受是最直接、最强烈的，色彩搭配、整体风格、图标一致性等都是带给用户视觉体验的衡量因素。有些产品的外观设计给人艺术品般的感受(见图6-13)。

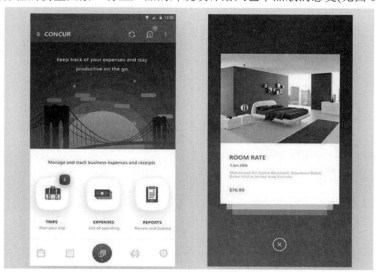

图6-13 设计精美的产品

(1) Logo 设计和界面设计。用户对于产品的使用从 Logo 开始，从 Logo 到主界面，于方寸之间带给用户关于产品的第一印象。对于非常注重颜值的用户来说，这两个元素基本上会决定他们对于产品体验的好恶程度。关于这部分的详细介绍参见第 7 章。

(2) 设计风格。移动产品设计近几年随着苹果公司的主导，从拟物化走向扁平化，又从扁平化走向微质感，从 iPhoneX 时代开始，又开始在渐变色方案中寻找灵感。产品的设计或改版应及时适应风格的转向，又或能引领市场热捧的设计风格。关于这部分的详细介绍参见第 7 章。

1. 常见的控件

控件是对产品功能的具体执行。用户或许对于底层技术没有感知，但控件是用户在页面中可见的、可操控的部分，控件与事件(如接听电话、切换模式、选择菜单)密切相关，最终推至产品功能的实现。从这一意义上说，控件设计是真正体现产品功力，并直接影响用户体验的核心环节。而要致力于良好的用户体验的达成，不只是要选择合适的控件给用户使用，还需把控件所有的状态(普通状态、悬停状态、按下状态、失效状态和聚焦状态)都考虑进来。可以说小小控件，包罗万千。

(1) 表单。

表单是产品设计中最常见的交互控件，也是尤其需要用户参与的设计元件。常见的应用场景有注册、登录、报名、下订单、标签筛选、地址登记等。

表单的类型有很多：文字/图片单选(见图 6-14)、文字/图片多选、单行文字、多行文字、矩阵单选(见图 6-15)、矩阵填空、下拉框、两级下拉框(见图 6-16)、纯日期(见图 6-17)、纯时间、纯数字、标签单选/多选(见图 6-18)等。

图 6-14　文字单选和图片单选

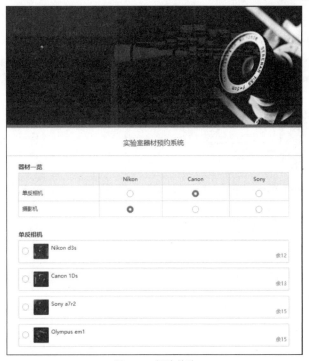

图 6-15　矩阵单选

图 6-16　多级下拉框 　　　　　　图 6-17　纯日期表单

　　相比于其他组件，由于文本框的内容无边界性，其交互复杂性很高，应用频率也很高，在设计中，需要注意以下几点。

① 默认态设计。文本框的默认态通常是显示预置文字，可以是内容提示或输入规则，比如字数限制、内容限制。但在特殊情况下，默认态可以是激活态，甚至有默认输入文本(见图 6-19)。

图 6-18　标签单选/多选表单　　　　　　　图 6-19　文本框的默认状态

② 激活态设计，包括以下几种。

● 单击激活文本框后，应当显示光标，以提供清晰的视觉提示；弹出键盘，可以结合输入内容选择键盘类型，如单击手机号文本框，弹出数字键盘，而非文本键盘。

● 输入字符后，文本框右侧出现"取消键"，单击即可清除输入内容(见图 6-20)。

图 6-20　文字键盘的激发与输入取消功能

- 是否存在输入位数限制，如：手机号文本框限制 11 位，提高防错性。

- 输入格式，如：身份证文本框，通常格式为 6-8-4，贴近用户认知。

- 输入字符限制，是否支持中文、数字、下划线、特殊符号、空格等。

- 是否有快捷输入或者智能提示？比如针对经常输入的个人电话、地址等信息，在用户输入开头的时候一般会智能提示，直接选择就好。

- 密码类型文本框，可实现明文、密文切换。

③ 错误态设计。前端验证如果是同步验证，就要及时提示。可以将文本框标红突出视觉效果，并且标注错误原因，比如属于格式错误还是内容错误。

(2) 按钮。

按钮看起来是非常简单的操作控件，也是用户最为熟悉的交互要素，不过按钮的设计也需要随着使用场景的复杂性做出更细致的、多元的变化。

① 不可点击态。当一个按钮当前未满足可点击条件时，通常可以设计为不可点击，比如在未阅读完页面内容时，进入下一步的操作按钮就是不可用状态；有时页面没有完成必要交互，按钮就可以显示为不可点击态，甚至是消失的，只在必要的时刻出现，比如表单内容未填写完整时，下一步的操作按钮也应是未激活状态。

② 可点击状态。可点击状态又细分为几个情景：

- 开与关按钮。有的产品用"打开"和"关闭"来做文字提示，这种表述既像是状态描述，又像是动作提醒，会让用户迷惑，可改为"已打开"和"已关闭"。在这方面，苹果手机的设计最为经典，绿色状态为开，灰色状态为关，即使不做文字提示，用户获得的操作反馈也很明确(见图 6-21)。

图 6-21　苹果手机开关设计：上为关闭状态，下为开启状态

- "确定"与"取消"按钮。一些按钮是成对出现的，比如"确定"和"取消"。在通常情况下，一个是期望用户点击的，另一个按钮是在特殊情况下点击的，此处可以通过样式或颜色做区分。如果是复杂交互后的确认按钮，或可能引起严重后果的确认按钮，通常需要二次确认，以免用户误操作。

③ 二次确认。二次确认是用户要达成一个目的，需要进行至少两步的操作。比如微信中删除与一个人的对话，首先是选中该条对话向左拖动松开，然后是选择删除，最后单击出现的"确认删除"(见图 6-22)。

二次确认的设计意味着用户需要十分谨慎的操作，要用恰当形式描述清楚操作将带来的后果。不过对于图 6-22 所展示的案例中，笔者认为，在按钮的表述上仍然存在一定的歧义，更加清晰的表达可以把"取消"和"删除"改为："不删除"与"是的"。

即使提供了二次确认，但操作后如果需要，仍旧应该提供可撤销的功能。例如，删除后，可以找回已删除的文件。

图 6-22　微信的二次删除设计

还有一些设置类的按钮需要在单击后同步给出反馈结果，如图 6-23 所示，若零钱没有足够余额，单击"提现"按钮后则给出反馈信息。如果是异步验证，文本框内容提交上去之后，随后通过信息或者邮件的方式提示未通过，并给出具体的原因。

图 6-23　单击按钮之后会出现红色文字提示

一些异形按钮比如文字链接和一些小图标构成的"按钮"，这些按钮通常优先级较低，可以通过样式、颜色等属性给予用户可点击的暗示(见图 6-24)。

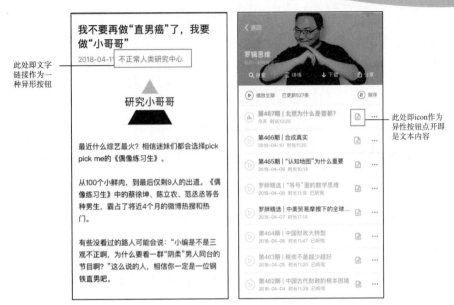

此处即文字链接作为一种异形按钮

此处即icon作为异性按钮点开即是文本内容

图 6-24　通过"设计暗示"让用户知道哪里可点击

(3) 搜索框。

搜索框可用于精准提取海量的信息中的准确内容，在搜索框的设计中有以下几个要点。

搜索可以分为以下几种类型。

● 隐藏式搜索框：搜索频率较低的场景可以点击或滑动才出现。如微信默认的打开页面，也就是聊天列表的页面，需要下拉操作才能调出搜索框，且搜索框支持语音搜索。

● 普通搜索框：通常固定在页面顶部，包含放大镜、搜索框和预置文字。如 APP Store 搜索页的搜索框，今日头条的顶端搜索框(见图 6-25)。

图 6-25　普通搜索框

● 多功能搜索框：可实现语音、图片搜索，或可实现二维码扫描。如 Quark(夸克)浏览器的搜索框，高德地图为代表的地图类产品的搜索框(见图 6-26)。

- 分类搜索：可以先选择分类，再输入关键词搜索分类下的内容；或者先输入关键词，再选择分类。微信的搜索功能就是如此设计的(见图6-27)。

图 6-26 带有语音、扫描功能的多功能搜索框　　　　图 6-27 微信的分类搜索设计

搜索框的设计需要注意几种状态。

① 默认态：显示预置文字，可以是搜索内容，也可以是搜索推荐。

② 激活态：鼠标点进去之后，即可展示搜索推荐和搜索记录(见图6-28)。

③ 输入态：自动补全或推荐，根据输入的内容展示联想结果(见图6-29)。

图 6-28 淘宝搜索框的激活态　　　　　　　图 6-29 夸克浏览器的输入态

④ 结果态：当有结果时，用列表方式展示搜索结果；当无结果时，要给用户无结果的相关提示。

(4) 弹出框。

弹出框的常见位置有两个：中间和底部。除此以外还有一种是依据按钮所处的位置随机弹出。

① 中间弹出框。中间弹出框常见的应用类型包括：注册登录；用户通知；出错提示；再次确认等。其触发机制有：操作某个按钮引起或打开某个页面自动弹出。其消失机制是：操作弹出框自带的文字按钮、右上角的"关闭"按钮，或弹出框持续3～5秒后自动消失(见图6-30)。

图6-30　中间弹出框案例

② 底部弹出框。底部弹出框可用来展示内容，也可以用来做选项展示，比如在"今日头条"中当用户选择对内容进行转发等操作处理时，会用两排图标的方式供用户清晰地做出点击选择；在给用户提供的举报途径上，依然使用底部弹出框，框中用文字列表的方式供用户选择(见图6-31)。

③ 选择器。选择器只适用于选择，选择后直接收起。如果选择项过多，可以单击"确认/完成"按钮收起，此种选择器需要明确选中态和默认态。如"微信—个人设置"中的地址设置(见图6-32)。

④ 随机弹出框。随机弹出主要依据内容所在位置而发生，其适用场景是：展示量不是太大，没必要采用抽屉等方式将其他内容挤压出屏幕，因而采用叠屏的方式便捷地展示扩展内容。如"今日头条"设计的内容筛选机制，就是触发一个随机弹出框供用户选择，这些行为的累积进而由后台的数据系统分析出用户的内容偏好(见图6-33)。

图 6-31　"今日头条"的底部弹出框案例

图 6-32　选择器案例　　　　图 6-33　"今日头条"依据内容位置的随机弹出框

2. 常用的展示元素

(1) 导航栏。

导航栏是指位于页面顶部或者侧边区域的菜单，有时呈水平摆放，有时呈垂直摆放。导航栏是为了让用户更清晰快速地定位到所需要的区域，主要有链接站点或者软件内的各个页面的功能。

导航栏分为固定导航栏和不固定导航栏。固定导航栏一般是固定在页面最底部，无论在哪级页面中都会保留，导航栏中一般包括 4～5 个菜单或按钮。有的导航栏位置固定，但是内部又可以实现互动，从而突破了数量限制，如"今日头条"固定于顶部的导航栏，既可以由用户自定义添加、组合，又可以实现左右滑动，极大地使导航栏具备了动态性和可扩展性(见图 6-34)。

不固定导航栏指的是只在首页出现，单击进入二级页面后，导航栏就会消失。二级页面的左上角以"返回"按钮来保证返回路径。消失的导航栏除了一定程度上增大信息展示量，更重要的是让用户聚焦当前任务流，产生沉浸感。所以关于导航栏是否要一直显示，是个仁者见仁智者见智的问题，需要根据产品特征和使用场景具体分析。

APP Store 是典型的底部固定 tab

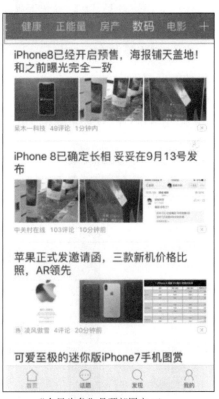
"今日头条"是顶部固定 tab

图 6-34 固定导航栏示例

导航的其他类型还有向导式导航、抽屉式导航和翻页导航。

向导式导航(见图 6-35)：常见于新手教程，用以指导步骤较多或用户不熟悉的任务流程；流程往往是封闭的，每一步都是对一个内容的操作。

图 6-35 向导式导航

抽屉式导航(见图 6-36):常隐藏于屏幕左侧,通过手指滑动或者左上部按钮而呼出。

翻页导航(见图 6-37):比如百度和谷歌的搜索结果的底部导航。

图 6-36 手机 QQ 的抽屉式导航

图 6-37 翻页导航

(2) 列表。

对于很多资讯/内容型产品来说，列表是使内容呈现结构化和有序化的主要方式。常见的列表结构有：纯文字(标题+概要)，标题+单图，标题+多图(见图 6-38)。

列表打开之后是关于具体内容的展示。展示方法有两种，一种是全部展示，只要不停地下拉即可获取完整内容；一种需要有一个"向下展开"的进一步操作，如微信的朋友圈和微博的内容展示都是这么设计的(见图 6-39)。

(3) 框架。

Frame(框架)是 Web 上经常会看到的页面结构。在页面中嵌套 Frame，可以方便地在局部呈现大量信息，不需要占用太多的页面空间。所以在 PC 网页这种比较大的界面上，出现 Frame 的机会更多。但是在移动 APP 产品上，对嵌套框架的使用需要谨慎，这主要是因为手机屏幕空间有限，在页面中嵌套一个框架，框架内部又有单独的滚动或拖动操作，一个是容易带来误操作的风险(见图 6-40)，另一个是框架截断了原来的内容流，进而对部分用户带来理解困难和认知迷惑的问题。不过对于框架的应用也有一些合适的情景，比如小米手机公众号的内容推送里，经常使用内置框架，该内置框架包含一个可左右滑动的图片集，既节省了推文的长度空间，又很好地展示了产品本身(见图 6-41)。

纯文字列表("得到"APP)

标题+单图("知乎")

标题+多图("今日头条")

图 6-38 列表示例

图 6-39 微信与微博的"向下展开"设计　　　图 6-40 手机产品的内置框架易带来误操作

在传统框架里还有一种分屏框架设计，在 PC 端已经不常见，在移动端有时能看到这种形态，比如苹果手机自带的日历应用就是上下分屏(见图 6-42)。

图 6-41 小米手机公众号的推文设计：内置框架　　图 6-42 苹果手机自带的日历应用(iOS10 之前都是如此)

6.4.2 反馈要素

反馈在产品设计中极度重要，因为它符合用户确认应答的天然需要。反馈方式主要包括两种：静态视觉反馈和动效反馈。

静态视觉反馈包括颜色变化，最常见的如苹果手机的经典按钮；还包括按钮切换，如"播放"和"暂停"按钮，单击其中一个，就会看到另一个，而其功能也随之发生相互转换；还包括弹出框的出现/消失，尤其是一些友情提示、操作提示、删除确认等以纯文字或者文图结合的形式呈现于界面上，带给用户最直观的视觉反馈。

动效指的是动画效果，如淡入/淡出、放大/缩小、翻页、翻转、特定路径等，从增强用户观感体验角度来说，要善用动画，尤其应该设计好状态间的过渡动画，让它看起来流畅不间断。但同时也要注意，动画不能太花哨，以至于分散用户对功能的投入度。

6.4.3 情感要素

情感化既是产品设计策略，也是常见的运营策略。因为产品是用户与设计者之间的对话机制。一个富有情怀、有血有肉的交流对象是用户所需要的，如果说产品管理就是一个不断塑造人格化的过程，那就不该把产品简单视为客体，产品在回答、反馈用户的方式上也是充满情感的、有趣的，而不是冷冰冰的机器式响应(见图 6-43 和图 6-44)。如图 6-44 所示，一些网站把404 页面改变为走失儿童的信息页，使这个页面充满了人性关怀，具备了人情味。

图 6-43 很多产品在表达上注重风格化和贴近性

图 6-44 404 页面的走失儿童信息页

在技术越来越快速进步的时代，人们不会拒绝真挚的情感。哪怕是套路，也要带着满满的诚意。情感化设计的目标是让产品与用户在情感上产生积极的情绪，这种积极的情绪可以加强用户对产品的认同感，甚至还可以提高用户对使用产品困难时的容忍能力。比如等待产品加载时的一些动画设计，可以降低用户的焦虑，缓解其负面情绪。

对于一款产品来说，幽默的文案风格、惊喜的互动效果(如送一个产品的个性化套装)、智能贴心的处理(自动收藏、保留浏览印记、书签)等，都会让用户产生情感的触动。而这种基于情感层面的激发和设计，会让用户从内心深处对产品产生认同和好感。

最后，不管是 B 端用户，还是 C 端用户，提升用户体验、关注用户感受，始终是产品追求的核心旨意。在方法上，产品设计者可以通过多种方式让自己变成用户或想象成用户。当然，也可以让用户亲自说话——这就是产品在研发初期的"可用性测试"。通过可用性测试，充分收集用户的意见、感受和反应，坚持"从用户中来，到用户中去"，就一定可以使产品输出臻于完善的用户体验。

可用性测试: 在产品研发出来后，一般先要进行小范围的产品内测，或者叫做产品的可用性测试。这个时候要找真正的用户来参与测验，在以往研究的结论中，"测试 5 个人可以让你发现绝大部分的可用性问题，这和你测试更多用户得到的结果并没有太大的差异"，也就是说，测试 5 个人就能得到最大投入产出比。不过现实中很多互联网公司会选择 10 人左右，会获得更好、更准确的结果。

6.5 思考题

1. 请简述影响产品用户体验的层面。
2. 请结合自身的使用移动产品的经验，谈谈不好的用户体验有哪些。
3. 请分析固定导航栏和不固定导航栏的适用情形与利弊。

第 7 章

产品设计

　　在这个大肆张扬颜值的时代，产品功能和设计美学，一个都不能少。可以说，从 PC 互联网到移动互联网发展过程中，产品设计逐渐上升为显学：一方面在产品界面，设计包含的内容和概念越来越细分，设计本身也越来越凸显其重要地位；另一方面，设计离用户越来越近，成为用户与产品交互的第一关口。甚至对于一些低频产品来说，用户首先要求好看，其次才考虑好用的问题。本章所谈的设计回归到"设计的本意"，侧重视觉表现层面的规划与定调，分别介绍了界面设计和交互设计，这两者共同服务于用户的生理与心理感受，实际上也是用户体验设计所包含的两大核心内容。界面设计会带来视觉效果、产品品质、产品好感，交互设计给用户创造舒适度、逻辑性，再结合场景和细节，才能让产品的用户体验达到最佳。

7.1 概念区分

　　人是视觉动物，对外形的观察和理解是出自本能的。产品设计首先是关于产品外在形态(主要包括界面和交互方式)的设计，从表现层来说，强调对色彩、线条等设计元素的创意使用。优秀的产品设计不仅使软件的界面更加美观，更是给用户带来舒适、乐用的美好情绪，从而提升产品价值。

　　在 PC 时代，界面设计(也叫 UI 设计)是一个很重要的概念。它指代一个网站界面的整体样式，包括色彩色调、文字图片、线条板块等设计元素。界面设计的确立使得互联网产品(网站)被赋予个性化，呈现出有机的活力。时至今日，界面设计已正式同广告设计、海报设计、平面设计等具备了同等地位，专门从事界面设计的职位叫做 Web 设计师，属于前端设计的部分，成为互联网市场的紧缺人才。

　　从移动端的界面设计来看，由于手机屏幕的相对变小，UI 设计的重心从注重整体转移到细节，或者说更加注重细节诸如图标、留白、细线条等元素。可以说，以 APP 为代表的移动产品的出现，让界面设计在内涵和外延上进一步变得充盈起来。

　　现在的 UI 设计主要包括以下内容。

　　(1) 图标设计：比如产品/网站的 Logo，以及视觉系统所包含的一系列图标和按钮等。

　　(2) 控件与其状态设计：比如开关、导航栏、下拉菜单、输入框等控件元素，以及普通状态、按下状态、失效状态和聚焦状态等状态设计(详见第 6 章第 4 节：用户体验要素)。

　　(3) 页面设计：页面身份包括首页、引导页、广告页、二三级页面等，设计元素主要包括页面中的 Banner、框架、弹出窗等。

　　如果说 UI 设计是相对侧重静态的话，那么交互设计就是重点关注人与技术的互动，目标是增强人们理解可以做什么，正在发生什么，以及已经发生了什么。交互设计借鉴了心理学、设计和情感的基本原则等来保证用户得到积极、愉悦的体验。在移动端，由于手指操作代替了鼠标和键盘，这里就必然带来了新的交互逻辑和操作方式，如抽、拉、弹、展、收、撞、变、滑、移、透、切、碎、揉等动作被纳入人与产品的交互。现在，完整的用户体验不仅包括界面带来的美感，还必须要有交互带来的舒适和高效。

　　除了界面设计、交互设计的说法之外，还出现了 GUI(Graphical User Interface，图形用户界面)、HUI(Handset User Interface，手持设备用户界面)、WUI(Web User Interface，网页用户界面)的细分概念。

　　准确来说，GUI 就是屏幕产品的视觉体验和互动操作部分。它是一种结合计算机科学、美学、心理学、行为学，以及各商业领域需求分析的人机系统工程，强调人—机—环境三者作为一个系统进行总体设计，其目的是优化产品的性能，使操作更人性化，减轻使用者的认知负担，使其更适合用户的操作需求，直接提升产品的市场竞争力。GUI 尤其方便非专业用户，人们从此不再需要死记硬背大量的命令，取而代之的是可以通过窗口、菜单、按键等方式来方便地进行操作，而嵌入式 GUI 具有轻型、占用资源少、高性能、高可靠性、便于移植、可配置等特点。

　　此外，HUI 特指手持设备的用户界面，狭义上来看是手机和平板电脑，广义上可以推广至手机、移动电视、车载系统、手持游戏机、MP3、GPS 等一切手持移动设备。WUI 的意思是网页用户界面，类似于图形用户界面，它的特点主要体现在导航、链接和信息中，设计中主要包括窗口、菜单、图标、指点设备等。

区分了以上这些新的表达和概念，可总结出现在主要有以下三种设计方式。

- UID(User Interface Design，用户界面设计)：重心依然在产品的外观形式上，聚焦色彩、线条、图形图标等具体设计元素，追求美观效果。

- UED(User Experience Design，用户体验设计)：现在的互联网公司一般把界面设计和交互设计归为用户体验设计，用户体验设计贯穿整个产品设计流程。尽管用户体验是个人感受，但其共性的体验是可以经由良好的设计提升的。所以，一名优秀的用户体验设计师，需要对界面、交互和实现技术都有深入的学习理解。

- UCD(User Centered Design，以用户为中心的设计)：UCD 是一种设计模式和思维，强调在产品设计过程中，从用户角度出发来进行设计，用户优先。产品设计有个BTU 三圈图(Business & Technique & User 理论)，即一个好的产品应该兼顾商业利益、技术实现和用户需求。

当今的移动终端市场主要存在两大系统：安卓和 iOS，因而所有的设计也都面临着两个方向：面向安卓的设计和面向苹果系统的设计。Material Design(以下简称 MD)是谷歌设计的一套视觉语言设计规范，主要应用于安卓类。iOS Human Interface Guidelines(iOS 人机交互指南)是苹果公司为了使运行在 iOS 系统上的应用都能遵从一套特定的视觉及交互特性，从而能够在风格上进行统一的规则。不同的系统会采用不同的设计语言，而不同的设计语言会培养出不同的操作习惯。细心的用户如果去比较同一款产品的安卓版和 iOS 版，还是能看出不少区别的。

谷歌的 Material Design 规范中的 Material 指的是纸张。因为来源于现实生活，所以 MD 非常喜欢使用真实世界元素的物理规律与空间关系来表现组件之间的层级关系，而阴影就是最常见的表现形式，所以安卓版的应用中比较常见的元素就是"大色块+阴影"(见图 7-1)。相对而言，iOS 的设计倾向扁平化。另外，在导航体系上，iOS 的导航体系主要由底部栏菜单构成，而 MD 大量使用了顶部栏菜单和侧边栏菜单(见图 7-2)；再者，MD 提倡使用高饱和度的对比色来提升产品的视觉表现力，而 iOS 在色彩的使用上比较克制(见图 7-3)。

iOS   MD

图 7-1　与苹果相比，安卓更倾向使用带阴影的按钮

iOS　　　　　　　　　　MD

图 7-2　同一款产品，安卓版采用了侧滑的菜单

图 7-3　左侧为知乎的安卓版，右侧为知乎的 iOS 版

7.2　设计分格

7.2.1　扁平化设计

在 2013 年，苹果 iOS7 系统进行了较大的改动升级，包括控制中心、通知中心、多任务处理能力等上百处发生了改变，不仅采用了全新的图标界面设计，而且重新回归了极简主义——从以往的拟物化设计全面转向了扁平化设计(见图 7-4)。在最初，用户和业界纷纷吐槽表示

不解，但之后不到一年时间，扁平化设计开始引领移动产品领域的设计潮流，人们逐渐领悟到：写实的拟物标志虽然直观，但容易产生视觉疲劳，而且大量的纹理和高光阴影细节对基本功能造成了干扰。此外，写实图标很难表现出一个抽象的概念，基于这些原因，扁平化设计获得发展契机。伴随着苹果推出 Apple Watch，人们这才发现扁平化在手表界面上是如此美好、适合。也可以说，对苹果公司而言，其扁平化设计不仅是美学变化，还是对其后续产品生态发展(如 iWatch)等战略有计划铺垫。

图 7-4　从拟物化设计到扁平化设计的 iOS

事实上，最早在手机上施行扁平化设计的并不是苹果，而是微软(见图 7-5)。抛去 Windows Phone 不温不火的现状不谈，Windows Phone 的界面设计就是通过对色块的塑造给予每一个色块代表的功能定义，这种设计思路极其简单，却又十分易于理解。如果没有微软和苹果两大科技公司的力推，扁平化设计不会像今天这么流行。

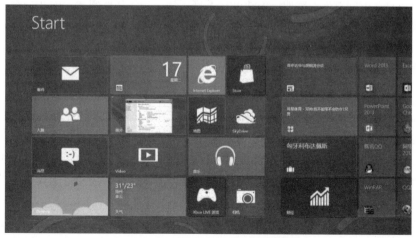

图 7-5　Windows 8 的扁平化界面

1. 扁平化设计的概念

"扁平化设计"的英文名可以译为 Flat Design，这个概念由 Google 在 2008 年提出，但围绕 Flat Design 这个名字则存在着诸多争议，不同的公司团体也尝试使用其他名称，例如 Minimalism Design(简约设计)，Honest Design(真诚设计)，而微软公司甚至称它作 Authentically Design(真实设计)。

扁平化设计是一种极简主义的美术设计风格，通过简单的图形、字体和颜色的组合，来达到直观、简洁的设计目的。扁平化设计风格常见于传统媒体，比如杂志、公交指示牌等处。随着计算机网络技术的发展，扁平化设计风格越来越多地被应用于软件、网站等人机交互界面，以迎合使用者对信息快速阅读和吸收的要求。

从实操角度来讲，所谓扁平化设计，就是在进行设计的过程中，去除所有具有三维突出效果的风格和属性，比如去掉多余的透视、纹理、渐变等。这是一种与极简主义相呼应的设计风格，其最终的产物及作品特点就是极其简洁且富有现代感。可见，扁平化设计与 Rich Design(富饶设计)相对立，其概念的核心意义是：去除冗余、厚重和繁杂的装饰效果，这样可以让"信息"本身重新作为核心被凸显出来；在设计元素上，强调抽象、极简和符号化等。

2. 扁平化设计的优势

(1) 扁平化的设计最直接的后果就是使得 UI 界面变得更加干净简洁，从而带给用户更良好、清新的视觉感受。

(2) 扁平化设计可以更加简单直接地将信息和事物的工作方式展示出来，一是容易使用户聚焦主要信息，二是可以有效减少认知障碍的产生，从而减少用户对于产品的适应时间和成本，减少用户的操作压力。

(3) 现在很多网站和应用程序都需要跨平台和适应不同的屏幕尺寸，创建多个屏幕尺寸和分辨率的产品设计模型既烦琐又费时。扁平化设计可以更简约，条理清晰，最重要的一点是有着更好的适应性，在所有的屏幕尺寸上都会保持一致。

(4) 扁平化的设计在移动系统上不仅界面美观、简洁，而且还能达到降低功耗、延长待机时间和提高运算速度的效果。例如，Android 5.0 就采用了扁平化的效果，因此被称为"最绚丽的安卓系统"。

综上，扁平化设计因为极简和直白的风格，既方便了设计师，更方便了用户的接受和理解，从根本上提升了用户的使用体验。

3. 扁平化设计操作要领

因为扁平化设计去掉了一切冗余的东西，所以其设计的产品很有统一感，但是却很难张扬个性，这可能给人以缺乏鲜活之感，所以要想设计出好的扁平化效果，也是需要技巧的。

(1) 简单的设计元素。扁平化设计追求的是尽可能简洁、简单，反对使用复杂的、不明确的元素，所有元素的边界都要干净利落，没有任何羽化、渐变或者阴影。尤其在手机端，因为屏幕的限制，更少的按钮和选项才会使得界面干净整齐，使用起来简单、便利。在一定程度上，扁平化属于二次元世界，在设计扁平化风格界面时，特别是在图标的设计时，任何复杂的、含义模糊的元素都要舍弃，以确保最终的展示效果就是一个简单的形状加没有景深的平面。归根结底，只有采用足够简约的设计元素，才能达到最好的展示效果。

(2) 贴切的图标。在设计图标时，必须使用与所对应功能紧密关联的图标元素，并且这个元素应是通用的、广为人知的，基本不受地域、种族、文化、语言等因素影响，绝对禁止使用一些定义模糊、寓意不清的元素，或者某些行业特有的、某些领域专用的元素。比如在图 7-6 中，如果设计师要表达的是"分享"这一功能，那么显然右侧的图标更具有通用性(见图 7-6)。

图 7-6 善用通识性标识

(3) 关注色彩。在任何一种设计风格中，色彩是最不应被忽视的。人类对色彩的反应是一种本能，色彩留给人的第一印象非常重要，不但在绘画中被誉为第一视觉语言，在现代设计中也是极其重要的构成因素。不同的色彩能够触动人们不同的情感。在不同的时代，不同的人对色彩有着不同的审美反应。扁平化设计常用的颜色包括科技色、亮彩色、淡浅色、糖果色、炫光色等。

① 科技色：以蓝色、灰色、湖蓝、绿色为主，在一个色相范围里变化。

② 亮彩色：用纯度很高的几个颜色搭配起来，背景多以黑色或白色为主。

③ 淡浅色：用明度很高的几个颜色搭配起来，以乳白色为主，高雅简洁。

④ 糖果色：色相丰富，且用色甜美可人，轻松愉悦。

⑤ 炫光色：以同一色相中高纯度颜色系列为主，有强烈冲击的视觉感受。

(4) 产品设计颜色的比例分配，包括以下几个方面。

① 主体色是占产品界面最大的一块颜色，就是眯起眼睛看到的那块颜色，占界面面积的 40%～70%。

② 辅助色一般是主题色在色轮 90° 以内的近似色，起到变化的作用，面积占整体页面的 20%～30%。

③ 点睛色一般取主体和辅色色轮120°～180°的对比色或者互补色，起到点睛作用，面积占整体页面的 10%以内。

④ 背景色是在页面什么元素都没有的情况下显示的颜色，以黑、白、各度的灰色比较常见。

(5) 产品使用多少种颜色为宜。如果是追求配色的多样性和多变性，则会平均使用 6～8 种颜色，其中不少颜色需要抛弃高饱和度的纯色，调剂成中性色彩或者比较独特的复古色浅橙、紫色、绿色、蓝色等，追求最舒适的接受效果；如果是追求一致化设计，就要减少色块的使用，使用一种或者两种主要的颜色来突出主体。有的时候，设计师为了突出重点，其他部分则通过灰色来表达。由于灰色与任何颜色都不冲突,所以在设计时,巧妙地使用灰色将起到意想不到的效果(见图7-7)。

图 7-7　灰色的使用

(6) 强调字体的使用。内敛、秀气、规整、简洁的字体也是扁平化设计中不可或缺的部分。当然,字体需要和其他元素相辅相成,如一些产品的 Logo 偏向使用无衬线字体。无衬线字体家族庞大,分支众多,精心挑选出合适的字体,会在特殊的情景下产生意想不到的效果(见图 7-8)。

图 7-8　YouTube、Google、Supreme 的 Logo 采用的就是无衬线字体

显然,与无衬线字体相比,花体字可能在扁平化的界面里就会显得很突兀。不过,花体字也有花体字的优势,而无衬线字体的使用也要避免过犹不及。

以上内容简单地对扁平化设计进行了介绍。应该说,扁平化设计很好地适应了移动互联网时代的基因,因而成为设计界推崇的主流,成为用户青睐的风格。不过,仍应以辩证的眼光来看待,比如扁平化设计所传达的感情不丰富,甚至过于冰冷;比如过于强调极简主义,有可能陷入不知所云的极端,而一些脱离了移动设备的设计一味地跟风模仿反而弄巧成拙。近期,"扁平化+微质感"的设计风潮明显抬头,微质感打破了扁平化的枯燥和极简,开始合理增添一些渐变、阴影等元素,既保证了简洁,又增添了诸多可看性(见图7-9)。

图 7-9　一些 APP Logo 采用微质感的设计理念

从 iPhone X 的发布开始,渐变色、极光色、星云色、彩虹色等过渡色彩搭配方案渐成主流,不但被很多手机品牌作为自己的主题背景色,很多产品也纷纷使用渐变方案(见图7-10)。起初大多使用的是同色系渐变,现在渐变的应用越来越大胆(多为相邻色系渐变)。随着渐变的增多,设计师已经不满足纯渐变的效果,在渐变中添加简单的曲线来丰富层次感,也是一种很不错的体现,带给人赏心悦目的艺术感和高级感,作为设计者要能够保持对潮流的跟进与反思。

图 7-10　2018 年流行的渐变色

7.2.2　拟物化设计

拟物化设计也与苹果公司有千丝万缕的联系，因为"拟物化"是苹果公司已故 CEO 乔布斯所推崇的，他在 Mac OS 设计之初就始终坚持这种做法。他认为，只有通过类比的方式才能弱化用户在操作电脑时产生的"恐惧感"。拟物化设计也并不仅仅局限于计算机图形用户界面中，在生活中，我们能发现许多拟物化设计的影子，比如相机在拍照时会发出"咔"的一声，家里地板砖的样式也很可能是仿木纹的，等等。所以拟物化设计包含着这样一种设计理念，即把现实生活中的对象用作视觉隐喻，使产品更便于认知和使用。

1. 拟物化设计的概念

"拟物化设计"这个词源于希腊语中的 skeuos(意为器具或工具)和 morphe(意为形状)。在日常应用中，拟物化设计是对从一个对象到另一对象的视觉线索的应用。比如，拟物化设计最常被引用的例子是苹果产品曾有的一个 iBooks 应用程序(见图 7-11)，这个程序看起来像一个真实的书架——即有关一个书架的视觉线索(木质纹理、阴影和纵深感等)被使用在了应用程序的界面里。

图 7-11　早期的 iBooks 程序是典型的拟物化设计

简单来说，拟物化设计就是对实际物体的模仿重现，从而帮助用户获得自然的心理感觉。在交互场景中，拟物化设计可以最大化类比的效果，通过对材质的真实呈现及通过设计来解决问题的思想，可以更友好地引导用户使用触摸屏，使触摸屏变得更亲切、更真实。因此，拟物化的界面通常都具备纹理、阴影、高光等设计元素，从这一点来说，拟物化设计与扁平化设计是截然相反的设计主张。

2. 拟物化设计的优势

拟物化设计的重点是为用户提供即时语境：通过模仿公众熟知的日常物体的视觉线索，拟物化设计能降低用户使用产品时需要的认知负荷。其设计优势主要有以下两点。

(1) 更好的感知性：通过对实际物体虚拟设计的恰当"拟物化"，可以帮助用户在情感层面上易于接受，降低学习成本。但过分的滥用也会物极必反，可能会由于不同用户的不一致行为，产生对功能的误解，反而增加了学习成本，挫伤了用户的心理期望。

(2) 更好的交互性：拟物化设计与扁平化设计在审美上因人而异，但是从交互的角度而言，拟物化比扁平化有着更为直观的操作体验，用户只需看一遍，就能知道一款应用程序是关于什么的以及如何使用它。比如，在照片应用程序中的图像看起来像一堆真实的照片，电子书看起来像真实的书籍，用户打开应用就知道如何翻页；按钮看起来像光滑的真实按钮，所以用户立马知道它们可以被按下。因此，拟物化设计的优势可能不一定在于外观，更在于组织和交流信息的逻辑形式，"它产生的虚拟逻辑在区别和组织信息方面更有效果"。

3. 拟物化设计的操作要领

如果对于扁平化设计而言，色块是其外在表现形式，那么对于拟物化设计来说，立体就是其表现形式。为了增强立体的设计感，拟物化设计应该注重以下细节。

(1) 阴影的运用。阴影其实是拟物化平面设计的一个关键因素。在 iOS 早期版本中，阴影被大量使用在应用程序上，用来创造深度和层次感，有了阴影的存在，用户便能更好地区分主体元素和空间背景。

(2) 材质的选择。在拟物化设计中，纹理、材质、边框都用以来表征现实中的物品，目的是使其在观感上与模拟物更加相似，比如曾经的 iBooks 采用木头的纹理和质感；iTunes 采用玻璃加抛光的方式凸显科技感；Safari 采用金属拉丝和高光设计带给用户稳固硬朗的感受；还有一些采用皮革、牛皮纸、布纹、磨砂、花边等设计元素的产品……设计师应该丰富自己的生活阅历，有了现实中对于材质的视觉效果和触感，才能保证拟物化设计的视觉语言能直观地抓住用户眼球，甚至是第一次使用产品的新用户。

(3) 良好的品味。拟物化设计经常被诟病的理由就是"丑"，甚至"恶俗"，比如很多拟物化设计并没有遵从拟物化设计的初衷：不给记事软件加封皮会影响用户理解吗？日历程序有个翻页动画能帮助用户理解程序用法吗？拟物中的诸多元素到底是必需还是纯装饰？比如一个使用玻璃温度计图片的天气 APP，玻璃感是拟物化设计可以强调的，但要是用户审美风向发生转变，可能会认为这种纯装饰已无必要。这就提醒设计者：对于现实物体的临摹和模拟，既需要富有逻辑的抽象能力，又需要紧跟时代的艺术品味，需要摒弃华而不实的纹理装饰，减少"为装饰而装饰的"的滥用问题。在这方面，锤子手机的 Smartisan OS 系统在扁平风盛行的时代可以用独具匠心形容，它把拟物化做到了极致，注重每一个界面每一个图标的每一处细节，给人一种简朴但是不失精致的感官效果(见图 7-12)。

图 7-12　锤子手机的拟物化界面

　　曾有一个说法：近代美术是经过了表象派(expressionism)的恢复真实理念之后，进入了印象派(impressionism)的从真实中抽象归纳的理念。以表象和印象来对应拟物与扁平，可能有助于公众快速把握二者设计理念上的区别。不过严格来说，拟物化和扁平化都是抽象的结果，而且绝不能武断地认为，扁平化设计比拟物化设计优越和高级，二者有着不同的适用场景。比如在智能手表的小屏幕上，拟物化设计可能不仅显得笨拙，同时也会对用户阅读信息造成困难。但是在日常生活中，道路指示牌、公交站台的地图、宜家的产品目录手册，这些场景依然在大量使用拟物化设计。

　　在移动产品的设计领域，拟物化设计也不是与扁平化设计截然对立的，拟物化设计可以向扁平化设计转型。如图 7-13 所示，闹铃图标从实物到拟物化、到扁平化、到极简化，最右侧两种设计都是可接受的。比如，有些天气方面的应用会以温度计的形式来展示气温，摄影方面的应用以照相机的形式表示，计算应用仍采纳计算器的二维形态表现，等等。

图 7-13　拟物化向扁平化转型示例

　　从提升用户使用体验的落脚点来说，无论扁平化还是拟物化，最重要的是界面能够让用户在最短的时间内清楚地识别出信息和功能的层级关系，并且很容易地知道接下来应该做什么。

扁平化设计可以使人们更加关注 APP、网页和操作系统设计的重点，让所有多余的视觉噪声消除，其优势不言而喻，但同时，人们也不会因其复杂的直观界面而停止使用拟物化。

7.2.3　卡片式设计

卡片式设计并不是一个新颖的东西，作为一种内容宣传媒介，卡片已经存在很长时间。公元 9 世纪的中国曾使用卡片来玩游戏；17 世纪时，伦敦的商人利用卡片来招揽生意；18 世纪时，欧洲贵族家庭的仆人会用卡片向主人介绍即将登门拜访的贵宾，而人们交换名片的传统也已持续数百年。今天，人们会互赠生日卡片、贺卡，钱包里塞满了信用卡、借记卡和会员卡；也会玩各种卡片游戏，如扑克牌、大富翁等；"80 后"不会忘记小时候下课去买小浣熊干脆面，仅仅是为了里面附送的三国或者水浒卡……这些甚至成为童年美好的回忆

当下的移动互联时代为卡片式设计的回归提供了温床，因为众多APP 产品与卡片式设计碰撞出耀眼的灵感，二者简直是情投意合、天衣无缝，无意中形成了引领移动产品设计的主潮流。现如今打开手机上的应用，几乎 80%的 APP 产品都采用了卡片式设计，而卡片式设计最突出的价值特征就是充分运用用户对于清晰而漂亮图片的痴迷提升转化率，因而受到用户和商家的共同青睐。

1. 卡片式设计的概念

诞生自美国的 Pinterest 产品奠定了卡片作为主要设计模式的地位，而很多其他公司紧随其后实践卡片式设计。像 Facebook、Twitter、Instagram 和 Line 等这些大咖级应用都采用了卡片式设计。那么，什么是卡片式设计？

卡片式设计就是把包含图片或文本信息的方块矩形作为可交互信息入口(如点击之后进入详情页或进入某个功能模块)，UI 呈现形式类似卡片的设计形态。

在传统的信息集合设计中，人们往往先划定一个内容区域框架，再往框架内填充内容；而卡片式设计则是以内容为核心，展示框架向内容妥协。在卡片式设计中，往往是先定好界面上应显示的内容，然后再按照内容的呈现优先级进行排序，或者交由用户进行排序。

卡片的元素可以包含照片、文本、视频、优惠券、音乐、付款信息、注册或表单、游戏数据、社交媒体流或分享、奖励信息、链接及以上元素的组合等。

2. 卡片式设计的优势

卡片式设计的本质在于：卡片可以充当整齐的信息容器，正如电子书《Web UI 现状和未来趋势：卡片设计模式》中所言，最好把每个卡片视为单一的想法或基本动作。

由于卡片是一种无所不能、无所不包的容器，卡片式设计可以发挥的余地则非常之多，其优势十分明显。

首先，卡片式设计因移动互联时代的到来而被唤出更大的活力，这种设计与手机屏幕完美地自适应。卡片式设计在技术实现上是自适应布局设计，所以能根据手机屏幕尺寸自适应卡片大小，与大多数移动用户场景都完美匹配，这里的卡片尺寸并不是一个精确的数值，而是一个极具代表性的长宽比。也就是说，卡片作为"内容容器"，可以轻松地放大缩小(像重新堆叠摆放箱子一样)。同时，卡片式设计矩形的构成符合 UI 的审美准则，每一个卡片的边缘都在整个设计中成为一套更大的栅格系统的一部分，它们在尺寸和间隙上保持着一致性与和谐性，整齐

划一的几何之美令人赏心悦目。

其次，卡片式设计更加突出了内容的主体地位和重要性，也可以让它们在移动端更轻松地显示。卡片式设计以内容为核心、展示框架向内容妥协的设计，刚好满足了用户在浏览、发现信息时快速获取、理解的诉求。同时，合理利用不同类型的卡片比起"传统列表项+分割线+标题"的视觉效率要高很多，用户可以在区域内快速定位到对应的功能集合，减少信息不明确或空间不明确给用户带来的干扰，减少用户思考的时间。可以说，言简意赅的信息表达是对用户时间最大的尊重。

再次，卡片还经常用来模拟线下场景中的效果，比如把卡插入钱包、在终端上购票出票等。这样可以提升用户使用的愉悦感，也可以降低用户的学习成本。目前常见的应用元素有优惠券、银行卡的卡包、购物清单、卡片集等。如图 7-14 所示，左侧卡片模拟使用优惠券的撕去效果，右侧卡片模拟出票效果。如图 7-15 所示，网易考拉黑卡的设计使用隐藏弹出的动效，模拟将卡放入钱包的效果。

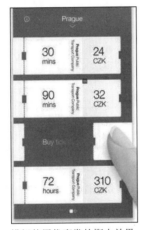 

模拟使用优惠券的撕去效果　　　　　　模拟出票效果

图 7-14　卡片模拟线下场景的效果

图 7-15　网易考拉黑卡设计

综上所述，卡片式设计可以对不同的信息进行整合，提高用户信息获取效率，同时可以更好地引导用户的视觉，带来更舒服的使用体验。

3. 卡片式设计的操作要领

在卡片式设计时，要注意以下操作要领。

(1) 精选高质量和高相关性的图片。在传统时代，图片可以更好地提升网页设计的整体水准，高品质的照片和出现人脸的照片能更好地提高网页的转化率。在移动设计时代，图片更是卡片式设计的重中之重，在读图时代人们的视觉偏好决定文字要让位于图片，为产品所选用的图片就必须是高质量和高相关性的(见图 7-16)。

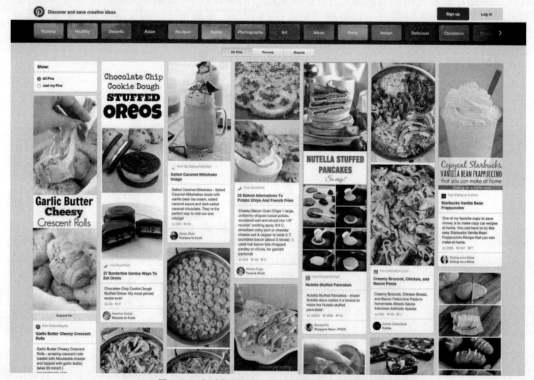

图 7-16　高质量的图片对于产品的意义不言而喻

(2) 慷慨地留白。从设计的角度来说，留白有助于引导视线，为设计建立层次，区分什么是重点和关键点。留白可以将卡片和其他元素区分开来，先给卡片一些呼吸空间，然后人的视线会慢慢缩小，转移到被留白包围的元素上。可以说，在组织和分隔元素时，留白为其中的元素增添了视觉冲击力，因而留白是设计师的利器。

(3) 掌握叠加文本的技巧。一般要选用清晰锐利的图片作为背景，但为了让文本看起来足够清楚，可以在文本下使用深色蒙层、把文本放在一个框里或者把背景作模糊处理，如图 7-17 所示的案例使用的是常见的设计方法，在底图模糊的基础上铺上黑色半透明图层，再将文字或主要信息叠加上去。

(4) 排版技巧的运用。在设计时应了解如何利用文字排版创造对比。在卡片式设计中，简单的文字排版效果通常最好，比如使用一组无衬线字体，卡片标题使用粗体，卡片正文使用常规体；比如利用大号粗体和小号稍细文本的对比吸引用户的注意力。

(5) 润色。通过给卡片一些美感上的润色，使卡片看上去既熟悉又富有创意。诸如阴影之类的元素，在很大程度上能帮助用户联想到实体卡片。

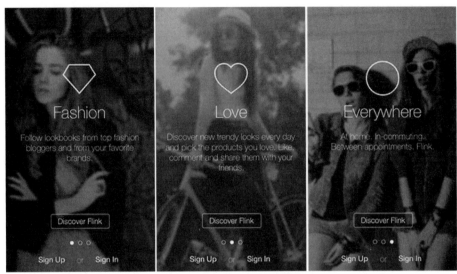

图 7-17　叠加文本的案例

(6) 一切围绕拇指方便操作而设计。卡片可以承载不同类型的内容，同时卡片也把各种交互行为融入其中，比如单击按钮、深度链接 APP、左右滑动和上下滑动等。基于移动端卡片内容的切换要以拇指的方便操作为首要原则，这种经验其实也来自于真实生活中拇指对于其他卡片的掌控和操作(想想玩扑克牌时，如何堆叠、展开、翻转、折叠它们)。不管是采用瀑布流来展示内容长度，还是用左右滑动来表达内容相关性，要时刻想到拇指是整个使用环节中的总指挥。

(7) 卡片的设计要整齐划一。每一个卡片容器里的功能，尤其是可点击、交互的部分，都要置于同样的位置。这样，用户在使用产品时更容易培养成固定操作习惯，进而提升对产品的黏性。

卡片式设计尽管是当下众多产品所追逐的潮流，但这种潮流会不会过时，抑或成为设计中的偏好模式而经久不衰？其实，对于这一答案的探究还是要回归到设计的最终目的上来，设计是为了解决问题而不是纯粹为了设计本身，卡片式设计符合了这种追求效率和美感的设计理念而变得流行。现在，"卡片+阴影""卡片+多功能按钮"等创新形式也随着自身的演化而出现，相信卡片化趋势会保持下去，并继续成为移动应用的经典设计模型。秘诀在于，在通用设计语言基础上开始寻求更有趣的方式，把卡片融合到场景中去。

 Logo 与界面

使用一款产品的路径是从手机屏幕上的一个 Logo 开始的，Logo 的本质是一种快捷方式，

其设计形态表现为图标。

7.3.1 从 APP Logo 说起

图标是以图形符号的形式来规划并处理信息,通过隐喻、暗示、指代等方法建立起计算机世界与真实世界的联系。好的图标易于被迅速识别,且具有国际通用型,抗干扰能力强,传递的信息十分明确,直观且便于记忆。

从造型方面来说,图标包括"像素图标""剪影图标""3D 立体图标""写实拟物图标""扁平化图标"等类别。

像素图标又称为 icon,是由很多个点组成,又名点阵式图像。像素图标属于位图,而位图的最小单位是 1 个像素,"像素图标更强调清晰的轮廓、明快的色彩,几乎不用混叠方法来回执光滑的线条,所以常常采用 gif 格式"。gif 文件的优点是尺寸精致,数据存储容量很小。如图 7-18 所示,左侧是功能机时代的像素图,因为设备分辨率原因呈现明显的齿状感;右侧是智能机时代的像素图,非常简洁、清晰、成体系。

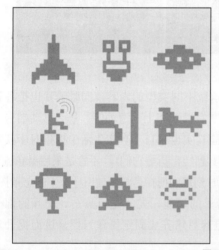

图 7-18 像素图

剪影图标一般是成套出现在系统功能类中,所以外观统一和识别性非常重要。网络上有大量的剪影矢量标的素材下载,而新手UI 设计师最容易犯的错误就是东拼西凑,导致风格不统一。剪影图标的基本设计流程是:设计一套概念稿→适量勾线→调整平衡体积感→上色画阴影或其他效果→放界面观察整体效果(见图 7-19)。

图标属于产品"视觉识别系统"里的一部分,强调系统性和整体一致性。一套好的图标举足轻重,因为它是产品设计的基础元素,构成了产品独特的调性。

APP Logo 位于图标系列的顶端,但并不以成套的形式出现,而是极富设计感,能充分代表产品气质和特性的一个标识。它可以让用户准确识别品牌,获知基础信息,产生良好的第一印象,在同类产品中有率先被选中的可能。这里重点探讨什么算是好的 APP Logo,好的 Logo 应具备怎样的特征?

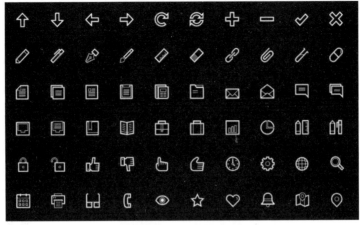

图 7-19　剪影图标

一是设计要直观，最好能让用户看一眼就知道这款产品的功用是什么，或者与什么相关，比如滴滴的早期版本、陌陌、有道笔记、我有饭等的 Logo(见图 7-20)，都具备这样的功能，用户看到 Logo 能快速联想到产品的指涉。

滴滴　　　　　陌陌　　　　有道笔记　　　我有饭

图 7-20　设计直观的 Logo 示例

二是要有独特的设计元素，可以是色彩，比如麦当劳的红色与黄色，如图 7-21 所示，这个广告牌即使是一小部分展示了麦当劳的标识，但消费者依然可以清晰接受，说明麦当劳的辨识度相当高；也可以是文字或图形，比如同为社交产品的微信和陌陌，在 Logo 表现上各有千秋，代表社交属性的眼睛圆点和对话框元素二者都有，但微信的亮绿色和陌陌的渐变彩虹色，又形成了各自的辨识度(见图 7-22)。使之能让用户从众多图标中一眼辨识出来，这就是成功的设计。

图 7-21　麦当劳广告牌(局部)

图 7-22　微信与陌陌

三是尽可能简洁的美观。因为 APP Logo 显示在手机屏幕上,在视觉上仅有 60×60 的像素大小。如果安置元素过多,会增加视觉负担,因而简洁的形象会更加有利于突出设计主体,比如网易美学、故宫展览都是集艺术性和观赏性于一体的优秀 Logo 的代表(见图 7-23)。

图 7-23　故宫展览与网易美学

常见的 APP Logo 设计模式有以下几种。

(1) 使用产品的名称。即选用一种字体格式,将产品名称中的汉字与某颜色融合设计,或者将字体稍微做点变形处理,就可获得一款直观的 APP Logo。像豆瓣、果壳网、小红书、小记、淘宝、知乎、支付宝、闲鱼、小记、Booking、Path 等很多知名产品(见图 7-24)都采取这种做法。

这种做法对于字体的选择和处理上过于考究,不过有的产品看起来未免过于省事,给人没有想象力之嫌。

图 7-24　知名产品 Logo

(2) 使用卡通形象。使用企业或者产品已有的卡通形象,将形象贯穿到移动端产品,从而保证视觉系统的统一性,比如京东、天猫、迅雷、QQ、微博、同程旅游、艺龙旅行(见图 7-25)等。

图 7-25　卡通形象 Logo

(3) 基于产品属性。这是一种较为高级的设计思路，是将特别形象的图像进一步抽象化，使 Logo 具有某种哲学意蕴，同时符号鲜明，辨识度高，功能指向清晰，如墨迹天气、有道笔记、微信、相机、QQ 音乐、相机等产品的 Logo(见图 7-26)，都具备简约、会意的特点。

图 7-26　基于产品属性的产品 Logo

7.3.2　页面设计

页面是对产品架构的具体执行。从打开产品开始，依次会历经启动页、首页和二级、三级页面，这些共同构成了产品在"形式"上的设计层次。

1. 启动页

启动页，就是在用户打开一款产品时，对产品的功用、场景和用法予以介绍并在主界面之前呈现的过渡页面。启动页的目的主要有产品介绍——快速向用户介绍产品本身及如何使用；增加印象——引导用户聚焦产品的 Logo、品牌语等要素，可增强品牌印象及对产品增加更多好感；减少困惑——当用户点开 APP 时，需要对于 APP 内的素材进行加载，这个时间用引导页来呈现，就会减轻用户等待的焦灼，减少一些加载不出来的困惑(如我的手机卡机了吗？还是这个APP 有问题？)；确立风格——引导页的色彩选择、创意技巧等也容易给用户带来产品的第一印象，引导页是产品风格化组成的重要部分。

依据其功能目的，启动页主要分为以下几类。

(1) 品牌展示。

这种类型比较常见，在页面展示的信息主要包括 APP 名称、icon 及 slogan，常见的做法是把产品的Logo 与名称予以合理排版或者变形设计等，追求简洁、明了、清晰的效果，整体的颜色风格也遵从APP 界面的设计风格，让用户提前熟悉 APP 的样式风格，有利于加深用户对于品牌的认知(见图 7-27)。

图 7-27　Logo 嵌入式的产品启动页面

(2) 广告/活动/内容展示。

广告展示是对外的，APP 与广告商家谈好合作，在 APP 的启动页展示广告商家的广告信息，当此 APP 积累下来的流量已经形成一定的规模，足够进行分发的时候，可以用这种广告展示的方法进行流量的变现，常见的如网易系列的产品；还有一些活动展示是对内的，如一些策划活动需要进行推广，APP 启动页也可以承担这个职责，在用户第一时间进入这个 APP 的时候就能看见产品团队开展的活动有哪些(见图 7-28)。

图 7-28　广告/活动启动页

内容展示较"广告""活动"展示两种方式来说比较少见，启动页的内容与 APP 的内容相关联，同时掺杂 APP 自身的设计元素在里面。如"图虫网"APP，作为一个摄影朋友圈，在启动页的展示内容就是用户上传的优质摄影，这样不仅仅符合自身的摄影元素，同时保持了启动页的格调美感，还向用户提前展示了优质的原创内容；此外，"小记"作为一款古典风格突出的日记类产品，也是以内容展示的方式告知用户其生产的内容形式及风格(见图 7-29)。

图 7-29　"图虫网"启动页与"小记"的启动页

(3) 意境展示。

有的产品启动页在设计上追求极致的视觉美感，常见的做法是选取精美的图片，配以产品的名称及口号，设计的整体效果堪比壁纸，给产品使用者以"高颜值"的观感；有的设计还注意与节日、季节的变换契合，让人心有微振，消除了其等待时间的无聊，更容易让用户沉浸其中。如旗舰社交产品"微信"的启动页就以深邃和曼妙的意境而著称，从产品推出至今，产品迭代数百次，但启动页从未更改，可见产品设计者对其营造的意境的笃定，这样的产品会带给用户熟悉感和安全感(见图 7-30)。

图 7-30 微信、摩拜单车、LOFTER 的启动页面

(4) 功能展示。

即对产品的主要功能、特色和卖点予以展示，让用户快速、全面地了解产品，有时候一张启动页面并不足够，往往采用"连环画"的形式(3~4 张为宜)向用户做出展示。如"平安好车主"APP 用风格一致的方式设计 4 张图片，用户左滑即可依次看到产品的主要服务内容(见图 7-31)；又如运动管理类产品"咕咚"的启动页就很有创意：运用跑道元素使人联想到产品的运动属性，分割的 4 张图片分别介绍了产品提倡的理念，并且仍然以跑道元素形成连接(见图 7-32)。

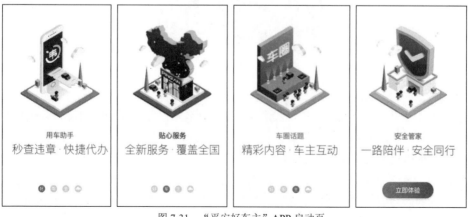

图 7-31 "平安好车主"APP 启动页

图 7-32　"咕咚"启动页面

　　启动页在设计上除了追求实用、美观以外，还要从用户使用的角度出发，比如在启动页上常见的"立即进入"或者"跳过"按钮，这种设计的存在就是让用户可以跳过自己不想看的启动页内容。对于面向用户的体验设计来说，当首页需要的参数信息已经向服务器请求完毕，可以让用户自主选择他们停留在启动页的时长。

　　现在流行的新手导引是在主界面上覆盖一层灰色半透明图层，然后用白色手绘风格的草图在上面勾画，并用手写风格的字体写出关键操作并解释其中重要图标和使用方法(见图 7-33)。[1]

图 7-33　蒙层+手绘风格导引

2. 首页

　　从首页到二级、三级页面的延伸，依次体现了设计者对产品主要功能的排布。首页的主要作用就是向用户呈现产品的核心功能，让用户快速注意到相关的按钮、板块，满足其亟待解决的问题。首页的呈现方式常见的有宫格式、瀑布流式、卡片式及图文列表式等。

　　首页常见的元素包括顶部 Banner、底部或顶部的导航条(Tab)。当然这些元素并不是固定和必需的，不同的产品依据自己的诉求来进行设计，尤其一些小众产品更喜欢在设计层面突破常

---

[1] 常丽. UI 设计必修课[M]. 北京：人民邮电出版社，2015：79.

规。透过这些布局元素，在这里要探讨的一个关键问题是：究竟怎样的呈现方式最有利于优化内容，或有利于功能排布？

首先，对于资讯类、内容服务类产品而言，内容的呈现尤其需要考究，以图虫、新周刊、果壳网、知乎、快手 5 款产品为例，它们分别采用了卡片式、宫格变异、图文列表、纯文字、瀑布流的方式，以美观作为指标衡量，图虫、新周刊和果壳网略显突出，若以内容获取效率而言，快手、知乎能让用户更快地关注到更多的内容(见图 7-34)。

知乎　　　　果壳网　　　　新周刊　　　　图虫　　　　快手

图 7-34　产品的首页

不过，在美观程度和信息量上并非不可兼得，无限下拉滚动的方案解决了大部分资讯类产品无法在一个屏幕呈现大量信息的难题。现在绝大部分产品支持用户向下滚动的时候不断加载新内容，尤其当用户并不特意寻找特定的内容时，需要通过查看大量内容找到自己中意的信息。滚动的方式更能带给用户信息浏览的快感，卡片式设计尤其需要结合下拉加载来弥补自己信息呈现效率的不足。不过无限下拉也会带来相应的问题：比如随着页面加载的内容越来越多，页面性能随之下降；另一个问题是当用户到了当前信息流中的一个特定点，他们没法标记当前位置且不能再随后回到这里。用户一旦离开，就会丢失当前的浏览记录，以至于如果要回到上次的位置，必须得重新滚动去发现，进而影响了全程的体验；还有就是用户容易由滚动不完的海量信息带来心理焦虑。所以要思考的是，无限下拉的内容呈现方式是否应该有节制，是否需要界定确定数量的内容单位，如允许滑动 7~8 次屏幕为宜？

此外，还有一种内容解决方案就是左右滑动的分页方案，分页技术是将内容信息划分成独立的页面来显示。如果用户滚到一个页面的底部看到一行数字，这些数字就是当前站点或者应用程序里面的分页，像百度对搜索结果的呈现就是如此(实际上也结合了一定的下拉加载技术)，这可以有效避免海量信息带来的压力，会在一定程度上帮助用户定位内容位置。除此之外，一些内容不但需要精致设计的图片类产品，也用若干个分页来着重展示经过选择的内容，这样的做法保证了设计样式的统一，也保证了用户对内容的掌控感。

当前，尽管手机屏幕越变越大。一方面想更方便地提供给用户更多内容，一方面又不想过多地牺牲美观程度，那么首页设计应该结合产品本身特点进行平衡。一般来说，无限滚动适用于"今日头条"、Twitter 等那些用户重在消费无限的信息流而并不常搜寻特定的信息的应用；分页则适用于那些用户在寻找特定信息的搜索结果列表页及的浏览记录比较重要的场合。

对于功能类、工具类产品而言，首页自然要突出展示其解决方案——比如"醒目的按钮"

"硕大的菜单""风格统一的图标+文字提示"等。像摩拜单车用地图和按钮告诉用户"哪里有车"和如何"快速下单",滴滴、Uber 为代表的叫车软件依托"输入框"和"大按钮"实现快速精准服务;像银行类、旅游类产品一般采用"精美的图标+文字"的宫格来告诉用户如何获得其想要的服务(见图 7-35)。

"摩拜单车"首页   "艺龙酒店"首页

图 7-35　产品首页

APP主页面赏析

设计本身既有章可循,又需要有意无意地突破种种拘囿,以下提供了一些设计异类的主页,虽不主流,但非常见其匠心。

"美图秀秀"是美图工具类产品中的翘楚。该产品首页简洁大气,一张过渡型底图既呈现了产品面貌气质,也在合适的漏白位置安放了导航板块,使得页面结构均衡。值得注意的是,中间部分的导航板块一共有 8 个,可通过左右滑动的方式呈现和选择;页面最底端是一个醒目的相机按钮,方便用户即时拍摄,或者即时上传已有的图片进行处理。

Next Day 是一款个性化的日程管理兼日记功能的产品。产品首页呈现的主要元素是"日历+背景图+短信息",通过合理的版式设计,使页面呈现出很美的意境,用户在使用的时候容易产生沉浸体验。此外,产品支持手指从屏幕顶端下滑的操作,每次下滑带来不一样的日历形式,富有变幻的设计乐趣。当然了,每天的图片和文字都可随时更新,使用体验就仿佛自己在生产一款专属的壁纸。

VUE 是2017年迅速走红的一款手机端视频编辑产品,该产品打破了市面是大多工具类产品的逻辑,采用最符合小白用户操作思路的方式,提供丰富的滤镜选择,既方便处理视频段落,也方便处理图片流,主页面黑白分明,每一个白色的 icon 都不多余,用户点开即迅速明白其用处所在。页面最中央是视频/图片处理区域,虚线条代表时间轴,一切编辑所见所得,令人叫绝!

MONO 是深受文青喜欢的一款阅读类产品,它不止提供文章,也提供静美的图片、富有哲理的文字段落,还有视频和音乐,可以说是适合小资口味的内容精选集锦。MONO主页是经典的三段落结构,顶部是可左右滑动的内容栏,底部是发现内容或者参与社区的功能栏,中间部分则是内容区域,产品使用简单,内容优质,值得一看。

"一秒"属于视频日记产品，每天可以用长度仅为1秒的视频的形式记录一个瞬间。主页面是一个全屏幕日历，可以查看每天记录的1秒视频，底部是固定的Tab，中间的精彩故事按钮承载着该产品的最主要功能：视频自动串联。当把很多天的内容串联起来，形成一个流动的视频的时候，那种感觉就像面对自己的记忆。

Keep 是一款健身管理软件，在"90后"群体当中非常流行。产品主页呈现极简主义设计风格，没有多余的色彩，没有多余的干扰元素，用户可以聚焦在每天的运动时长和运动类型上。底部固定的 Tab 栏提供一定的社交与社区功能，供用户在运动之余分享与交流经验心得。

以设计精美著称的 Yahoo 的两款明星 APP 产品：Yahoo Weather!和 Yahoo Digest。除了在产品设计上的极致和突出表现外，模糊和斜切的手法，给整个产品的品牌气质提升到了一个新的高度。Yahoo Weather!不论是在布局、字体和色彩的运用上都显得精致细腻，滑动时高斯模糊的处理更是流畅平滑。Yahoo Digest 的斜切突出一个"破"，在不影响照片内容的前提下，既能在视觉上显得与众不同，又在排版上巧妙地为色彩标签留了一角之地。比起一刀平，更显灵动而又不失平衡感。

7.3.3　二级、三级页面

二级、三级页面都是对上级内容(标题)、功能菜单的展开，它们承载着用户真正需要的信息，并且负责具体的功能实现。

一般在主页上，任何文字、图片、按钮都是可以点击的，或者在当前页面展开，或者直接跳转二级页面。较为常见的链接一级、二级页面的方式就是图文板块和导航栏。

图文板块的设计比较灵活，有采取圆形的，有采取矩形的，有的用纯文字，也有的用纯图片。如图 7-36 所示，左侧"喜马拉雅听"的首页导航既有圆形图标，也有矩形图文板块；右侧 LOFTER 则是纯图片导航。

图 7-36　产品的首页导航设计

关于二级、三级页面有一个重要的设计原则，就是每个页面最好都能独立承担一个子功能，不要将一个功能放于多个页面，也无须将多个子功能集中在二级、三级页面。除此之外，很多时候还要遵从"懒汉原则",降低用户的使用时长,尽可能压缩层级,可用弹窗、半窗等形式协助用户完成需求,减少其深入下层和返回上层的操作次数。

7.4 产品交互

随着万物互联和智能产品更多地付诸现实,无形之中,人类需要面对的各种"界面"也迅速增多,从小学生的学习机、年轻人的平板电脑到智能家居的操控系统、小区楼下的"丰巢"取件发件站点等,人们在使用这些产品或服务的时候,实际上也是在同它们交互的过程。交互设计(Interaction Design,IXD)致力于让这个交互过程变得舒适、便捷。交互设计在于定义"人造物"的行为方式与反应方式的相关界面。随着消费升级和人们对品质生活的追求,交互体验越来越被重视。

7.4.1 交互设计的基本概念和组成

交互设计是一种目标导向设计,所有的工作内容都是在围绕着用户行为去设计的。交互设计师通过设计引导用户的行为,让用户更方便、更有效率地去完成产品业务目标,并从中获得愉快的用户体验。

移动产品的交互设计,就是从用户需求到实现目的的过程之中,通过合理的框架和层级设定,保证主体信息、核心功能的优先呈现,同时通过一定的动效和动画设计,保证交互效果的视觉美感。所以说,移动产品的交互是重点围绕需求、目的、信息、视觉这几个元素,并且在它们的相互关联之间发生。

移动产品的交互要求是:当用户在对产品的使用过程中发生任何输出行为(如语音、手势、眼球动作、键盘辅助)时,产品要及时反馈两件事情:一是该输入行为是否有效,二是该行为引起了怎样的结果。也就是说,如果把输出行为看做一次用户的动作,那么这个动作至少要激起相关的反应,这个反应包括了响应及行为。因此,一次完整的交互事件一般包括"动作""响应""行为"三部分。

"动作"指的是用户与移动产品的具体交互方式,比如手势、语音、眼动等。其中,手势又包括点击、双击、拖曳、轻划、缩小、放大、按压、双指点击、指纹应用等。而随着对产品使用效率的注重,语音输入文字/指令也越来越趋于主流。

"响应"指的是对用户动作的反馈。在现实生活中,按钮、遥控和各种物体会响应我们的操作,人们对事物的期待就是如此。近两年,国产手机厂商纷纷引入更好的线性马达技术,并以此作为手机产品的卖点,这也是为了增强用户的触觉反馈。于产品设计而言,"响应"至关重要,甚至是移动互联网产品设计的第一原则。当任何动作发生时,都要立刻向用户提供清晰明确的视觉反馈。点击之后的反白、下按时的震动、选中时的颜色变化等都是有效的反馈形式,可以清晰地向用户提醒其动作的有效性。随着移动设备在处理能力和显示能力方面的提升,动画过渡效果成为一种比较常见的反馈方式,例如在用户执行操作后,使用旋转图标提示用户系统正在进行响应，用奔跑的小人表示正在加载，用 PPT 切换的效果来切换页面等。

"行为"指的是在动作和响应结束之后，用户到底到达了哪里，实现了什么。比如用户下拉界面的动作，首先出现一个加载的跳动的箭头，这是"响应"。在响应之后，界面上跳出更新之后的信息。那么，出现"最新的信息"，这就是用户的目的，也是整个交互设计的"行为部分"。常见的行为还包括打开链接、设置状态(显示/隐藏)、上传/下载、播放/暂停等。其实，"行为"代表的是产品的功能，比如当用户通过滴滴出行 APP 叫车时，第一步是按键寻找，第二步就是等系统推荐最近的司机后，用户再予以单击确认，随后等车来接即可。于用户而言，带着出行的需求打开产品，通过简单的点击动作和确认行为，就能实现打车的目的。可以说，复杂的产品支持技术都隐藏在简洁的交互逻辑之后，这才是交互设计的终极追求。

7.4.2 交互设计的原则

1. 简洁

在极简主义浪潮之下，设计师对简洁的追求无以复加。对于一个优秀的产品来说，看着越是"简"，可能其背后隐藏了越多的内容和功能。

正因为如此，这里"简洁"的要求，不仅针对形式，也针对产品内在。第一要做到内容优先，让内容最大化，这就需要产品在一开始的框架构成、层次分析和优先级确定等阶段，让一切外在形式通通让位于内容，用户打开产品后最先聚焦的一定是主体内容，否则这个产品就是本末倒置了。

然后再从形式上予以考究，在主页面呈现了重点信息之后，那么所谓的次要内容、辅助功能等要用合适的方式隐藏、转移起来，甚至决断地删除，最终给用户带来更优的使用体验、更优的内容梳理、更快的响应速度。

2. 高效

用户自身如果发现使用一款产品的成本(时间、精力)太高，比如要长久地思考这个产品到底该怎么用，甚至要自行准备在使用产品之前的一些基础工作，那说明产品在设计逻辑和实现方式上存在问题，用户基本上会选择放弃。

用户喜欢上手快、方便操作、系统稳定、流程顺畅的产品，而这些性能都是高效的体现。在具体的设计层面，比如把文字输入变为手指选择，尽可能避免调出键盘；把相关文字验证换成指纹识别；扩大点击范围，提高手指触动的有效性；通过功能上适当设置全局性功能，使用户路径扁平化；或者使用抽屉、使用浮层等技巧来减少页面跳转，提高用户的产品使用效率。

3. 一致性

首先是产品的名称、Logo 和功能设置要一致。即使用户跨平台、跨设备使用产品，能够快速予以辨识，降低用户的认知成本。

其次是保持设计风格的一致，比如基本布局要一致，视觉风格要一致，模块化内容要一致，保持内容同步更新，保持版本的同步更新。

最后是在设计方面要考虑平台环境，目前两大主流操作系统苹果和安卓，各自有一套移动产品的路径逻辑，这其中常见的诸如"返回""确认"等按钮的表述方式和表现形式都不相同。在这里，产品设计要与平台环境和系统要求保持一致，以保证用户对于产品的整体体验。

4. 反馈

设计界反复在提"一切以用户为中心",这其中最基本的一个事情,就是要对用户的任何需求和行为做出回应。在产品设计层面,就是要为用户的行为操作提供及时的反馈,通过视觉反馈、声音反馈等提供有价值的状态提示,如通过颜色变化、声音变化、动画等形式来表达。

5. 移动化

比较一下 PC 时代和移动时代,产品的形态发生了哪些变化?

首先,移动端的产品结构更为扁平化,在呈现方式上也更为平面化;其次,移动端的产品更"轻",因为移动端产品很可能只保留了最为核心的、主要的功能;最后,移动端的产品封闭性好,用户的沉浸体验更好。所以,从 PC 产品到移动产品的转变,要先拒绝将 PC 上的一切都往移动端搬的思想,要从 PC 的逻辑思维中跳出来,从鼠标点击变为多采用手势操作(见表 7-1)。

表 7-1　PC 产品与移动产品的形态差异

PC 产品	移动产品
鼠标点击基因	手指操作基因
以菜单为单位,网站的层级较多	更为扁平;模块和卡片为单位
功能全面,内容丰富	功能突出,割舍次要功能,保留主要功能
开放系统,开放文化(外链)	封闭系统,安全保障

接下来要充分考虑麦克风、摄像头、震动硬件、LED 灯、GPS 如何跟产品更好地融合,比如所有的直播类、短视频 APP 都非常注重对摄像头的深度调用。

同时,要多了解移动端的特性,将各种操作方式转移到传感器、陀螺仪等硬件设备上。

【尼尔森十大交互原则】

- 状态可见原则:用户在网页上的任何操作,不论是单击、滚动还是按下键盘,页面应即时给出反馈。"即时"是指页面响应时间小于用户能忍受的等待时间。
- 环境贴切原则:网页的一切表现和表述,应该尽可能贴近用户所在的环境(年龄、学历、文化、时代背景),而不要使用第二世界的语言。《iPhone 人机交互指南》里提到的隐喻与拟物化是很好的实践。此外,还应该使用易懂和约定俗成的表达。
- 撤销重做原则:为了避免用户的误用和误击,网页应提供撤销和重做功能。
- 一致性原则:同一用语、功能、操作保持一致。
- 防错原则:通过网页的设计、重组或特别安排,防止用户出错。
- 易取原则:好记性不如烂笔头。尽可能减少用户回忆负担,把需要记忆的内容摆上台面。
- 灵活高效原则:中级用户的数量远高于初级和高级用户数。为大多数用户设计,不要低估,也不可轻视,保持灵活高效。
- 易扫原则:互联网用户浏览网页的动作不是读,不是看,而是扫。易扫,意味着突出重点,弱化和剔除无关信息。

- 容错原则：帮助用户从错误中恢复，将损失降到最低。如果无法自动挽回，则提供详尽的说明文字和指导方向，而非代码，比如404。
- 人性化帮助原则：帮助性提示最好的方式是无须提示、一次性提示、常驻提示、帮助文档。

(资料来源：刘飞. 从点子到产品——产品经理的价值观与方法论[M]. 北京：电子工业出版社，2017：89-101.)

7.4.3 交互设计的一些实操技巧

1. 注重使用情境

微信语音功能的出现，使很多年轻人改变了手机使用方式，比如倒拿手机，把手机当成话筒贴到嘴唇边使用，这番景象甚至让外国人感到惊奇。对于产品开发而言，其功能设定要考虑特定情境，并根据特定情境来设计交互方式。又如一些健身类软件，当指导用户进行俯卧撑动作的时候，其设计的交互方式是用鼻尖碰触有效范围，则可认定健身动作有效，这种符合健身场景的交互语言既有趣，又非常有效地促进了用户的锻炼热情。

2. 激发用户探索

交互语言在不断推新，但对用户而言，常用的一些操作超不过五种。教育用户如何学会一种新的手势，不如让他们自己去探索。

比如，手指从屏幕上方下拉，一般而言会有搜索框跳出，但也不妨设计成"发布一条新的状态""快速记笔记""快速语音输入"等；当手指向左滑动，一般是翻页，或者针对本条信息跳出删除、编辑、添加等操作，但对有的产品来说，这是一种点赞的行为……其实对于一些小众产品而言，通过新规则的设定，通过交互语言的自定义来激发用户的探索欲，形成自己的独特风格，也是形成用户口碑、打开新局面的不错尝试。

总而言之，"交互设计"设计的是产品使用者与产品的互动过程，交互设计要保证交互方式的合理，同时力争在这个互动过程中让用户获得良好的使用体验。交互设计是移动端产品尤其需注重的部分，在未来产品的演进中，让用户参与将会是核心命题，需要设计者不断探索新的交互方式。

7.5 思考题

1. 请总结扁平式设计与拟物化设计的优劣。
2. 产品交互设计中最常见的"动作"有哪些？可结合实际使用产品的经验予以总结。
3. 请在APP Store中选择5～8个产品的Logo，予以简短的点评。

第 *8* 章

原型设计

　　本章着重引导读者使用 Axure 软件进行产品原型设计，内容包括 Axure 简介与入门、Axure 的常见案例与实操、Axure 实现数据传递以及原型输出与适配。本章所涉及的主要是操作部分，并呈现出文图步骤，供读者记笔记和操作参考，部分案例有专门的教学视频，请扫描文中二维码观看。

8.1 Axure 简介

Axure RP 是美国 Axure Software Solution 公司的旗舰产品，是一个专业的快速原型设计工具，让负责定义需求和规格、设计功能和界面的用户能够快速创建应用软件或 Web 网站的线框图、流程图、原型和规格说明文档。作为专业的原型设计工具，它比一般创建静态原型的工具如 Visio、Omnigraffle、Illustrator、Photoshop、Dreamweaver、Visual Studio、FireWorks 更快速、高效，并且支持 Windows 和苹果 Mac 双系统。

本书以 Axure 8.0 版为例进行介绍，较之以往的版本，Axure 8.0 版有了全新的改变。

8.1.1 用户界面

如图 8-1 所示，Axure 8.0 版在用户界面上主要有以下改变。

(1) 合并了三个部分：部件交互和注释、部件属性和样式、页面属性。将页面属性从底部提至右侧，主要编辑区域变得更为开阔。

(2) 站点地图(Sitemap)改为页面(Pages)。

(3) 部件管理(Widget Manager)改为提纲(Outline)。

(4) 工具栏有所删减。

(5) Mac 和 Windows 版本使用相同的顶部工具栏。

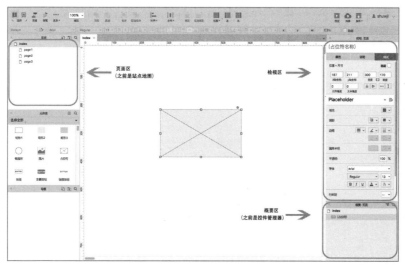

图 8-1　Axure 8.0 版的界面变动

8.1.2 默认控件

如图 8-2 所示，Axure 8.0 版在默认控件部分主要有以下改变。

(1) 增加许多控件样式，包括不同形状的框和按钮等。

(2) 增加"标记元件"，比如"页面快照"部件等。

(3) 在文本字段和文本区域，单击选中焦点后将隐藏提示文本。

(4) 优化了矩形形状。

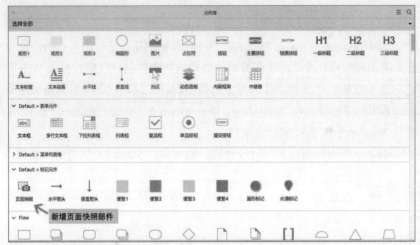

图 8-2　Axure 8.0 版的控件变动

8.1.3　部件样式

如图 8-3 所示，Axure 8.0 版在部件样式部分主要有以下改变。

(1) 可从"检视区"(页面右侧原"部件交互和注释"的位置)中添加、更新部件样式。

(2) 所有样式均以新的默认样式为基准。

(3) 样式下拉可显示预览。

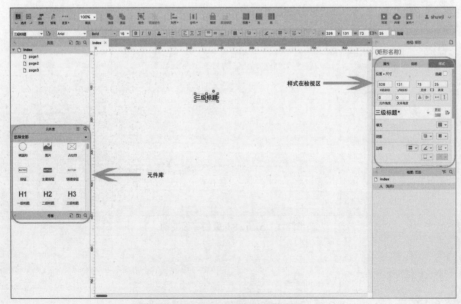

图 8-3　Axure 8.0 版的样式变动

8.1.4 流程图部分

Axure 8.0 版在流程图部分主要有以下改变。

(1) 所有形状、图像和快照部件都有连接点。

(2) 只有当使用连接工具或鼠标放在部件上时，连接点才是可见的。

(3) 连接点越大，越容易选择。

8.1.5 操作部分

Axure 8.0 版在操作部分主要有以下改变。

(1) 可进行旋转操作。

(2) 形状、图像、热区、表单部件等都可以设置尺寸大小。

(3) 设置尺寸大小时是有锚点的。

(4) 可设置自适应视图。

(5) 可设置事件(用于在小部件或页面上触发事件)。

(6) 为移动行为设置了合理的边界。

8.1.6 新事件部分

Axure 8.0 版在新事件部分主要有以下改变。

(1) OnLoad(加载事件)可用在所有部件上。

(2) OnRotate(旋转事件)可用在形状、图像、线、热区上。

(3) OnSelectedChange、OnSelected、OnUnSelected 等事件可用在形状、图像、线、热区、复选框、单选按钮和树状结构上。

(4) OnResize(调整大小)可用在动态面板上。

(5) OnItemResize(调整项目大小)可用在中继器上。

8.1.7 快照部件

如图 8-4 所示，Axure 8.0 版关于快照部件主要有以下改变。

(1) 可捕捉页面图像或控件主体图像。

(2) 可以调整偏移量。

(3) 在参考页面上可更换图像。

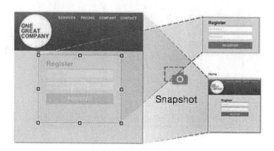

图 8-4   快照部件的使用

此外，Axure 8.0 一共发布了 3 个版本：专业版、团队版和企业版。

专业版(Pro)产品包括主要功能、文档和 Axure 共享发布，可免费提供给学生和教师，并给教育机构提供折扣。专业版增加了文档功能，包括布局控制、输出到 Microsoft Word 和 Micrososft Excel。

团队版(Team)包含了所有原型设计功能、文档输出功能、官方 Axshare、团队协作功能，该版本增加了团队项目、修订历史和团队项目托管在 Axure 共享上的共同创作。

企业版(Enterprise)包含了所有原型设计功能、文档输出功能、官方 Axshare、团队协作功能、本地部署版 Axshare。

8.2 案例实操

8.2.1 需要了解的基本问题

1. 原型设计需要选择的尺寸

首先来了解一下手机屏幕的相关概念，以 iPhone 为例，其不同型号的手机屏幕相关数据如表 8-1 所示。其中，屏幕尺寸指的是显示屏的对角长度，逻辑分辨率和物理分辨率可以理解为"原型尺寸"和"真实尺寸"，这两者之间存在缩放关系，即"缩放因子"，有 1 倍，也有 3 倍。图 8-5 所示为不同型号的 iPhone 手机实物的屏幕尺寸。

表 8-1 iPhone 不同型号的手机屏幕相关数据

型号	屏幕尺寸 (inch)	逻辑分辨率 (Point)	缩放因子 (Scale Factor)	物理分辨率 (Pixel)	像素密度 (PPI)
iPhone3GS	3.5	320×480	@1x	320×480	163
iPhone4/4s	3.5	320×480	@2x	640×960	326
iPhone5/5s	4	320×568	@2x	640×1136	326
iPhone6/6s	4.7	375×667	@2x	750×1334	326
iPhone6Plus/6sPlus	5.5	414×736	@3x	1242×2208	401

图 8-5 不同型号的 iPhone 手机实物的屏幕尺寸

原型尺寸要根据"逻辑分辨率"来定，理论上来说，最佳的原型尺寸最好是和目标用户手机尺寸保持完全一致。早期，设计 iOS APP 原型使用 iPhone 自身分辨率 320×480 是最合适的。但随着屏幕尺寸的增多，逻辑分辨率也面临多元标准。当下，不管是 iOS 还是 Android，大多以 375×677 为主流选择。如果做了原型之后要放到手机上来预览效果，那么还需要在 375×667 的纵向上减去 20,减去状态栏 20px 是因为 Axure 导出的原型在 iOS 上无法隐藏它,建议在 Axure 上设计原型最好选择 375×647 的大小。

2. 原型设计一般选择的字号

一般选择默认的 12px(正文)和 18px(标题)字体。其中，字号一般用偶数，常用的正文字号为 12px 和 14px，常用的标题字号为 16px 和 18px。

3. 善用辅助线

用鼠标从工作区左侧和右侧的度量尺位置，往外拉动，就会调出设计辅助线(见图 8-6)。辅助线起码可以标注原型尺寸，比如 375×647，用以给使用者更好的提示。

辅助线除了用来定义内容区域之外，还能帮助用户快捷地进行布局。辅助线有一个特性就是当用户拖动元件靠近它时，元件会自动吸附到辅助线的边缘达到快速对齐的效果(跟 Photoshop 的操作体验是一样的)。

4. 基础设计规范

列表菜单的高度为 45px，导航栏的高度为 45px，标签栏和工具栏常用高度为 60px。

元件的宽度和高度一般为 5 的倍数，例如 45px、100px 等。

元件的间距和行距一般为 10 的倍数，常用的为 10px、20px，按住 Ctrl 键通过方向键移动元件，每次移动的距离刚好是 10px(见图 8-7)。

图 8-6　调出设计辅助线

图 8-7　基础设计规范

8.2.2 图片轮播

图片轮播在大量网站和 APP 产品中都有体现，指的是界面最上方的 Banner 部分实现图片轮流播放，以及通过鼠标或者手势滑动进行选择定位的效果。图片轮播区域一般呈现重要信息、重点推荐或广告内容。当下这个效果更多见于产品的全屏导览图，或者进入主页前需要手动滑动的产品引导页。

图片轮播

1. 实现图片自动循环播放

(1) 元件库拖动图片(此例用图片占位符代替)到工作区。如图 8-8 所示，拖入一个 375×667 的图片占位符。

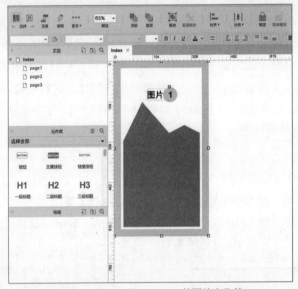

图 8-8　拖入一个 375×667 的图片占位符

(2) 在图片占位符上右击，将其转换为动态面板，并为其命名为"轮播"，如图 8-9 所示。

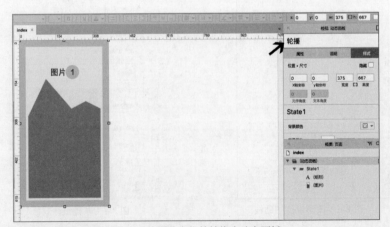

图 8-9　将图片占位符转换为动态面板

(3) 在右下方"概要：页面"面板中，右击选中 State1，执行快捷菜单中的"复制状态"

命令，快速复制 3 次，如图 8-10 所示。

(4) 依次在 State2、State3、State4 中把图片 1 改为图片 2、图片 3、图片 4，如图 8-11 所示。

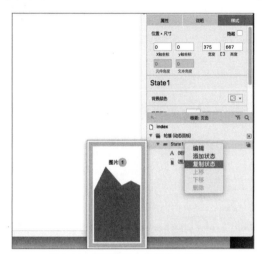
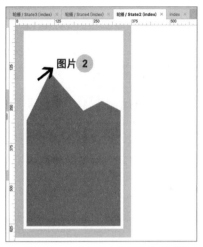

图 8-10　复制图片占位符状态三次　　　　　　图 8-11　更改图片占位符的文字标识

(5) 回到 index 界面，在右侧"属性"面板中选择"载入时"，打开"用例编辑"对话框，单击"设置面板状态"，然后勾选"Set 轮播(动态面板) state to"，设置"选择状态"为 Next，勾选"向后循环""循环间隔"，将"循环间隔"设置为"2000 毫秒"，"进入动画"和"退出动画"都设置为"向左滑动"，再单击"确定"按钮，如图 8-12 所示。

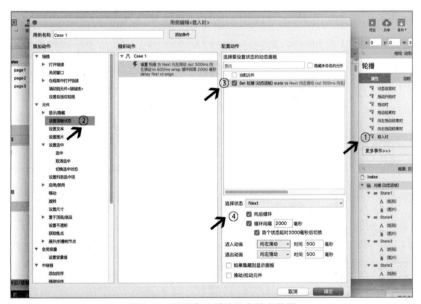

图 8-12　设置自动播放状态的参数图

2. 通过手势滑动控制播放

在"轮播"动态面板的"属性"面板中选择"向左拖动结束时"，打开"用例编辑"对话框，单击"设置面板状态"，然后勾选"Set 轮播(动态面板) state to"，设置"选择状态"为 Next，勾选"向后循环""循环间隔",将"循环间隔"设置为"1000毫秒","进入动画"和"退出动画"都设置为"向左滑动",再单击"确定"按钮,如图8-13所示。

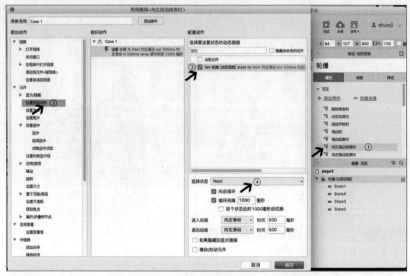

图8-13 设置"向左拖动结束时"的参数图

在"轮播"动态面板的"属性"面板中选择"向右拖动结束时",打开"用例编辑"对话框,单击"设置面板状态",然后勾选"Set 轮播(动态面板) state to",设置"选择状态"为Previous,勾选"向前循环""循环间隔",将"循环间隔"设置为"1000毫秒","进入动画"和"退出动画"都设置为"向右滑动",再单击"确定"按钮,如图8-14所示。

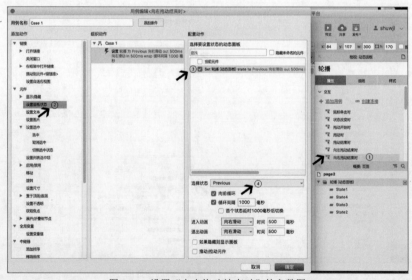

图8-14 设置"向右拖动结束时"的参数图

3. 手指离开继续循环播放

在"轮播"动态面板的"属性"面板中单击"更多事件",选择"鼠标移出时"选项,打开"用例编辑"对话框,单击"设置面板状态",然后勾选"Set 轮播(动态面板)state to",设置"选择状态"为 Next,勾选"向后循环""循环间隔",将"循环间隔"设置为"1000 毫秒",勾选"首个状态延时 1000 毫秒后切换","进入动画"和"退出动画"都设置为"向左滑动",再单击"确定"按钮,如图 8-15 所示。

图 8-15　手指离开继续循环播放的参数图

8.2.3　浮动窗口

浮动窗口在 APP 产品中有重要消息提醒、操作引导、弹出广告等功能。浮动窗口体现了移动产品设计中适时隐藏和不过度干扰的原则。

浮动窗口

1. 素材准备

(1) 利用元件库里的部件,结合样式设计,模拟制作出微信公众号(带菜单)的页面。

(2) 以"一条"微信公众号的界面为例来说明,当单击中间菜单"一条好物"时,弹出菜单(见图 8-16),再次单击,菜单收回。

2. 实现窗口弹出

(1) 从元件库拖动一个动态面板到工作区,如图 8-17 所示,然后将动态面板命名为"弹出"。

(2) 在"弹出"动态面板的 State1 中进行样式设计,编辑要出现的内容,如图 8-18 所示。

图 8-16　"一条"微信公众号的界面

189

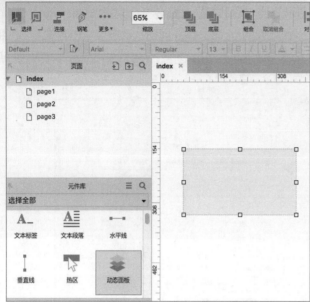 

图 8-17　拖入一个动态面板　　　　　　　　图 8-18　在 Statel 中进行样式设计

（3）回到 index 页面，选中"弹出"动态面板，在右侧"样式"面板中，勾选"隐藏"，如图 8-19 所示。

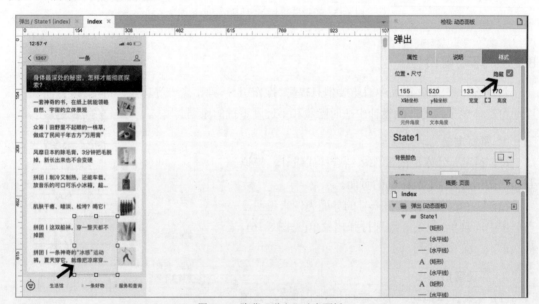

图 8-19　隐藏"弹出"动态面板

（4）在"一条好物"菜单上添加热区，然后选中该热区，在"属性"面板中选择"鼠标单击时"，打开"用例编辑"对话框，单击"显示/隐藏"，然后勾选"弹出(动态面板)"，"可见性"设置为"显示"，"动画"效果设置为"逐渐"，"时间"设置为"500 毫秒"，再单击"确定"按钮，如图 8-20 所示。

图 8-20　设置弹出窗口的显示

3. 实现窗口隐藏

要实现窗口隐藏，需要以下两步。

第一步：实现一个菜单的状态切换。

(1) 选中"一条好物"菜单，单击右键，执行快捷菜单命令"转换为动态面板"，将其命名为"菜单"。然后复制 State1，形成两个状态：State1 和 State2，如图 8-21 所示。

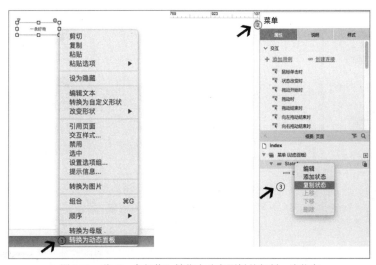

图 8-21　将"一条好物"转化为动态面板并复制一次状态

(2) 进入 State1 的编辑状态，选中图片，在"属性"面板中选择"鼠标单击时"，打开"用例编辑"对话框，单击"显示/隐藏"，然后勾选"Set 菜单(动态面板)state to"，设置"选择状态"为 State2，"进入动画"和"退出动画"都设置为"无"，再单击"确定"按钮，如图 8-22 所示。

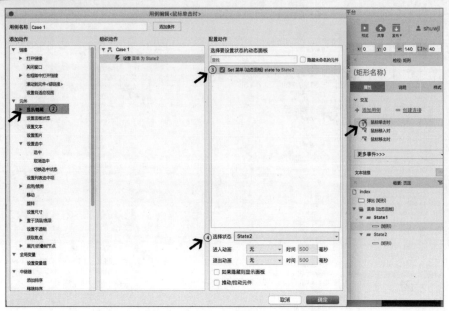

图 8-22 选中 State1，设置一次状态切换

(3) 进入 state2 的编辑状态，选中图片，在"属性"面板中选择"鼠标单击时"，打开"用例编辑"对话框，单击"显示/隐藏"，然后勾选"Set 菜单(动态面板)state to"，设置"选择状态"为 State1，"进入动画"和"退出动画"都设置为"无"，再单击"确定"按钮，如图 8-23 所示。

图 8-23 选中 State2，设置一次状态切换

至此单击"一条好物"菜单可实现一次内部状态的转换。

第二步：给每一个状态添加动作。

(1) 进入 State1 的编辑状态，在"属性"面板中选择"鼠标单击时"，打开"用例编辑"对

话框，单击"显示/隐藏"，然后勾选"弹出(矩形)"，设置"可见性"为"显示"，"动画"效果
设置为"逐渐"，"时间"设置为"500毫秒"，再单击"确定"按钮，如图8-24所示。

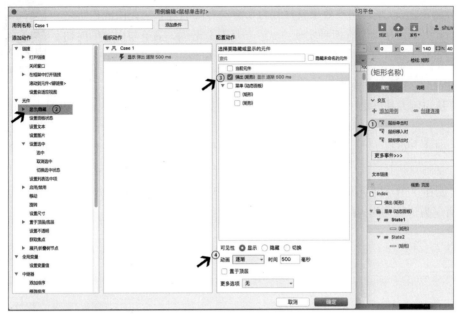

图 8-24　在"菜单"动态面板的 State1 上设置显示效果

(2) 进入 State2 的编辑状态，选中图片，在"属性"面板中选择"鼠标单击时"，打开"用
例编辑"对话框，单击"显示/隐藏"，然后勾选"弹出(矩形)"，设置"可见性"为"显示"，"动
画"效果设置为"逐渐"，"时间"设置为"500毫秒"，再单击"确定"按钮，如图8-25所示。

图 8-25　在"菜单"动态面板的 State2 上设置显示效果

8.2.4　菜单切换

在有限的手机屏幕上以适合的方式呈现更多的内容，这是移动端产品设计的核心命题之一。菜单切换效果就是致力于解决有限的屏幕与无限的内容之间的矛盾。菜单切换主要有两种实现方式：一是左右滑动，菜单与内容同时切换；二是点击菜单，实现内容的替换。

菜单切换

1. 按钮制作与页面制作

(1) 从左侧元件库的"基本元件"拖入一个"矩形 1"到舞台区(大小可设置为 100×30)，颜色随机。

(2) 调整"矩形 1"左上角的三角形，把"矩形"改为"椭圆矩形"，具体弧度按需调整。

(3) 复制并粘贴两次"矩形 1"，注意赋予不同颜色，如图 8-26 所示。

(4) 制作 3 个不同页面，大小可设置为 300×320，把 3 个页面放在一个动态面板里，将动态面板命名为"页面"，如图 8-27 所示。

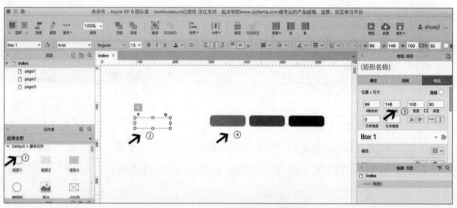

图 8-26　制作三个不同颜色的菜单

图 8-27　三个不同页面放在一个动态面板中

2. 通过点击实现菜单切换

选中第一个按钮，在"属性"面板中选择"鼠标单击时"，打开"用例编辑"对话框，单击"设置面板状态"，然后勾选"Set(动态面板) state to"，设置"选择状态"为 State1。"进入动画"和"退出动画"都设置为"向左滑动"，如图 8-28 所示。依照以上步骤，设置第二个按钮(设置"选择状态"为 State2)和第三个按钮(设置"选择状态"为 State3)即可。

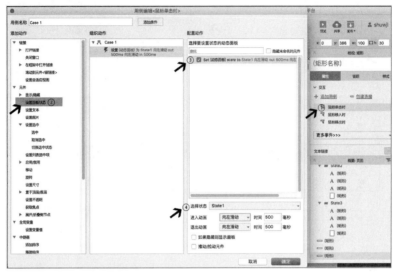

图 8-28　通过点击菜单实现页面切换

3. 通过手指滑动实现菜单切换

(1) 在"页面"动态面板的"属性"面板中选择"向左拖动结束时"，打开"用例编辑"对话框，单击"设置面板状态"，然后勾选"Set(动态面板)state to"，设置"选择状态"为 Next，然后勾选"向后循环"，"进入动画"设置为"向左滑动"，如图 8-29 所示。

图 8-29　通过手指向左滑动

（2）选择"页面"动态面板，在"属性"面板中选择"向右拖动结束时"，打开"用例编辑"对话框，单击"设置面板状态"，然后勾选"Set(动态面板)state to"，设置"选择状态"为 Previous，然后勾选"向前循环"，"进入动画"设置为"向右滑动"，如图 8-30 所示。

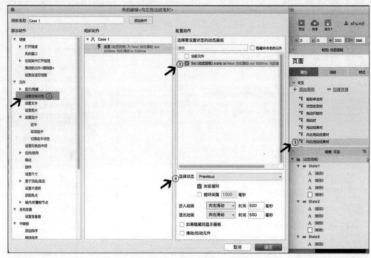

图 8-30　通过手指向右滑动

8.2.5　菜单下拉

移动端产品设计的技巧之一是"善于隐藏"，这样可以让用户的注意力快速形成聚焦，同时在需要的时候将页面展开或收起，就像"拉推抽屉"的效果一般，是从日常生活经验中习得而来的交互操作，使用场景比较普遍。

菜单下拉

1. 按钮制作与页面制作

（1）用图片当作按钮，图片大小可设置为 320×100，内容自定。

（2）拖入"矩形 1"。矩形 1 的大小为 320×320，输入文字后，单击右键，将"矩形 1"转换为动态面板，命名为"页面"。

（3）在"页面"动态面板的"样式"面板中勾选"隐藏"，将动态面板隐藏起来。具体操作如图 8-31 所示。

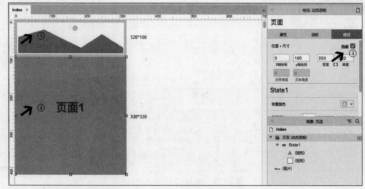

图 8-31　按钮菜单与页面制作

2. 三步实现抽屉效果

(1) 选中图片按钮，在"属性"面板中选择"鼠标单击时"，打开"用例编辑"对话框，单击"设置选中"，然后勾选"(图片) to"，设置选中状态的"值"为 toggle，最后单击"确定"按钮，如图 8-32 所示。

图 8-32　把图片按钮的状态设置为 Toggle

(2) 返回"属性"面板，单击"更多事件"，选择"选中时"动作，打开"用例编辑"对话框，单击"显示/隐藏"，然后勾选"(图片)"，将"可见性"设置为"显示"，同时在"更多选项"中选择"推动元件"，"方向"设置为"下方"，"动画"设置为"线性"，"时间"设置为"500毫秒"，最后单击"确定"按钮，如图 8-33 所示。

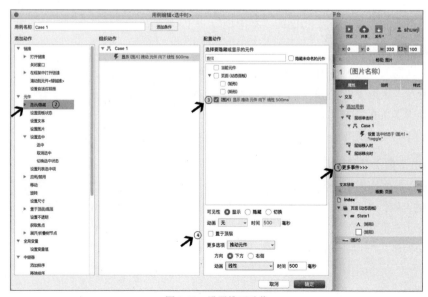

图 8-33　设置推开动作

(3) 返回"属性"面板，单击"更多事件"，选择"取消选中时"动作，打开"用例编辑"对话框，单击"显示/隐藏"，然后勾选"(图片)"，将"可见性"设为"隐藏"，同时勾选"拉动元件"，"方向"设置为"下方"，"动画"设置为"线性"，"时间"设置为"500 毫秒"，最后单击"确定"按钮，如图 8-34 所示。

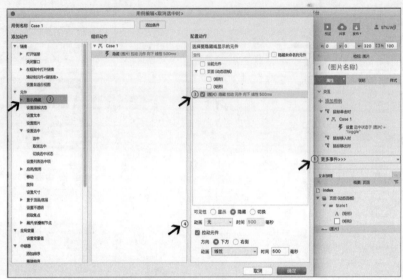

图 8-34　设置收起动作

8.2.6　侧滑窗口

侧滑窗口也是"隐藏原则"的善用。在实际设计中，屏幕之外的上下左右四个方向都可能隐藏一个小窗口。在需要的时候，用户手指拖动(或单击按钮)可以将其带入屏幕一侧，该效果常见于二级菜单的展现，或者个人中心的设置选项。相对来说，侧滑窗口属于次要功能的"集中地"。

侧滑窗口

1. 素材制作

(1) 可以拖入一张大小为 375×667 的图片，作为产品的界面图，放置的位置是"0，0"。

(2) 拖入"矩形 1"，矩形 1 的大小设为 200×667。单击右键，将"矩形 1"转换为动态面板，将其命名为 left。具体操作界面如图 8-35 所示。

注意：要将该矩形的位置放于"−200，0"，这样就能隐藏于屏幕的左侧了。

2. 通过手指滑动显示及隐藏左侧面板

(1) 在主界面拖入一个动态面板，大小设置为 375×667，位置为"0，0"，再将其命名为 A。然后在 A 的"属性"面板中选择"向右拖动结束时"，打开"用例编辑"对话框，单击"移动"，勾选"left(动态面板)"，将"移动"设置为"绝对位置"，x、y 对应设置为"0，0"，"动画"设置为"缓慢进入"，最后单击"确定"按钮，如图 8-36 所示。

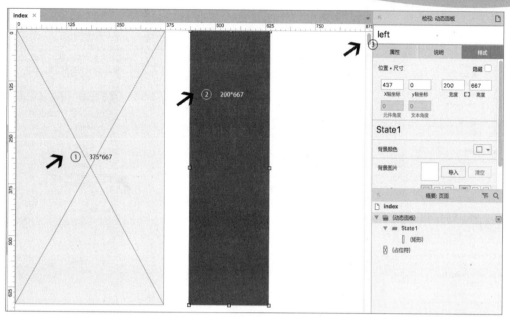

图 8-35　制作产品界面和侧滑元件

图 8-36　手指拖动滑出侧滑面板

　　(2) 返回"属性"面板，选择"向左拖动结束时"，打开"用例编辑"对话框，单击"移动"，勾选"left(动态面板)"，将"移动"设置为"绝对位置"，x、y 对应设置为"-200, 0"，"动画"设置为"缓慢退出"，最后单击"确定"按钮，如图 8-37 所示。

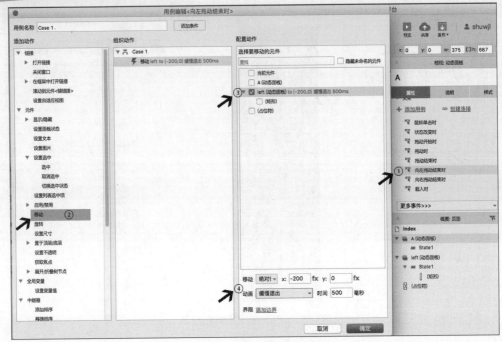

图 8-37　手指拖动收回侧滑面板

3. 通过按钮显示及隐藏左侧面板

(1) 在主界面左上角拖入一个"热区"，大小根据实际情况而定，可命名为 B，如图 8-38 所示。然后在 B 的"属性"面板中选择"鼠标单击时"，打开"用例编辑"对话框，单击"移动"，勾选"left(动态面板)"，将"移动"设置为"绝对位置"，x、y 对应设置为"0，0"，"动画"设置为"缓慢进入"，如图 8-39 所示。

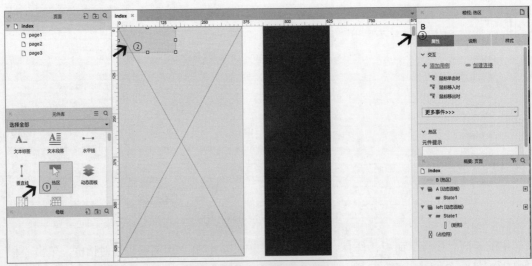

图 8-38　设置热区 B

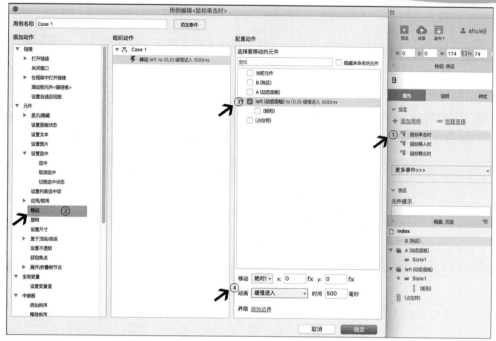

图 8-39 单击热区 B 滑出侧滑面板

(2) 选中动态面板 A, 在"属性"面板中选择"鼠标单击时", 打开"用例编辑"对话框, 单击"移动", 勾选"left(动态面板)", 将"移动"设置为"绝对位置", x、y 对应设置为"-200, 0", "动画"设置为"缓慢退出", 如图 8-40 所示。

图 8-40 单击动态面板 A 收回侧滑面板

8.2.7 下拉刷新

在资讯类产品上，用户的高频操作之一便是通过上滑界面或下拉界面后松开，以实现内容的刷新。对于大部分用户而言，这已经是非常熟稔的操作方式。

1. 素材制作

(1) 可以拖入一个动态面板，将大小设置为 375×667，将其命名为"显示范围"，如图 8-41 所示。注意：不要勾选"自动调整为内容尺寸"。

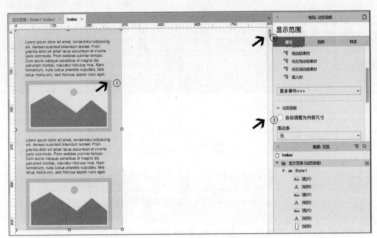

图 8-41 拖入动态面板"显示范围"

(2) 在右下角"概要：页面"面板中双击"显示范围(动态面板)"下的 State1，然后在主窗口上输入新内容，如图 8-42 所示。注意：所输入内容的高度要大于 667，这样就能保证有多余的内容要等待刷新才出现。

(3) 单击"显示范围"动态面板，在右侧"属性"面板中找到"滚动条"，选择"自动显示垂直滚动条"，如图 8-43 所示。

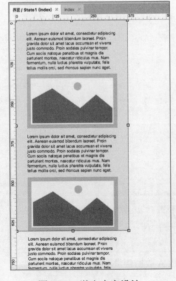

图 8-42 溢出内容设计   图 8-43 设置自动显示滚动条

2. 制作动态面板的嵌套

(1) 在"显示范围"动态面板 State1 的最上方输入文字"下拉刷新中"。

(2) 将"下拉刷新中"与之前灌入的所有超出范围的内容全部选中,单击右键将其转化为动态面板,并命名为"刷新前",如图 8-44 所示。

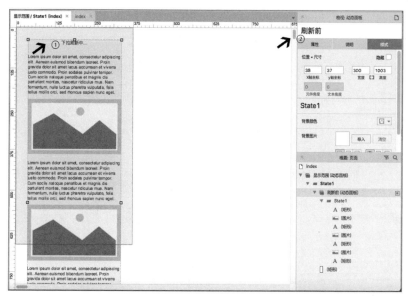

图 8-44　制作嵌套在"显示范围"里的动态面板"刷新前"

(3) 在右下角"概要:页面"面板中,右击"显示范围"动态面板的 state1,选择"复制状态",复制生成 State2。双击 State2,进入编辑状态,灌入一些新的内容,以保证跟 State1 的内容不一样,然后右键逐个单击 State2 里所有的内容,转换为动态面板,将其命名为"刷新后",如图 8-45 所示。

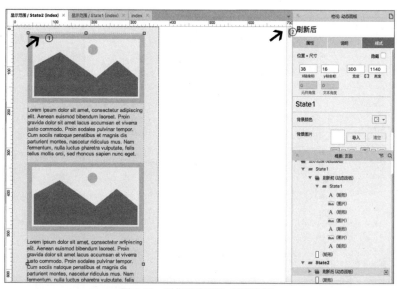

图 8-45　制作动态面板"刷新后"

(4) 把"刷新前"面板往上移动大约 40px 的距离，保证"下拉刷新中"几个字不要显露出来。

3. 实现刷新效果

(1) 在"显示范围"动态面板的"属性"面板中选择"拖动时"，打开"用例编辑"对话框，单击"移动"，然后勾选"刷新前(动态面板)"，"移动"设置为"垂直拖动"，然后设置"界限"信息为"顶部<40"，如图 8-46 所示。

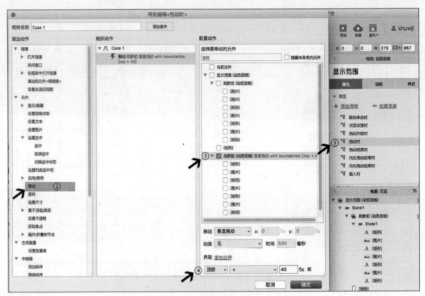

图 8-46　设置"刷新前"面板的垂直拖动

(2) 继续添加用例：在"显示范围"动态面板的"属性"面板中选择"拖动结束时"，打开"用例编辑"对话框，单击"等待"，然后勾选"刷新前(动态面板)"，设置"可见性"为"隐藏"，如图 8-47 所示。

图 8-47　拖动结束时隐藏"刷新前"

(3) 在"用例编辑"对话框中再单击"显示/隐藏",然后勾选"刷新后(动态面板)",设置"可见性"为"显示",设置"动画"为"逐渐",最后单击"确定"按钮,如图 8-48 所示,至此实现了顶部刷新。

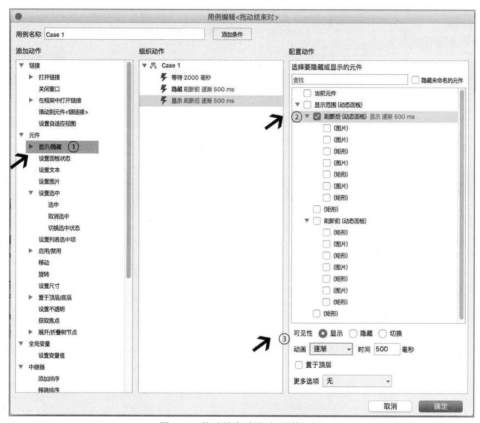

图 8-48　拖动结束时显示"刷新后"

举一反三,实现底部刷新效果的做法也是一样的。

8.2.8　注册功能设计

很多产品希望自己的用户不仅仅是游客而是在后台"可见"的,也就是说希望他们能够真正注册和保持活跃,这里就涉及把用户的部分个人信息输入页面并提交到数据库。进而,他们可以用注册时填入的信息实现登录。

注册功能设计(一)　　　注册功能设计(二)

1. 不能不输入的"用户名"

(1) 拖入一个矩形,将大小设置为"375,667",位置为"0,0",命名为"注册页面",如图 8-49 所示。

图 8-49　制作注册页面

(2) 输入"用户名"三个字，在其后侧拖入"表单元件"中的"文本框"，给文本框命名为 name，然后右键单击"文本框"，选择"隐藏边框"命令，如图 8-50 所示。

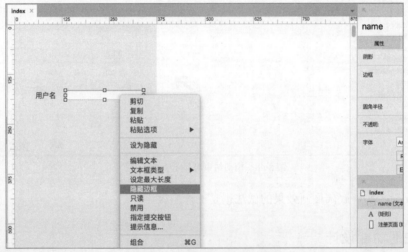

图 8-50　给文本框命名和隐藏边框

(3) 在右侧"属性"面板中的"提示文字"文本框中输入"请输入姓名/学号"，如图 8-51 所示。注意：要选中"获取焦点"复选框。

(4) 在文本框最右侧拖入一个文本标签，命名为 a，然后删掉内部原有的"文本标签"4 个字，如图 8-52 所示(此"文本标签"的作用就是在用户不输入用户名的时候进行触发显示)。

图 8-51　对 name 文本框进一步处理

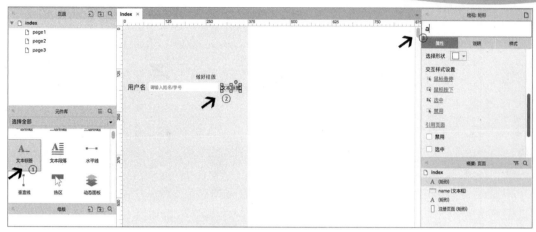

图 8-52　添加一个文本标签 a

2. 对"用户名"进行功能设置

(1) 选中用户名后面的文本框 name，在右侧的"属性"面板中选择"失去焦点时"，打开"用例编辑"对话框，单击"设置文本"，然后勾选"a(矩形)"，设置文本为"值：此处不能为空"，如图 8-53 所示。

图 8-53　设置文本标签 a 的值

而后单击"用例编辑"对话框上方的"添加条件"按钮，打开"条件设立"对话框，设置"元件文字：name==值：null"，然后单击"确定"按钮，如图 8-54 所示，返回"用例编辑"对话框，单击"确定"按钮。

图 8-54　设置条件

(2) 继续在"失去焦点时"的用例下面添加 Else if true，单击"显示/隐藏"，勾选"a(矩形)"，"可见性"设置为"隐藏"，如图 8-55 所示。至此完成了当用户不输入用户名时，就会弹出提示文字"此处不能为空"，而输入用户名之后，就不会弹出"此处不能为空"。

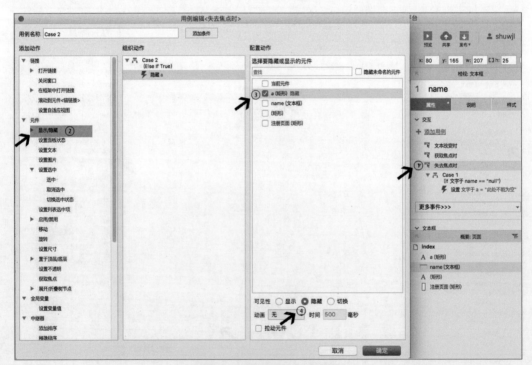

图 8-55　设置文本标签 a 的隐藏

3.　"密码"和"确认密码"

(1) 在"用户名"文字下面左对齐输入文字"密码"，然后拖入文本框，将其命名为 password。在右侧"属性"面板的"类型"中选择"密码"，"提示文字"文本框中输入"请输入 6 位数字密码"(用以后面检测是否是 6 位数字)，勾选"隐藏边框"，如图 8-56 所示。这样，用户在输入密码时会自动显示为小圆点。

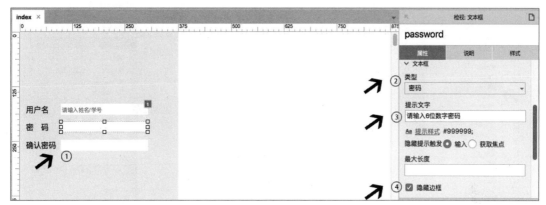

图 8-56　对密码文本框的处理

(2) 在"密码"文字下面左对齐输入文字"确认密码"，然后拖入文本框，将其命名为passwordagain。在右侧"属性面板"的"类型"中选择"密码"，"提示文字"文本框中输入"请再次确认密码"，然后勾选"隐藏边框"复选框。如图 8-57 所示。

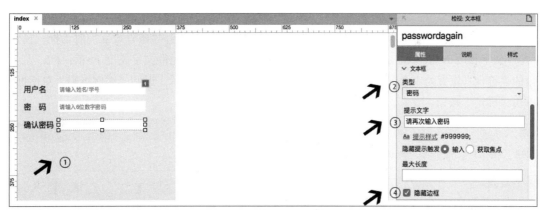

图 8-57　对确认密码文本框的处理

(3) 在"密码"文本框后拖入文本标签，将其命名为 b；在"确认密码"文本框后拖入另一个文本标签，将其命名为 c。

4．对"密码"和"确认密码"进行设置

(1) 选中文本框 password，然后在"属性"面板中执行"添加用例"，选择"失去焦点时"，打开"用例编辑"对话框，单击"设置文本"，然后勾选"b(矩形)"，设置文本为"值：请正确输入密码"，如图 8-58 所示。

图 8-58　设置文本标签 b 的值

　　而后单击"用例编辑"对话框上方的"添加条件"按钮，打开"条件设立"对话框，设置"元件文字长度 b<值：6"，然后单击+号继续添加条件，设置"元件文字长度 b>值：6"，左上角的"符合"设置为"全部"，单击"确定"按钮，如图 8-59 所示，返回"用例编辑"对话框，单击"确定"按钮。

图 8-59　设置条件

(2) 继续在"失去焦点时"的用例下面添加 else if true，单击"显示/隐藏"，勾选"b(矩形)"，"可见性"设置为"隐藏"，如图 8-60 所示。至此，当用户输入的不是 6 位数字时，就会出现提示文字"请正确输入密码"，而当且仅当输入了 6 位数字之后，"请正确输入密码"才会消失。

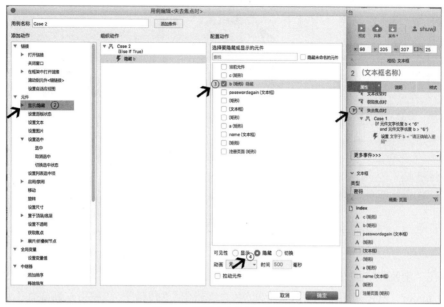

图 8-60　设置文本标签 b 的隐藏

(3) 选中文本框 passwordagain，然后在"属性"面板中执行"添加用例"，选择"失去焦点时"，打开"用例编辑"对话框，单击"设置文本"，然后勾选"c(矩形)"，设置文本为"值：您两次输入的不一致"。

而后单击"用例编辑"对话框上方的"添加条件"按钮，打开"条件设立"对话框，设置"元件文字：password≠元件文字：passwordagain"，单击"确定"按钮，返回"用例编辑"对话框，单击"确定"按钮。

(4) 继续在"失去焦点时"的用例下面添加 Else if true，单击"显示/隐藏"，勾选"c(矩形)"复选框，"可见性"设置为"隐藏"。

至此，当用户输入的不是 6 位数字时，就会出现提示文字"请正确输入密码"，当且仅当输入了 6 位数字之后，"请正确输入密码"才会消失；当用户确认密码时，不一致就会出现提示"您两次输入的不一致"，一致时就不会出现该提示文字。

5. 下拉列表框的使用

(1) 在"确认密码"下面左对齐输入"学院"，后面拖入"表单元件"里的"下拉列表框"，将其命名为 school。双击 school，输入"传播学院""艺术学院""计算机学院"和"光电学院"四个值，单击"确定"按钮，如图 8-61 所示。

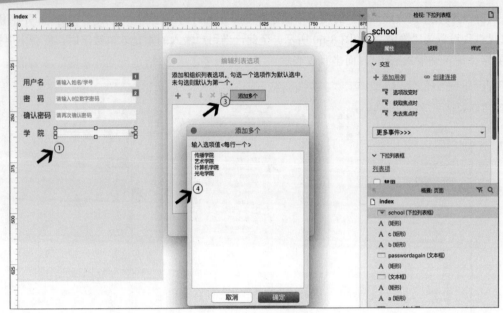

图 8-61　制作下拉列表框

（2）在"学院"下面左对齐输入"专业"，后面拖入"表单元件"里的"下拉列表框"，将其命名为 major。双击 major，输入"新闻学""广告学""传播学""网络与新媒体"四个值，单击"确定"按钮。

（3）接下来要做的事情就是当选择 school 里的某学院时，下方的 major 会自动出现该学院对应的专业。所以，第一步是把下拉列表框 major 选中，右键单击，将其转化为动态面板，命名为"对应面板"。第二步是复制 major 的状态，然后在每一个新状态里，自行修改每个学院对应的专业名称，如图 8-62 所示。

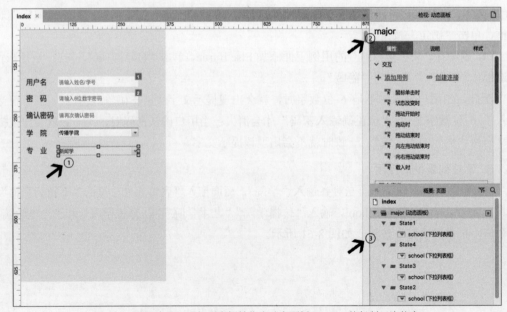

图 8-62　将"专业"下拉列表框转化为动态面板 major，并复制三次状态

(4) 选中 school，在"属性"面板中执行"添加用例"，选择"选项改变时"，打开"用例编辑"对话框，单击"设置面板状态"，勾选"Set major(动态面板)state to State1"复选框，然后单击"添加条件"按钮，打开"条件设立"对话框，设置"被选项：school==选项：传播学院"，单击"确定"按钮，如图 8-63 所示，返回"用例编辑"对话框，然后单击"确定"按钮。

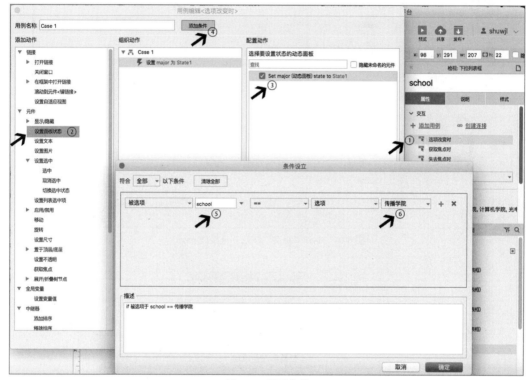

图 8-63　设置条件

(5) 继续执行"添加用例"，选择"选项改变时"，打开"用例编辑"对话框，单击"设置面板状态"，勾选"Set major(动态面板)state to State2"复选框，然后单击"添加条件"按钮，打开"条件设立"对话框，设置"被选项：school==选项：艺术学院"，单击"确定"按钮，返回"用例编辑"对话框，然后单击"确定"按钮。

(6) 重复步骤(5)，对应设置"计算机学院""光电学院"。

6. 制作"提交"按钮

(1) 用椭圆矩形制作一个"提交"按钮，进行颜色和大小自定义。

(2) 选择"提交"按钮，在"属性"面板中执行"添加用例"，选择"鼠标单击时"，打开"用例编辑"对话框，单击"打开链接"，选择 page1，如图 8-64 所示。

(3) 在 page1 页面里输入"恭喜您注册成功"，或者用其他设计好的文图，告知用户已经注册完成，如图 8-65 所示。最好在这个页面继续给用户一个"登录"链接，方便用户随后到登录页面完成登录操作。

图 8-64　制作"提交"按钮并链接到 page1

图 8-65　制作注册成功提示页面

8.2.9　登录功能设计

　　用户大多是先进入登录页面，登录情形主要有三种：第一种是输入正确的用户名和密码，顺利登录；第二种是输入错误密码，无法顺利登录，甚至忘记密码要进行找回密码的操作；第三种是用户尚未注册，需要先进入注册

登录功能设计

页面。

以下分 8 个步骤实现流程化登录。

(1) 拖入一个矩形,将大小设置为 375×667,将其命名为"登录页面",在"属性"面板中勾选"隐藏边框",填充为 f7f7f7,位置为"0,0"。

(2) 拖入"表单元件"中的"文本框",大小设置为 320×60,给文本框命名为 name。

(3) 在 name 的"属性"面板中,在"提示文字"文本框中输入"用户名/手机号",在"隐藏提示触发"中选择"获取焦点",勾选"隐藏边框"。然后在"样式"面板中选择居中

(4) 复制 name,将其命名为 password,在"属性"面板中,设置"类型"为"密码",在"提示文字"文本框中输入"密码"。

(5) 制作登录按钮:拖入"主要按钮",将其大小设置为 200×60,输入文字"登录"。

(6) 制作提示语:拖入一个文本标签,将其命名为 alert,放在"登录"按钮的上方,删掉原本自带的"文本标签"四个字。具体操作界面如图 8-66 所示。

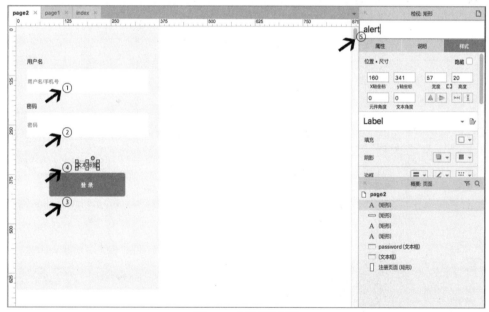

图 8-66　制作登录页面

(7) 触发提示语:选择"登录"按钮,在右侧"属性"面板中,执行"添加用例",选择"鼠标单击时",打开"用例编辑"对话框,单击"打开链接",选择"在当前窗口打开 index",单击"编辑条件"按钮,打开"条件设立"对话框,分别设置元件文字 name 和 password 的值,用户可根据情况自行设定,本例设置为"元件文字:name==值:szuwjl""元件文字:password==值:123456",如图 8-67 所示。

(8) 继续在"鼠标单击时"的用例下面添加 else if true,单击"设置文本",勾选"alert(矩形)to",设置文本为"值:请输入正确的用户名和密码",单击"确定"按钮,如图 8-68 所示。

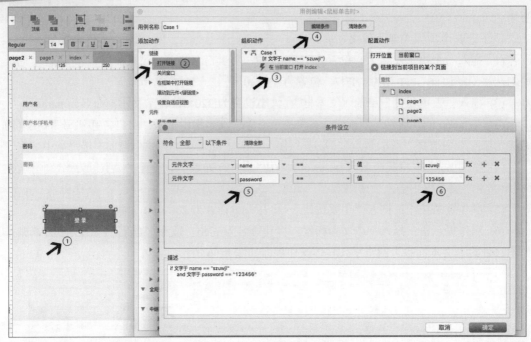

图 8-67　设置登录用户名和密码

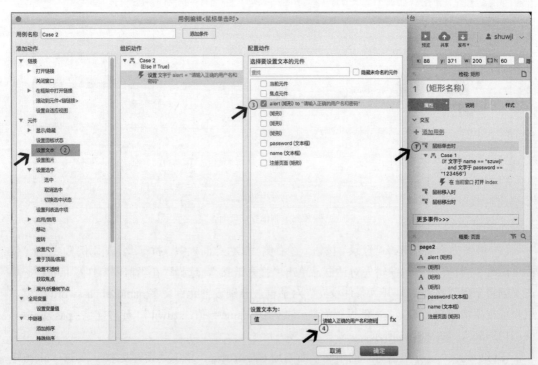

图 8-68　设置提醒文本框里的文字

8.2.10 开关效果设计

iPhone 的开关是最经典的移动端控件设计，这个效果经常用于切换一种模式。

开关效果设计

1. 素材准备

找到 iPhone 的开关图标，把其"开"的状态和"关"的状态各自处理成一个小图片拖入工作区，如图 8-69 所示。

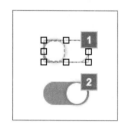

图 8-69　制作开和关按钮

2. 效果实现

(1) 将两张图片重叠放置，"开"的图片放在上面。选择"开"的图片，在右侧"属性"面板中选择"鼠标单击时"，打开"用例编辑"对话框，单击"置于顶层/底层"，选择"关"，顺序设置为"置于顶层"，如图 8-70 所示。

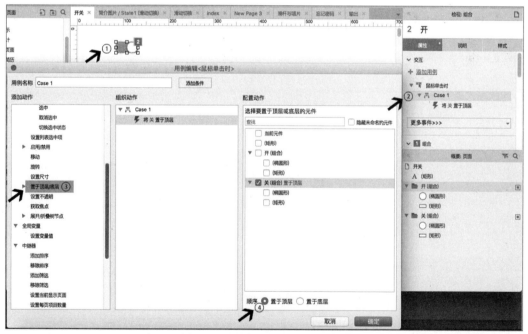

图 8-70　设置点击"开"按钮的动作

(2) 选择"关"的图片，在右侧"属性"面板中选择"鼠标单击时"，打开"用例编辑"对话框，单击"置于顶层/底层"，选择"开"，顺序设置为"置于顶层"，如图 8-71 所示。

图 8-71　设置点击"关"按钮的动作

效果完成。

3. 用按钮切换控制其他效果

(1) 拖入两个同等大小矩形，填充不同颜色，一个命名为"正常"，一个命名为"夜间"，如图 8-72 所示。

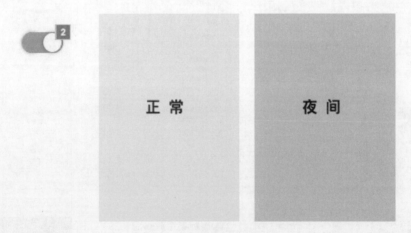

图 8-72　新增两个矩形元素

(2) 继续刚才的设置，选择"开"的图片，在右侧"属性"面板中选择"鼠标单击时"，打开"用例编辑"对话框，单击"置于顶层/底层"，选择"夜间"，顺序设置为"置于底层"，如图 8-73 所示。

图 8-73　设置夜间面板置于顶层

（3）选择"关"的图片，在右侧"属性"面板中选择"鼠标单击时"打开"用例编辑"对话框，单击"置于顶层/底层"，→选择"正常"，顺序设置为"置于底层"，如图 8-74 所示。

图 8-74　设置正常面板置于顶层

8.2.11　外部网页的调入

　　有时候产品将自身作为入口，通过外链、跳转等方式，集中外部网站的功能，让用户方便地享受外网服务。

外部网页的调入

1. 内联框架的使用

(1) 在左侧元件库中找到"内联框架",并将其拖入到工作区。

(2) 如果不想要边框,右键单击该内联框架,取消外部边框;如果不需要显示滚动条,也是右键单击选择"从不显示滚动条",如图 8-75 所示。

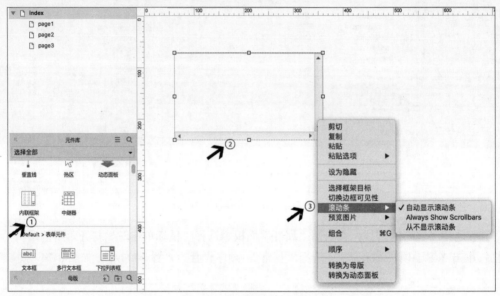

图 8-75　对内联框架进行设置

(3) 双击该内联框架,选择下方"链接到 url 或文件",复制外部网址并粘贴到"超链接"文本框,预览则可实现外部网页的调入,如图 8-76 所示。

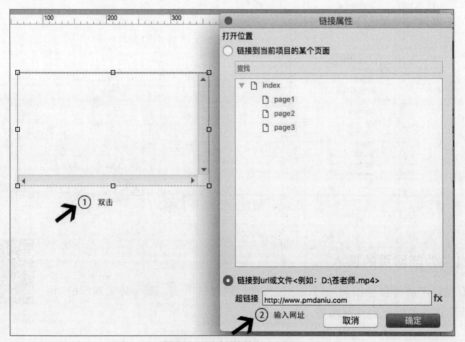

图 8-76　对内联框架进行设置

2. 内联框架与动态面板的结合

为了解决外部网页显示区域的适配问题，需要与动态面板结合完成。

(1) 拖入一个动态面板，大小同"内联框架"。

(2) 把"内联框架"剪切并粘贴到动态面板的 State1。

(3) 双击该内联框架，选择下方"链接到 url 或文件"，复制外部网址并粘贴到"超链接"文本框

(4) 拉动内联框架的显示范围，移动内联框架在 State1 里的绝对位置，直到预览看到合适的效果(比如为了让百度页面的正中间显示在动态面板中，需要同时调整内联框架大小和位置)。具体操作界面，如图 8-77 所示。

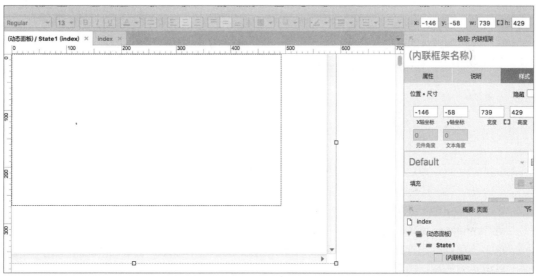

图 8-77　在 State1 里内联框架可以再改变大小和位置

8.2.12　滑杆效果

通过拖动滑杆上的按钮来调整数值，也是移动端产品常见的设计语言。这种部件常用于调节音量大小、色彩值等数值类型的设置。

1. 素材准备

利用元件设计出一个滑杆轨道(将其命名为 track)、一个同等大小填充了颜色的进度条(将其命名为 progress)和一个用来调节的按钮(将其命名为 button)，如图 8-78 所示。

图 8-78　素材示意图

2. 素材组合并转换成动态面板

(1) 将 progress 与 button 进行组合，把 button 置于 progress 的最右侧。然后将这两者转换为一个动态面板，将其命名为 progress-button，如图 8-79 所示。

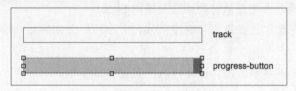

图 8-79　progress-button 动态面板

(2) 将此面板置于工作区最左侧，X 轴呈负值，具体大小应根据实际情况。比如进度条总长度为 300，按钮宽度为 15，那么 progress-button 的位置应为"-285,0"。

(3) 将 progress-button 与 track 进行结合，转换为一个总的动态面板，将其命名为 whole，如图 8-80 所示。

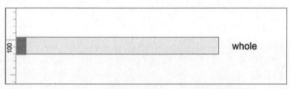

图 8-80　合并在一起的 whole 动态面板

3. 为 progress-button 动态面板添加用例

选中 progress-button 动态面板，在"属性"面板中选择"拖动时"，打开"用例编辑"对话框，单击"移动"选项，勾选"progress-button(动态面板)"，"移动"设置为"水平拖动"，"界限"设置为"左侧>=-300""左侧<0"，然后单击"确定"按钮，如图 8-81 所示。

图 8-81　为 progress-button 动态面板添加用例

4. 计算进度并显示值

比如这个轨道长为 300，轨道宽度 300，根据当前被拖动的动态面板的 X 位置，来计算在轨道上移动的百分比。公式如下：

```
[[(100-Math.abs(LVAR1.x)/3).toFixed(0)]]
```

使用局部变量 LVAR1 表示动态面板，这样好取它的 X 位置。计算方法为根据当前 X 位置除以 3(因为全长 300，除以 3 刚好等于 100)，注意要用 100 减掉这个值，而且因为当前位置是负值，所以这里使用了取绝对值(Math.abs(值))的方法去掉负号，最后结果取整(toFixed(0)表示小数位为 0，即没有小数)。

具体做法如下：

(1) 在整个进度条上方或右侧插入一个矩形，初始值为 0，命名为 a，如图 8-82 所示。

图 8-82　添加一个数字显示区域 a

(2) 选中 progress-button 动态面板，继续添加用例。在"属性"面板中选择"拖动时"，打开"用例编辑"对话框，单击"设置文本"选项，勾选"a(矩形)"，设置文本为"值：文本标签"，然后单击 fx，如图 8-83 所示。

图 8-83　设置文本标签 a

打开"编辑文本"对话框，在"添加局部变量"中设置"LVAR1=元件：progress-button"，然后在上方的"插入变量或函数…"文本框中输入[[(100-Math.abs(LVAR1.x)/3). toFixed(0)]]，最后单击"确定"按钮，如图 8-84 所示。

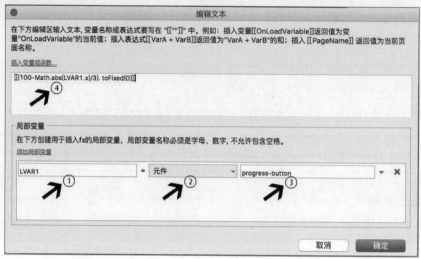

图 8-84　完成进度条的数据动态显示

8.2.13　圆环进度

环状进度条的制作需要用到 Axure 8.0 的新增功能：形状运算和旋转动作。其中，形状运算用来制作出示例图中深色进度条的形状；旋转动作则通过对进度条形状的旋转来实现加载的动效——这一效果会让产品看起来更加鲜活。

1．素材准备

利用元件设计 4 个半圆：两个浅色，两个深色。先将素材在工作区的垂直顺序调整为 3、4、2、1，再进行合并 2、3，盖住 1、4，如图 8-85 所示。

图 8-85　四个半圆及其合并

2. 实现进度条加载效果

(1) 在主页面添加"页面加载时"事件，执行"页面加载时"，在"用例编辑"对话框中单击"旋转"，选中"4(图片)"，"旋转"设置为"相对位置"，"角度"设置为 180，"方向"选择"顺时针"，设置旋转"时间"为"2000 毫秒"，这时预览会看到深色进度条从圆环底部中间位置顺时针加载出来，如图 8-86 所示。

图 8-86　设置旋转

(2) 用同样的方法，再将形状 1 顺时针旋转 180°，设置旋转时间为 2000ms，可预览到深色的进度条从圆环顶部的中间位置继续加载，直至加载完成。

3. 设置数字的实时变化效果

(1) 在圆环中间插入一个文本框，将其命名为 a，文本框初始值为 0，外面加一个%号，如图 8-87 所示。

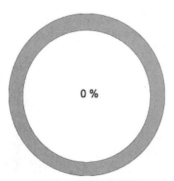

图 8-87　插入文本标签 a

(2) 在右侧"属性"面板中选择"页面载入时"，打开"用例编辑"对话框，单击"设置变量值"选项，勾选要设置的全局变量 OnLoadVariable to，设置全局变量值，单击 fx，赋值为 [[OnLoadVariable]](实际为 0)，如图 8-88 所示。

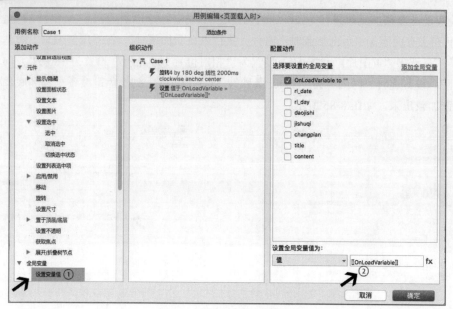

图 8-88　添加页面载入时用例

（3）选择文本框 a，在右侧"属性"面板中选择"文本改变时"，打开"用例编辑"对话框，单击"设置文本"选项，勾选"(文本框)to"，设置全局变量值，单击 fx，赋值为[[OnLoadVariable]+1]，如图 8-89 所示。

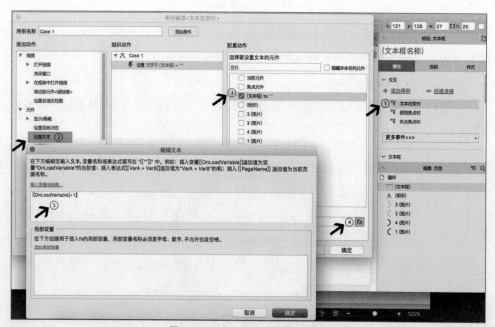

图 8-89　添加"文本改变时"用例

单击"确定"按钮，然后"用例编辑"对话框，继续设置"等待时间"为"40 毫秒"，如图 8-90 所示。

图 8-90　设置等待时间

再次单击"设置文本"选项，勾选"(文本框)to"，设置文本值，单击 fx，赋值为 [[OnLoadVariable]]%。，如图 8-91 所示。

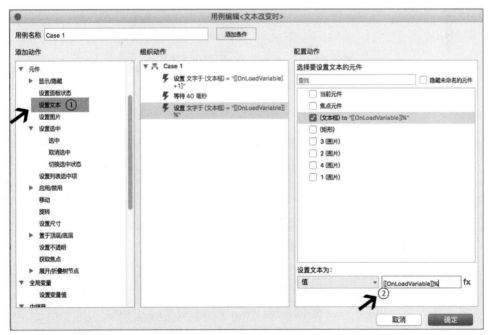

图 8-91　再次设置 OnLoadVariable

至此，等于将 OnLoadVariable 的值赋给 Text，从而形成一个循环，使得 Text 上的值在动态变化(从 0%递增到 100%)，再从事件上配合好深色进度条的旋转事件，就形成了示例效果。

8.3 数据传递

对于大部分用户而言，Axure 有三大难点：动态面板、函数(变量)和中继器。本节内容属于 Axure 的进阶，主要结合案例讲解中继器和变量。

8.3.1 内容/数据的传递

内容/数据的传递是一个相对高级的功能和设计呈现。这个设计效果模拟的是用户端上传内容或数据之后，刷新页面能够看到自己生成的页面。

1. 素材准备

(1) 设计一个简单的邀请函页面 page1(大小为 375×667)，内容包含姓名文本框(命名为 name)、手机号文本框(命名为 tele)与一个提交按钮。

内容传递

(2) 设计一个简单的生成页面 page2，添加文字内容：尊敬的某某(这里是刚刚输入的姓名，命名依然为 name)，欢迎您能光临此次大会！请确认您的手机号：**********(这里是刚输入的手机号，命名也要保持一致 tele)，如图 8-92 所示。

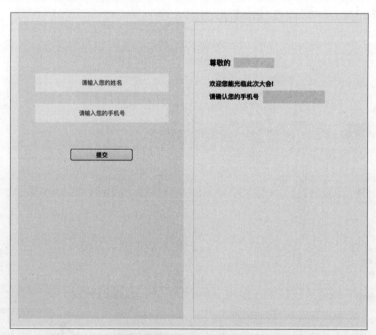

图 8-92　该案例需要将数据从 page1(左侧)传递至 page2(右侧)

2. 实现数据传递

(1) 单击 page1 页面的"提交"按钮，在右侧"属性"面板中添加用例，选择"鼠标单击时"，打开"用例编辑"对话框，单击"全局变量"选项中的"设置变量值"，在最右侧"配置动作"中单击"添加全局变量",打开"全局变量"对话框,单击+按钮添加新的全局变量,命名为 xm,然后单击"确定"按钮,如图 8-93 所示。

图 8-93　添加新的全局变量 xm

返回"用例编辑"对话框后,单击下方的 fx,打开"编辑文本"对话框,在"添加局部变量"选项中进行设置,将其命名为 name,选择"值:name",最后在全局变量中选择刚添加的局部变量 name,显示为[[This.name]],单击"确定"按钮,返回"用例编辑"对话框,然后单击"确定"按钮,如图 8-94 所示。

图 8-94　设置局部变量 name

(2) 重复上面的步骤,再次添加一个新的全局变量 dh,然后设置全局变量值,单击 fx,设置"添加局部变量",将其命名为 tele,选择"值:tele",最后在全局变量中选择刚添加的局部变量 tele,显示为[[This.tele]]。

(3)进入 page2 页面,选中文本框 name,在右侧"属性"面板中添加用例,选择"页面载入时",打开"用例编辑"对话框,单击"设置文本",勾选"name(矩形) to",然后单击 fx,打开"编辑文本"对话框,在全局变量中选择 xm,最后单击"确定"按钮,如图 8-95 所示。按同样的步骤选中文本框 tele,在右侧"属性"面板中添加用例,选择"页面载入时",打开"用例编辑"对话框,单击"设置文本",勾选"tele(矩形)"然后单击 fx,打开"编辑文本"对话框,在全局变量中选择 dh,最后单击"确定"按钮。

图 8-95　设置 page2 页面的相关变量

(4)回到 page1 页面,单击"提交"按钮,在右侧"属性"面板双击"鼠标单击时",然后双击 Case1,打开"用例编辑"对话框,单击"打开链接",然后选中 page2,最后单击"确定"按钮,如图 8-96 所示。

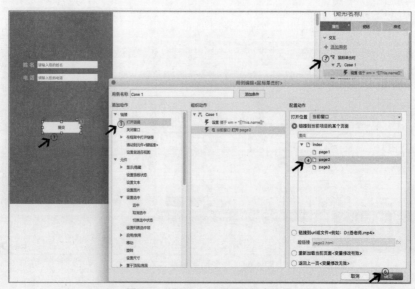

图 8-96　设置 page1 页面的提交按钮

最后进行测试。

8.3.2 中继器的使用

中继器是汉译之后的称呼，英文原指 Repeat，意为重复，可以理解为连续重复的项，比如说常见的商品列表、资讯类产品的内容排列等。所以在本质上，中继器是一个数据集的概念。

中继器的使用(一)

1. 中继器的基础使用：排版版型

(1) 选择元件库的"中继器"，将其拖入工作区。

(2) 双击"中继器"，进入编辑状态。在编辑状态下，拖入"图片"元件，大小为 100×100，把图片放在中继器上面，如图 8-97 所示。

(3) 回到 index 页面，可以看到已经形成了一个排版样式，即把刚才编辑状态下的样式自动复制三份并竖排，如图 8-98 所示。

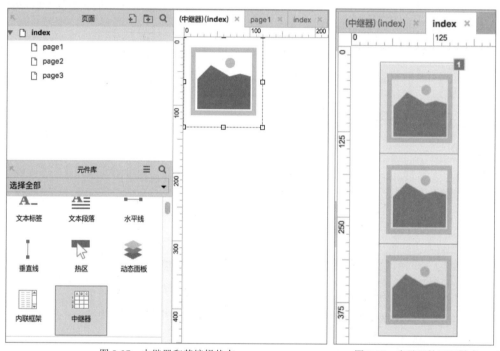

图 8-97　中继器和其编辑状态　　　　图 8-98　中继器的呈现样式

(4) 在右侧"属性"面板中，找到"中继器"，这里可以将 column0 改名，比如改为 name(这里的名称只能以字母命名)。把这一列里的 1、2、3 改为具体的名字：李明，王明，高明，如图 8-99 所示。

(5) 选中"中继器"的"添加列"，改名为 image，右键单击"李明"后面的单元格，选择"导入图片"，选中准备好的素材图片，如图 8-100 所示。

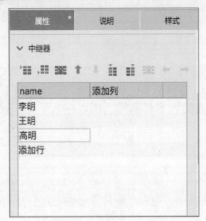

图 8-99　更改"属性"面板中"中继器"的设置

图 8-100　中继器中导入图片

(6) 在右侧"属性"面板中，单击"每项加载时"，打开"用例编辑"对话框，单击"设置图片"，勾选"中继器：图片"，设置 Default 的值，单击后面的 fx，插入变量或函数 item.image，最后单击"确定"按钮，如图 8-101 所示。

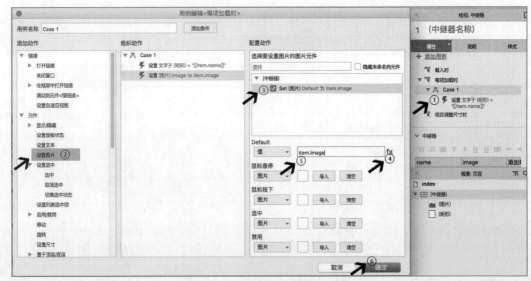

图 8-101　设置加载时的图片 fx 参数

(7) 在右侧"样式"面板中，通过"布局"可选择"垂直"或"水平"；通过选择"网络排布"，可以设置每一行或列，显示几个元素；通过"间距"设置，在"行"或"列"后面输入数值如 10，可以有效调整布局，使其更美观，如图 8-102 所示。

2. 在页面上增加一条新数据记录

(1) 从左侧元件库"表单元件"中拖入一个"文本框"，将其命名为 name；再拖入一个"文本框"，命名为 image；再拖入一个"提交"按钮，居中排版，使之看起来形式规整，如图 8-103 所示。

中继器的使用(二)

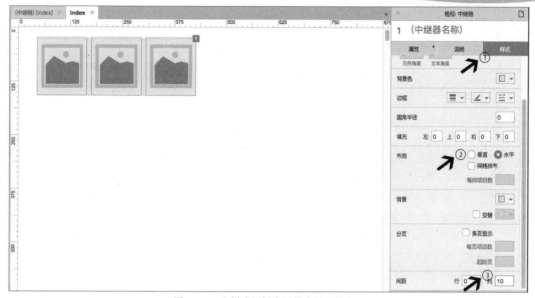

图 8-102　在样式面板中调整中继器的布局

图 8-103　数据输入页面

(2) 选中"提交"按钮，在右侧"属性"面板中选择"鼠标单击时"，打开"用例编辑"对话框，单击"中继器"，然后勾选"(中继器)Add"，单击"添加行"按钮，打开设置对话框，在 name 下方单击 fx，打开"编辑值"对话框，单击"添加局部变量"，可保持默认名称"LYAR1=元件文字：name"，然后在"插入变量或函数"文本框中输入 LYAR1，如图 8-104 所示。

(3) 在 image 下方选择 fx，打开"编辑值"对话框，单击"添加局部变量"，重命名为"url=元件文字：image"，然后在"插入变量或函数"文本框中输入 url。接下来一直单击"确定"按钮即完成设置。

(4) 回到页面测试时，请注意，图像并不能真的从本地上传，最好从网站上找到一个图片链接地址，即以.jpg 结尾的网址，然后将网址作为文本数据粘贴进去即可。

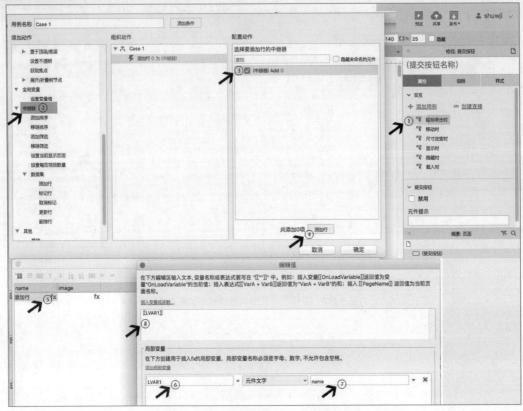

图 8-104　为中继器添加一行新数据的设置

8.3.3　函数：计数器(点赞或者收藏)的实现

计数器是用来模拟用户参与内容之后，内容的相关数据(点击率)等发生变化。

1. 素材准备

计数器

(1) 拖入一个矩形，单击矩形右上角的圆点标记，选择心形，然后调整大小和位置，并将其命名为 heart1，如图 8-105 所示。

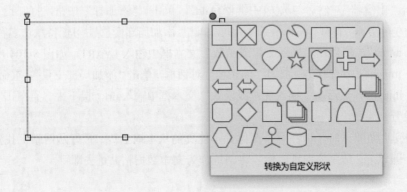

图 8-105　制作一个心形

(2) 复制心形，在填充为红色的同时去掉边框，将其命名为 heart2，如图 8-106 所示。

图 8-106 heart1 和 heart2

(3) 设置层次：让 heart1 位于 heart2 之上。

2. 实现 heart1 和 heart2 点击的层次转换

参照"iPhone 开关"的效果，通过"置于顶层/底层"的动作，实现当单击 heart1，让 heart2 位于顶层，然后单击 heart2，让 heart1 位于顶层(具体操作步骤见 8.2.10)。

3. 实现点击心形计数+1 变化

(1) 在心形图案右侧添加一个文本框，将其命名为 num。输入一个数字，作为点赞的初始值，比如可以输入 128。

(2) 选中心形图案 heart1，添加用例：选择"鼠标单击时"，然后单击"设置变量值"，在最右侧选择"添加全局变量"，将其命名为 jishuqi，单击"确定"按钮，如图 8-107 所示，单击下方 fx，打开"编辑文本"对话框，在"插入变量或函数"文本框中输入[[128+jishuqi+1]]，单击"确定"按钮，返回"用例编辑"对话框，最后单击"确定"按钮，如图 8-108 所示。

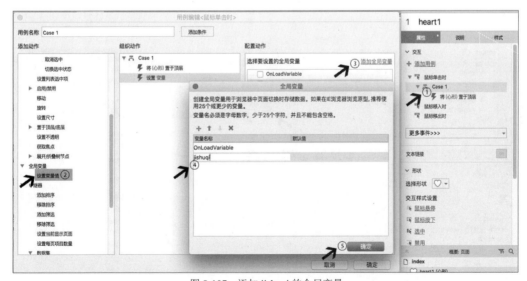

图 8-107 添加 jishuqi 的全局变量

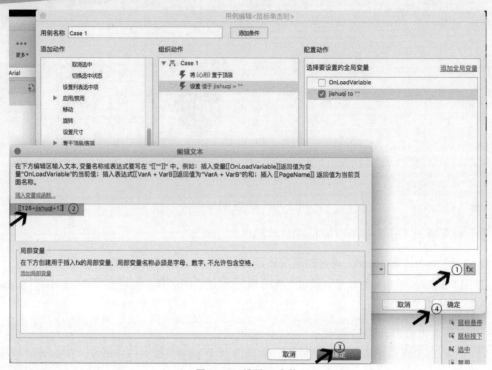

图 8-108　设置 fx 参数

（3）继续选中心形图案，在右侧"鼠标单击时"的 case1 上双击，单击"设置文本"，勾选"num(矩形)to"，单击下方的 fx，打开"编辑文本"对话框，在"插入变量或函数"文本框中输入[[jishuqi]]，单击"确定"按钮，然后"用例编辑"对话框，再单击"确定"按钮，如图 8-109 所示。

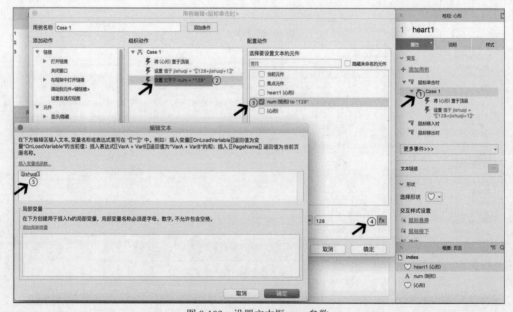

图 8-109　设置文本框 num 参数

至此，我们实现了单击心形图案的 heart1，然后文本框 num 会实现自动加 1。

4. 实现点击心形计数-1 变化

(1) 选中心形图案 heart2，添加用例：选择"鼠标单击时"，然后单击"设置变量值"，在最右侧的"选择要设置的全局变量"勾选 jishuqi，然后单击下方的 fx，打开"编辑文本"对话框，在"插入变量或函数"文本框中输入[[128+jishuqi-1]]，单击"确定"按钮，返回"用例编辑"对话框，最后单击"确定"按钮，如图 8-110 所示。

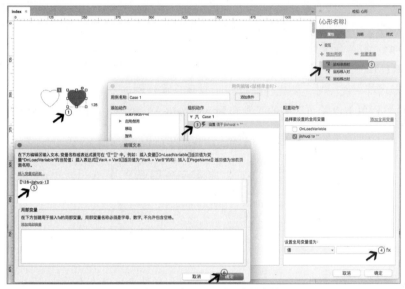

图 8-110　给 heart2 设置变量参数

继续选中心形图案 heart2，在右侧"鼠标单击时"的 case1 上双击，单击"设置文本"，勾选"num(矩形)to"，单击下方的 fx，打开"编辑文本"对话框，在"插入变量或函数"文本框中输入[[jishuqi]]，单击"确定"按钮，然后"用例编辑"对话框，再单击"确定"按钮，如图 8-111 所示。

图 8-111　给 heart2 设置变量参数

至此，单击心形图案 heart1 时，切换为 heart2，再单击 heart2，文本框 num 会实现自动减 1。

8.4 原型输出

用户都希望把所设计的原型能够置于手机中进行演示和体验，主要可通过两种方式来实现：一种方式是通过 Axure 本身自带的 AxShare 后台，把工程文件提交给 AxShare，然后在手机端下载 Axure Share 的 APP 进行预览。另一种方式是输出一个 HTML 文件包，然后上传到自己的网络空间，再进行访问。

原型输出

第一种方式首次使用时，要先注册账户。具体操作步骤如下。

(1) 在菜单栏单击"发布"中的"发布到 AxShare…"命令，如图 8-112 所示。

图 8-112　发布到 AxShare

(2) 单击"创建一个新项目"，输入英文名(密码和文件夹可以先不填)。

(3) 单击右上角的"编辑"字样，打开"生成 HTML"对话框，单击左侧"移动设备"选项，导入主屏图标，并勾选"隐藏浏览器导航栏"，最后单击"确定"按钮，如图 8-113 所示。

图 8-113　进一步设置输出参数

(4) 返回到"发布到 Axure Share"对话框，单击"发布"按钮，勾选"不加载工具栏"，即可在手机端通过 Axure Share 的 APP 里进行观看演示。

第二种方式有更多的自主性和自由度，具体操作如下。

(1) 在菜单栏单击"发布"中"生成 HTML 文件…"命令，打开"生成 HTML"对话框，在"常规"选项卡中设置存放路径，如图 8-114 所示。

(2) 在"移动设备"选项卡中进行如下设置(见图 8-115)，设置完成后，可自动适配大部分机型。

- 勾选"包含视口标签"。
- 宽度：375。
- 高度：647。
- 最小缩放倍数：0.5。
- 最大缩放倍数：2.0。
- 允许用户缩放：no

图 8-114　"常规"选项卡

图 8-115　"移动设备"选项卡

(3) 发布成功后找到发布的文件包，整体上传到网络空间(需自行购买)，按照自己设定的网址进行访问。

(4) 设置能在主屏上显示出产品的图标。具体做法是：通过手机上的浏览器打开原型，单击下方的一个分享图标，选择"添加到主屏幕"，将"无标题"改为产品名称，单击"添加"按钮就可以将产品添加到主屏幕中了，如图 8-116 所示。通过主屏访问原型时将不会显示浏览器的相关工具界面，最终的演示效果跟操作实际的 APP 几乎是一致的。

图 8-116　如何把产品发布在自己手机上

8.5　思考题

1. 请使用中继器完成类似"今日头条"的版面排布。
2. 利用"下拉刷新"的制作技巧，输出一个含有隐藏搜索框的页面。

第 **9** 章

产品经理

从 2014 年开始，伴随着移动互联网的快速发展，开始出现大量的互联网产品经理岗，这一岗位主要是对移动产品进行定义，进而实现全面的开发管理和运营管理。本章主要介绍了产品经理的核心职能，对其职责的要求以及能力培养方式。最后通过介绍一位产品经理的日常，让读者得以近观产品经理的岗位表现。

从 2014 年开始，互联网产品经理岗悄然涌现，并迅速成为市场的"热饽饽"。虽然是新兴岗位，但产品经理并不是一个新职业。在很多传统公司及跨国企业中，早就有了产品经理的职位。比如在医疗行业负责药品的产品经理，在日护行业负责用户调研的产品经理……这些产品经理的职责主要是面向市场和客户，把他们的建议、需求等带回公司进行总结、反映并供决策层参考。

到了(移动)互联网时代，产品经理受到前所未有的重视，这一点从各大公司对产品经理的招聘薪酬就可以看出来，在众多主流的招聘平台上，产品经理的起薪往往比程序员、市场专员等高出不少，尤其在早期供不应求的阶段，产品经理的薪资普遍以 20 万年薪为起点。2016 年，有产品经理在其 500 人的大群内做过一个调查，发现参与调查的产品经理中，有 35%的年薪达到 30 万~50 万，这已经远超 IT 行业的平均水平。"高薪"仿佛成为产品经理最显著的标签，这也让产品经理从一出现就是中高端定位。那么，当下的产品经理与传统产品经理有何异同？产品经理到底负责哪些工作，以及该如何加强自我修养以应对未来的新变化，新趋势？他们的日常工作是如何具体展开的？

9.1 产品经理的核心职能

产品经理到底是怎样的一份职业？

通过一些行业调查数据得知，这一群体的专业背景比较多元，但大多都是半路出身(因为在高校很少有对应的产品经理专业)；看起来进入门槛很低，但实际上又要求有很多的实战经验；收入很高，月薪最低都是过万，年薪百万的产品经理也大有人在，而且似乎有一条不成文的规定是：越跳槽越高(不管之前有没有做出真的业绩)，尤其从 BAT 流动出来的产品经理会拥有更高的年薪收入；产品经理还是当前互联网舞台上最为活跃的一个群体，频繁可见产品经理在演讲、路演、传道授业等……不过产品经理的专业能力测评，在业内还没有标准的能力模型和评价体系，全靠出身(之前服务的企业)说话。

当下互联网公司的产品经理首先沿袭了传统的产品经理的职责，他们自发地成为市场和公司的连接体，及时地把两头的需求进行对接、磨合。关于互联网产品经理，在线投资管理公司 Covestor 的首席产品官马丁·埃里克森(Martin Eriksson)发表了一篇文章——*What exactly is a Product Manager*，其中给出了他对产品经理这个职位的理解。他用一张图简单明了地指出产品经理应该如何定位，如图 9-1 所示。

其中，UX 是指了解用户的产品体验师，Tech 是指精通技术的程序开发员，Business 是指熟悉市场的营销推广员。按照示意图，产品经理就是这三者的交集所在：一名合格的产品经理必须熟悉业务、用户体验、技术，或至少擅长其中的一项。

每一个成功的产品的背后都有一个全权负责定义产品的人，就像张小龙之于微信，罗永浩之于锤子手机，他们是整个团队或者公司的领头人(Leader)，他们对外也乐于把自己称为产品经理，意为产品的全权负责人。鉴于移动时代商业生态的重构，今天的产品经理的工作重心和工作方式较之以往也都发生了不少变化。实际上，产品经理传统的职责比较偏市场营销，而当下他们在关注市场的同时，其更重要的工作就是做产品定义。

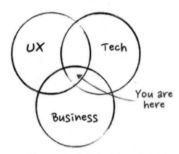

图 9-1　经典的产品经理定位图

产品定义具体来说可分为三个层面：用户需求定义、产品功能定义、产品原型定义，下面逐一进行介绍。

9.1.1　用户需求定义

互联网时代的产品经理依然要扎根于市场和用户，把一线最真实和全面的需求反馈回来，基于扎实的调研和理性分析，他们需要对用户需求做出具有说服力的定义，这一定义可分为目标用户、用户需求、使用场景等几方面。

第一，要定义什么类型的人会用自己的产品——定义哪些人群是核心用户，哪些是可辐射用户，哪些是潜力用户。在对主流用户有一个宏观把握的基础之上，掌握越多的用户属性越好，包括用户的年龄、地域、收入水平和消费水平等。

第二，定义用户的需求——包括需求动机和需求的具体内容，即用户到底因何产生怎样的需求。这里的需求应该是具体的、清晰的，而且从出发点到落地点的逻辑线条是合理的。

第三，要定义用户使用产品的场景——比起用户有没有需求，用户在哪里产生这个需求可能更为重要一些。确实，现在用户的需求基本上被挖掘一空，在各个领域都有一些垄断产品在绝对控制着用户需求的供给。对于大部分产品来说，他们的机会在于垂直和细分市场，即对用户在具体场景之下产生的偶发性需求予以把握。垄断型产品不能考虑到的人群或者场景，就是产品经理需重点考量、构建的发力点。

9.1.2　产品功能定义

基于对市场和用户的洞察，互联网产品经理对产品设计最大的贡献在于对其功能的定义。功能是指你的产品是用来干什么的，是工具、是社交，还是其他，你的产品相对于其他市面上的产品有什么不同的地方(产品特色)。产品功能意味着产品定位和走向，也是对产品经理水准的真正考验。产品功能点的定义既来自现实的市场观察，又要超越当下、预见未来。对于产品经理来说，是聚焦研发还是多点开花，是敏捷跟风还是另辟蹊径，都是一种战略层级的考验。"人无我有，人有我新，人新我转"就是产品经理之间竞争路径的真实写照。

9.1.3　产品原型定义

对于互联网产品经理来说，高保真产品原型应当作为描述产品和定义产品的基本方式。

"高保真"的含义是原型应该真实地体现用户体验。如今使用设计软件创建高保真原型既简单又快捷，成本也不高。为了获得接近真实的用户体验，甚至应该模拟后台处理流程和某些数据。正如大家所意识到的，产品模型是整个产品的起点，探讨的是需求实现的逻辑，并没有脱离需求的范畴，如果纸上谈兵似地讨论产品模型都发现走不通，那就说明需求层面的所有问题都没有解决好。在不同的阶段，需要用不同的方式去做可行性的检验——这些工作现在都由产品经理全权负责。

9.2 产品经理的能力要求

在互联网圈流传过这样的话：如果你什么都不懂，那你就去当产品经理吧。当然，这只是一句戏言。不过，在很多还没有迈进行业的人看来，产品经理这个高高在上的岗位既要求最好什么都懂，又似乎没有提出在具体的方向上到底要懂到什么程度，这一点让人很困惑和苦恼。在实践中，产品经理多数在任职前要有拥有多个领域的工作经验。单就这一点来说，对于入行的新人，恐怕并没有一个现成的产品经理岗虚位以待。那么从职场"小白"到产品经理，这个蜕变的过程需具备怎样的能力，到又要掌握哪些具体的技能呢？

9.2.1 业务能力

从前面提到的马丁·埃里克森对产品经理的理解来看，产品经理首先是业务功能，专注于最大限度地提高产品的业务价值：产品经理应该痴迷于优化产品以实现业务目标，同时最大限度地提高投资回报率。

当然，业务能力本身十分宽泛，比如产品设计能力、审美能力、创新能力、团队沟通和领导能力，这些也属于核心业务素质。产品经理不一定是全面手，可以在具体工作中扬长避短，发挥自己所擅长的能力，同时利用工作之余保持学习和谦虚姿态，不断弥补短板，提升整体业务能力。

9.2.2 沟通能力

产品经理在本质上并不是一个管理岗位，他们70%的时间是在抢资源、做沟通，包括与产品研发、推广的各个环节沟通。据说一个百度产品经理曾发过这样一个朋友圈：PM check 一下，PM review 一下，PM release 一下，PM 确认一下，PM 来过一下 bug，PM 写一下会议纪要，PM 看大家有没有空……可以看出"沟通"应该是产品经理时间投入最多的事情。其实，"沟通"本身就是一门领导艺术，它取决于方式方法和个人魅力，比如氧气产品 Bra 团队的创始人徐黛妮，就是圈内一位知名的女性产品经理，她不懂技术，按照她自己的话说，她只负责给团队"打鸡血、洗脑和精神指引"，这样能带好一个团队的产品经理当然也是特别出众的。

9.2.3 数据分析能力

在这个大数据来临的时代，通过数据分析驱动业务开展和产品运营，这几乎是所有互联网公司的共识。产品经理尤其要掌握好数据思维，对于产品的相关数据(下载、评论、活跃用户等)保持敏感，养成"每天做数据记录，每固定段时间做数据(关联、因果)分析"的习惯，为避免出现凭直觉草率行事的情况，务必坚持根据数据和事实制定决策。网景公司前 CEO 吉姆·巴克斯德尔(Jim Barksdale)说过一句话：如果我们依照个人看法来做决定，那就是臆断。多做准备工作，收集事实和数据，你的建议才有说服力。也就是说，用数据来支持产品的所有发展策略、优化策略，代替"我认为、我觉得"等表达方式，这样会极大地增强产品经理的说服力和领导力。

9.2.4 技术能力

在现实中，不少产品经理是技术出身。通常所言的技术是指计算机开发与编程语言，这些技术若纯熟掌握需要 2~5 年，这对于非专业人士来说难度很高，也就此形成了跨界门槛。不过，并非计算机专业出身的人要想做产品经理，起码也应该学习一些产品原型的绘制软件，如 Axure、墨刀、Sketch 等，这些软件非常利于使用者据此来跟团队成员沟通，而且不难掌握，这已经成为很多公司招聘产品经理的必要条件。

策划产品在很大程度上取决于对新技术的理解以及如何应用技术解决相关的问题。所以，出色的产品经理并不需要自己发明或实现新技术，但必须有能力理解技术，发掘技术的应用潜力。如果产品经理也对技术略懂一二，会对于其理解开发人员有绝大帮助，那么就不会对开发人员说"加上这个功能很难吗？只不过是一行代码的事情"之类的话。同时，在针对一些功能实现的可行性上，因为对技术有感知才会有所取舍。所以从这个角度来说，产品经理最好是懂技术的，懂技术=沟通能力，懂技术=市场判断能力。

除此之外，产品经理还要有一定的基本财务概念，具备一定的财务和管理会计方面的知识。这让他们能够更好地理解产品的利润贡献情况，因此能够在产品合理化、产品定价及产品线管理方面做出最明智的决策。

在腾讯，对于高级产品经理的要求是，应该具备独当一面的独立承担项目能力，能带团队，能从数据分析的基础上洞察产品走势，因此在学习能力、执行力、沟通能力、主人翁意识、心态和情商、运营数据分析等方面要达到更高要求(见图 9-2)。

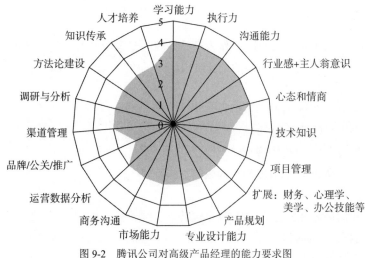

图 9-2　腾讯公司对高级产品经理的能力要求图

9.3 产品经理的养成方式

9.3.1 学习

产品经理需要多元的本领，因此对其来说，学习是最基本的姿态。只有通过学习，才会带来从一个领域到另一个领域的借鉴和启发，从原有专业到跨专业带来的视角变化。

产品经理要保持产品敏感，就像记者有新闻敏感一样，要时刻处在产业领域的前沿，及时关注新产品，体验新产品，揣摩产品设计，积累产品案例，按照自己的思路总结产品设计与运营的经验与心得，保持勤奋，做有心人，假以时日，一个产品经理的"产品感"就会悄然涌现。

产品经理要不断学习新知识，时刻关注"人人都是产品经理""36氪""虎嗅网"等网站上关于产品的分析文章；同时，市面上关于产品经理的书很多，如《人人都是产品经理》《神一样的产品经理》《产品的视角——从热闹到门道》等都是优秀之作。作为初步踏入该领域的"小白"，多用理论知识武装自己的头脑，多学习他人的经验总结，每天开卷有益，时刻保持进步感。当然，产品经理还要重点关注技术学习，培养理解技术的能力有多种途径，可以参加培训课程，阅读相关书籍和文章，向程序员和架构师请教，而参加开发团队的头脑风暴也不失为一种途径。

产品经理还要向身边或可能接触到的用户学习。产品经理属于互联网界的高级用户，他们在媒介素养、操作能力、产品感觉方面是远超普通用户的。正因为这样，产品经理才需要放低姿态，时刻保持谦虚，向用户学习他们解决问题的思维和方式，向用户展开深入调研和访谈，仔细观察他们的言行，认真聆听他们的需求，也许这样才可获得全新的产品认知——从用户的角色出发，这才意味着产品经理能够真正代入用户的视角，才能保证做产品的思路是面向用户而非面向自己。

9.3.2 思考

"学而不思则罔，思而不学则殆。"作为产品经理，要善于思考，善于提问，通过提问对团队和产品实况予以把握。比如在产品的论证阶段，为了更好地评估产品机会，需要思考并回答以下10个问题：

(1) 产品要解决什么问题(产品价值)？

(2) 为谁解决这个问题(目标市场)？

(3) 成功的机会有多大(市场规模)？

(4) 怎样判断产品成功与否(度量指标或收益指标)？

(5) 有哪些同类产品(竞争格局)？

(6) 为什么我们最适合做这个产品(竞争优势)？

(7) 时机合适吗(市场时机)？

(8) 如何把产品推向市场(营销组合策略)？

(9) 成功的必要条件是什么(解决方案要满足的条件)？

(10) 根据以上问题，给出评估结论(继续或放弃)。

提问是保持对产品思考的有效途径。爱因斯坦曾经说过，提出问题往往比解决一个问题更加重要。在产品研发过程中以及上线后，产品经理也需要不断给自己提出问题，来保持对市场和产品的反省，问题清单如下：

(1) 产品能吸引目标消费者的关注吗？

(2) 产品的设计是否人性化，是否易于操作？

(3) 产品能在竞争中取胜吗？即使是面对未来风云变化的市场，依旧有取胜的把握吗？

(4) 我了解目标用户吗？产品(不是理想的产品，而是实际开发出来的产品)是否能得到用户的认可？

(5) 产品是否有别于市面上的其他产品？我能在两分钟内向公司高管清楚地阐明这些差别吗？能在一分钟内向客户解释清楚吗？能在半分钟内向经验丰富的行业分析师解释清楚吗？

(6) 产品能正常运行吗？

(7) 产品是否完整？用户对产品的印象如何？销售业绩如何？销售任务能否顺利完成？

(8) 产品的特色是否与目标用户的需求一致？产品特色是否鲜明？

(9) 产品值钱吗？值多少钱？为什么值这么多钱？用户会选择更便宜的产品吗？

(10) 我了解其他团队成员对产品的看法吗？他们觉得产品好在哪里？他们的看法是否与我的观点一致？

9.3.3　持续的自我修养

产品经理致力于实现产品的最大价值，为了实现这一目标，他需要在产品从 0 到 1、从 1 到 N 的过程中扮演很多角色，付出很多努力。如上所述，他需要不断学习、思考和进步，才能胜任这一具有动态变化及挑战性的职务。从这个意义上说，产品经理具备持续修养的自觉追求是极其重要的。

当下，随着人口红利、流量红利的褪去，对于绝大部分产品团队来说，他们赖以追求的用户增长和月活指数等数据已经愈难达到预期。即便对于成熟型产品来说，其市场占有率和用户规模的进一步提升已经面临极大的挑战。面对这一情形，产品经理还要负责产品的转型发展或持续增长。近一两年，市场上还出现了一种新的职业叫做增长负责人，很多人把这一职位看做产品经理的下一个方向。

与产品经理相比，增长负责人相当于是在产品发展的后半段，通过更加高级的手段、多元的策略使产品保持一个良好的上升态势，不一定着眼于"量"上的漂亮数据，而是关注"质"的持续优化，比如深挖单个用户的 ARPU 值，显然这是一个更加艰巨的任务。简单来说，增长负责人和产品经理这两个身份基本上就是"集约化"和"粗放式"的区别，尽管都着眼于推动产品持续发展，不过增长负责人的视野更加宽广，精力聚焦于产品在结构上的改善。相应地，公司和市场层面对于增长负责人有着更高的要求。

鉴于这种变化，实际上对于产品经理而言，持续的自我修养是对产品团队的负责，对产品良好发展的负责，也是让其自身保持在上升通道的唯一选择。

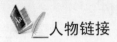

人物链接

一位产品经理的日常

以下为深圳大学网络与新媒体专业的特聘教师李钊所写的一篇日志。李钊，江湖人称"臭鱼"(图 9-3)，从业互联网 16 年，曾任腾讯 B2 系统交互设计组组长、IXDC 委员、UXPA 讲师。

图 9-3　李钊在给深圳大学网络与新媒专业学生上课

产品经理的一天

为了躲开早高峰，晚些出门，9 点半才到公司。虽然要求是 9 点上班，但晚些也没所谓。公司这方面比较人性化，不太计较上班时间，本来也是，要非跟我计较这半小时，那我还得说，昨晚我是 21:00 才离开公司的，怎么不给我算加班呢？公司老板自然也懂这个道理，毕竟互联网公司不是 20 世纪的产业工厂，肉身在公司里不是关键，心思在公司的事儿上才是关键。

其实，通常再晚点儿也无所谓，不过今天 9:45 约了和外部门的合作讨论会，是一个负责赚钱的业务部门，会是他们约的，想要在我们的产品上加些可以盈利的入口。

放下包，掏出电脑就去他们事先定好的会议室了。我们这边除了我，还有一位设计师一起参加会议。我负责产品，要看看他们的方案对产品体验影响大不大。加这些盈利的东西，多少都会让产品变得糟糕一点，但也没办法，不赚钱也是不对的。对方部门要加的入口，盈利也会和我们产品分成的。我就是去做判断，赚的钱和给产品造成的损害相比，是不是划算。而且要尽量想办法，让损害尽量小。还好有设计师一起，她也能帮着想办法，看怎样表现才不会太突兀，才不会太损害用户体验。

会议还算顺利，对方给的方案比较靠谱，没有太穷凶极恶的，算是这类合作中比较 Nice 的了。多数时候，这种加业务入口的事儿，对方的方案都比较夸张，而我们则需要负责往回拉一拉。

会开了一个多小时，结果比较 OK，不过另外一个糟心的事儿，还没等会结束就发生了，因为即将发布的版本，工程师把一个功能做错了。

即将发布的这个版本，算是个大版本了——V3.3 版。三周前确认了产品需求。当时开了需求评审会，就是我来讲这个版本的需求都是什么，技术来判断，那些功能在有限的时间内，是不是都能做，具体需要多少时间。评审会时，设计师的最终设计稿还没完全完成，但也可以开评审会了，会后，设计师再继续大概 3 天的时间完成全部设计稿，负责开发的同事会后便可以开工做前期的开发工作了。

需求评审会后，就有项目经理(PM)负责后续开发的具体进度了，我就可以比较松心了。PM真是个宝，是最近半年才有的岗位，这个角色都是技术开发背景的人，懂代码，知道技术开发"攻城狮"(工程师)哪些地方需要花时间多，哪些地方会遇到困难。PM 来负责后续开发的进度安排，比以前全由我这个产品经理来跟进度，效果好太多了。

不过，这三周前的需求评审会，具体负责开发的两位工程师没到场，是他们的 Leader 和PM 来开的会。这也正常，他们两个角色就能做判断了。当时定好了开发时间是三周，然后再测试 2~3 天。今天开发完成了，要开始测试了，测试的同事对着我当初的需求方案来测试，发现有个功能实现得好像不对劲儿……

我开完上午这个合作讨论会，赶紧跑去测试那里看，确实是，那个功能应该是工程师理解错了。我又拉上项目经理(PM)去找工程师，把那个功能面对面地给他讲了一遍。他再重新改，还好不算太复杂，估计要加半天到一天的时间。PM 去协调具体的进度了。有 PM 就是好，测试的工作往后顺延一天，开发工程师抓紧时间改，这些都有 PM 来操持了，我不用管了。

出这种错，要说呢，也经常发生。如果三周前的需求评审会，具体负责开发的工程师也在，这样的错误就很可能避免。可是工程师的时间也有限，不能总是来开评审会，因为有时候评审会的结论是，这个需求方案不通过，还得改，那工程师就白耽误时间了。所以通常是他们的Leader来开会。

我这个项目稍有点儿大，算是个大版本，重要的功能就有4、5个，其实要是稳妥些，应该在需求评审会后，我再单独跟具体负责开发的工程师当面讲一次。比起工程师自己看需求文档，当面讲效果肯定是要好很多。这回就是工程师光看需求文档上的图了，看了图就觉得全明白了，就开干了。

我当时为什么没去当面跟他讲？一定是那几天有什么重要的事儿，想不起来了，反正肯定很重要。

这一顿折腾，就折腾到中午了。午饭、饭后趴在桌上小憩不提。

下午 2 点，爬起来，坐在座位上开始琢磨下个版本了。是，上午出错的是 V3.3 版，还没上线，我这儿就得准备 V3.4 了。我这里搞出需求方案也是要花时间的，等我这里搞好了，V3.3已经上了，看看有没有什么特别的问题，如果有再补充进 V3.4 里，再进入开发流程，这样才能保证差不多是 4~6 周一个版本迭代的节奏。

琢磨 V3.4，这其实才是我的专业工作。V3.4 主要是要强化我们这个短视频社交产品里好友间的分享、对外的分享，通过人之间的互动，增加活跃度，嗯……这当然不是个容易的事儿。

要通过哪几个功能来达到这个目标？和竞品相比，我们要做出来的这几个功能是不是更能让用户感兴趣？功能要是跟竞品差不多，那就没吸引力了，要是差太多，用户会不会又看不懂了？翻看着其他竞品，在纸上画画草图，多少有些想法了，去找设计师聊聊，说不定能聊出些什么。

在设计师的座位上和她聊了半个多小时，还挺有进展的，方向又明确了些。回到我自己的座位上已经快下午4点了。这个V3.4版的需求方案大概5～7个工作日后完成就可以，还好，时间不算紧，我还有些时间。也有时间让我处理其他各种杂事儿。

刚回到自己的座位，杂事儿就来了。是另外一位设计师的一个小项目，也是我负责跟进的项目。在这款产品的"个人中心"里，修改个人头像，要能给头像加个相框，这是我上周提的需求，让设计师先出个方案。我觉得这是个小事情，加相框，换相框的操作貌似比较OK，这也是我上周已经跟他面对面商量过的，和想象中并没太多出入。不过现在的4个相框样式，嗯……只有一个我觉得还OK，剩下3个，我觉得我肯定不会选用的，丑啊！可是美、丑这事儿，我也没法判断，还好那个群里有设计师的Leader，我含蓄地说了我的意见，让他的Leader去都他吧。

他的Leader大概也是对相框的样子不太满意，就又叫上我去设计师的工位上，大家一起商量下，相框的风格应该是哪种类型的，色彩是怎样的……然后又把方案发进IM群里了，给大家传看、讨论。

再回到我的工位上，已经快6点了。小项目，花费的时间也不少啊。至此，各种工作讨论也都消停些了。有些同事准备下楼去吃晚饭，然后回来继续加班；有些同事要坐6点半的班车回家，开始收拾东西了；也有的只是站起来溜达一下，找其他人闲聊两句，放松一下。对我来说，这以后的时间，是相对安静的，可以自己静下心来写点儿东西。倒不是V3.4的方案，是明天上午要给老板汇报的材料：例行的汇报，自V3.1以来用户变化的趋势，产品发展的方向，对应着这个季度KPI完成的情况……总体上还好吧(略低于预期)。

晚上八点半走人，在楼下买个巨无霸套餐带回家，回家看《西部世界》。

【点评】李钊老师看似轻松地描述了产品经理"风和日丽"的一天，但这一天的状态却是马不停蹄、停不下来。作为产品经理，既要管产品，又要带团队；既要忙市场，也要顾用户，他们每天在公司跟各种角色的人打交道，有时候顺畅平和，有时候也是刀光剑影、据理力争。所以，一名产品经理的大脑要时刻保持高速运转，保持高速反应和及时反馈。在这种长期的高压和负重的工作状态下，产品经理也要找到适合自己的减压方式，比如李钊老师喜欢看美剧，通过合理安排非工作时间达到劳逸结合，保持身心健康。

9.4 思考题

1. 谈谈你对产品经理的理解。

2. 选择一款产品，写一份详尽的产品体验报告，而后发给负责产品的公司相关人员，设法约一位产品经理一起喝个下午茶，同他聊聊你感兴趣的产品问题。

第 10 章

产品毕设

    深圳大学网络与新媒体专业从 2015 年起实施"网新专业本科毕业设计改革"。毕业设计要综合运用之前所学的"新媒体用户研究""音视频制作""新媒体创新思维""数据挖掘与可视化"等课程,输出包括移动产品、融合内容、商业项目、广告全案等形式的毕设作品。要求面向实际的社会问题或者商业难题,尝试用新媒体的技术和思维对相关问题予以解决、回应,并充分展现出团队的创造力和想象力。本章呈现了 2018 年网新专业的优秀毕设项目《Go Go Bicycle!——共享单车领养与产品设计方案》的全貌,该项目是针对摩拜单车的发展问题提出了一个"单车领养"运营计划,并就该计划提供一套产品改进方案,基于摩拜的移动端 APP 做出了详尽的产品设计与交互呈现。现将该项目的完整内容呈现于此,供同侪之间交流、指正。

10.1 项目背景

"共享"的概念，自古有之。传统社会，朋友之间借书或共享某条信息，邻里之间互借东西，都是共享。但这种共享受制于空间、关系两个要素：一方面，信息或实物的共享要受制于空间的限制，仅限于个人所能触达的空间之内；另一方面，共享需要有双方的信任关系才能达成。

10.1.1 共享单车的兴起与发展

1. 共享经济的兴起

"共享经济"(Sharing Economy)这一概念最早是由美国德克萨斯州立大学社会学教授费尔逊和伊利诺伊大学社会学教授斯潘思于1978年提出的。他们基于生物学中共生合作的概念，发现社会学中的协同消费也是在满足需求同时和他人建立联结的活动，在这一点上，分享经济是符合可持续发展需要的。消费者的需求从获得私有物品转移到使用需求满足，进而形成了新的消费模式。

共享经济的特征有以下四点：①共享的对象是社会闲置资源；②交易双方通过互联网技术平台来互相连接；③交易时使用权产生转移，而不是所有权产生转移；④开放与共享。

这种新兴的共享经济模式于个人来说，正在帮助消费者节省甚至创造时间和金钱，对于低收入者而言，帮助也许是最大的。共享经济的概念被提出后，一开始并未被接纳，直至 2008年，美国金融危机爆发，以家庭为单位，美国人在互联网平台上出售闲置物品，以缓解经济下滑后因收入锐减导致的低生活水平，来保证自身的生活质量，也借此获取额外的收益，这种剩余价值"再创收"的经济模式就这样慢慢发展、壮大起来。

2. 共享单车的出现

自 2014 年北京大学的四名毕业生合伙成立 ofo 至今，共享单车行业以令人惊叹的发展速度席卷全国，甚至有些品牌陆续走出国门。至 2016 年年末，共享单车产业已基本布局完毕，完整的上下游产业链及来自多个投资机构的大量风险投资，使共享单车产业成为一个巨大的蓄金池。

共享单车是城市传统的租赁单车加上现在发达的互联网的衍生物，充分利用了共享经济概念的流行、互联网技术的成熟、第三方移动支付的发达、GPS 智能锁的普及，盘活了单车这种闲置的社会资源，带火了整个沉寂多年的单车市场。大部分共享单车企业在刚进入市场的时候，会要求用户交一定金额的押金(如摩拜为 299 元，ofo 为 99 元)之后再提供单车租赁的服务。

同时，共享单车采用"一对多"的方式，同一辆单车可以在不同的时间段服务不同的用户，这种形式让有限的共享单车可以被充分利用。共享单车的出现可以说是共享经济实际落地的产物之一，它致力于解决大众出行"最后一公里"的难题，对城市公共交通的压力也有所缓解，可以说是恩泽民众、造福社会的创新之举。

10.1.2　共享单车的发展现状与问题

1. 共享单车的市场规模

2018年2月7日，交通部称，2016年到2018年两年期间我国已经有77家共享单车的运营企业，截至2018年2月，剩下4家企业处于正常运营状态。两年多时间累计投放了2300万辆的共享单车，注册用户4亿，累计服务的数量已经超过了170亿人次，最高峰的时候一天达到7000万人次在使用共享单车(见图10-1)。

图 10-1　中国共享单车用户规模

2. 共享单车的积极作用

作为共享经济领域的热点，共享单车真正做到了降低大众的生活成本。以摩拜、ofo为典型的一大批共享单车，其践行绿色交通、低碳出行、创造清洁城市的理念已被社会广泛接受。更为重要的是，共享单车为缓解城市交通拥堵带来了显著影响，数量充足的共享单车能够充当"毛细血管"，补充完善城市公交系统，为民众出行提供高效的点到点解决方案。在低碳出行、绿色出行等号召下，私家车的路面出行量也得到一定程度的下降(见图10-2)。

3. 共享单车的现存问题

共享单车的出现是为了填补中国城市公共交通的空缺、方便城市居民短距离出行、完善中国城市绿色公共交通体系、完善中国车辆公共租赁系统、丰富共享经济在中国的发展模式、节约能源、促进社会可持续发展。但是，万物均有其两面性。

(1) 停放问题。由于缺乏合理的管理制度、完善的自行车设施及出行指引，在给市民带来便捷的同时，共享单车爆发式的增长引发各大城市公共秩序混乱、公共道德缺失等诸多问题，其中包括数千万辆共享单车的停放问题。截至2018年2月12日，在百度新闻上搜索"共享单车停放乱象"，有将近434000条相关新闻。

大量乱停放的单车在影响市容市貌的同时，还给不少市民的出行带来了很大的不便。相比于企业的精细化运营，不少违规停放的共享单车被物业单位丢弃在一旁堆成小山。此外，共享单车的乱停放占用便道的现象，严重挤占了行人的行走空间，引起不少市民的争议。

(2) 破坏问题。有人说，共享单车实际上考验的是人性。比如有些低素质用户将车辆随意拆卸、抛掷，造成大量共享单车的损毁。另有部分用户出于私心将车辆擅自改装，通过喷漆、拆锁等方式将共享车辆据为己有。由于个人行为带来了车辆损坏、报废，进而堆积成单车垃圾，占用了大量公共资源，又给城市管理带来杂冗，可谓损人不利己。

(3) 行业矛盾。共享单车行业还引发了一些社会矛盾。共享单车的上线还引发了与出租车司机、摩的司机、自行车厂商等人员的利益冲突，部分人员也因此做出了恶意损毁共享单车的报复行为。

此外，共享单车出现的时间比较短，相关配套的法律法规尚不完善，针对用户在共享单车骑行过程中可能遭遇的情况，共享单车管理方和相关管理部门尚无成熟的应对方法，相关权责不够明晰，由此产生实际使用中的不良行为。

10.1.3　共享单车的已有管理举措

1. 政府举措

为了促进共享单车行业的良性发展，不少地区出台了引导性政策，针对单车的投放、使用、运维等多个方面加以规制，如北京市出台了《北京市鼓励规范发展共享自行车的指导意见(试行)》的两个重要配套文件：《共享自行车系统技术与服务规范》和《自行车停放区设置技术导则》，详细规范了共享单车的很多技术细节，为政府管理和企业执行提供了具体的标准。像是"车辆使用三年应更换或报废""企业应定期检查车辆质量，及时召回不合格产品，

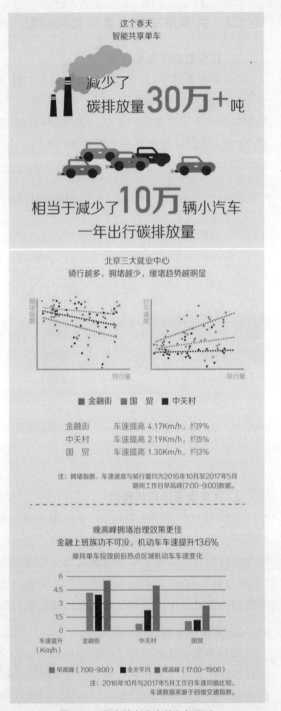

图 10-2　共享单车带来的积极影响

保证车辆完好率不得低于 95%"等条目，抬高了市场准入门槛，推高企业的经营成本，强化了共享单车企业的责任。

2017 年 8 月 7 号，交通运输部等十部门联合出台了《关于鼓励和规范互联网租赁自行车发展的指导意见》(以下简称《意见》)，这是国家首次对共享单车问题进行整治，出台的规定直指共享行业共同存在的许多问题。

同月，多个一二线城市相继颁布共享单车"限投令"。以深圳为例，"调度和维修人员不得低于投放单车数量的千分之五，对于达不到要求的企业将会缩减单车数量。对于投放的车辆，必须具有定位功能，达到各家单车有唯一的 ID，并监控车辆的运营状态，同时对于违停问题半小时内解决得不到处理将没收单车"，是众多限投城市中最严格的禁令。

在 2018 年 3 月份的两会期间，针对饱受诟病的共享单车押金难退问题，全国政协委员、经济学家张连起建议引入免押金机制。而全国人大代表、广西壮族自治区建筑科学研究设计院副院长朱惠英也认为，应尽快制定和实施第三方资金监管的法律制度，鼓励免押金管理方式。

2. 行业管理

2017 年 5 月 7 日，中国自行车协会在上海召开共享单车专业委员会成立大会，宣布成立中国自行车协会共享单车专业委员会。共享单车专委会的办公地点设在天津市。会上宣布，共享单车专委会将充分发挥行业协会的功能作用，当好企业的沟通桥梁、政府的参谋助手、行业的监管机构和共享经济的助推器。

根据《中国自行车协会共享单车专业委员会工作规则》(以下简称《工作规则》)，共享单车专委会具有四项工作宗旨：第一，引导实体经济与虚拟经济相结合、传统产业与互联网产业相结合；第二，引导企业深化供给侧结构性改革；第三，建立和完善行业自律机制，维护成员的合法权益；第四，协助政府部门加强行业管理，共同促进共享单车有序发展。

共享单车专委会还将参与制定《共享单车团体标准》和试点，并推动相关强制性标准制订。这意味着，共享单车在促进经济发展、引导产业融合、加强行业自律、进行联动服务方面有规可依。

3. 企业措施

为了解决单车乱停乱放的难题，企业积极配合政府有关部门，利用机制和技术创新等手段提供解决之道，如电子围栏和智能停车点的方案。

电子围栏可以掌握"围栏"内的单车数量、状态、位置及各个地区的流量情况，为单车投放、运维调度提供智能参考。此外，手机的共享单车软件上将会标出用户附近智能停车点的位置，引导用户规范停车。

智能停车点是当用户把单车驶入智能停车点并停放落锁后即有机会获得摩拜官方的奖励，智能停车点能够采集车辆的状态数据，更新移动端停车点的实时信息，方便更多用户找车停车。数据显示，摩拜智能停车点首批投入使用超过 4000 个，主要分布在北京、上海、广州、深圳、西安、天津、南京和成都等全国主要城市。

在制度设计层面，2018 年 1 月 27 日，摩拜推出了全新的"信用体系"，根据用户的骑行及停放行为，重新评定信用分值，并根据信用分划分不同信用等级，不同等级将享有不同骑行权益。对于信用一般及以下的用户在使用摩拜单车时会面临高额的收费，如骑行 30 分钟收费 100

元等——以此信用体系设计激励用户实施良好用车行为和应对个别用户的素质难题。

10.2 项目概述

在上部分项目背景的相关阐述中，可以看到：第一，造福民众的共享单车同时也带来了社会难题。而在已有的治理维度中，有政府机构、行业组织和企业机构，唯独缺失了用户角色。第二，现有的各类方案中，能真正刺激用户规范骑/停的制度都是自上而下，存在落地难和效果有限的不足。基于此，本项目以"用户自治理"作为开发思路，重点针对停车、骑行的规范问题予以集中回应。

10.2.1 实际背景

(1) 截至 2017 年年底，深圳全市投放的共享单车约有 89 万辆，僵尸车数量约 5 万辆，已经远远超过单车停放的承载力。企业投放单车的速度快、数量大，导致后期运维管理难以及时跟进。

(2) 共享单车停放点各种各样，有地铁口、小区、商区等。范围广，停放点分散，这些原因都加大了运维一辆"问题车"所需的周期，企业解决乱停问题具有一定的滞后性。

(3) 个别问题如角落单车、树上单车等的罪魁祸首，其实是少数部分素质较低用户，目前的规则无法追溯到本人，并且降低信用分的处罚无法从根本上解决问题。

那么，如何有效缓解企业人手不足、管理滞后、缺乏实效等问题，成为该项目的立项关键。

10.2.2 项目释义

项目名称中的 Go Go Bicycle，寓意是让单车动起来，除了倡导大众规范地、良性地使用单车，尤其指让角落里的单车得到拯救，重新动起来；让倒地的单车重新站起来，不影响市容。

项目的副标题是：共享单车领养与产品设计方案，指的是本项目的内容构成有领养方案设计和产品设计两大板块。

单车领养是指企业不定期针对信用分数高用户放开单车领养权限，获得资格用户通过先拯救一辆(多辆)问题单车，进而获得领养资格，并在接下来的一定期限内能获得该单车的骑行收益分成，在此过程中可以通过发布单车任务等方式保证单车的运营状态良好。

项目的 Slogan 是"单车领养，人人都能参与的城市管理"。

10.2.3 项目思路

用户维度在以往的单车管理中是缺失的，我们独辟蹊径，试图利用用户基数大、分散广、易感染等特点实施"用户自运营"计划，主要包括三个目标：

(1) 以"单车领养"的形式激励用户主动参与单车管理，用一定收益和趣味性等元素鼓励、吸引用户帮忙解决单车乱停放、角落车的问题。

(2) 通过合理实施，达到有效降低企业管理运维成本的目的。

(3) 为具有公益心的骑行用户，提供一个系统化参与单车管理的契机与空间。

10.3 项目开展

10.3.1 市场调研

1. 调研摩拜深圳公司

经指导老师引荐，毕设小组到摩拜深圳公司进行走访调研，受到摩拜华南区运营总监郑越先生的接待(见图 10-3)。项目组将"单车领养"的初步计划、实施方式等向摩拜进行了汇报。与此同时，小组成员认真询问了摩拜公司当前的用户数、信用体系的搭建与后台数据，尤其关注了单车管理过程中遇到的问题、每年投入的运维资金、雇佣的运维管理人员规模等(数据涉嫌商业秘密，摩拜公司表示不便公开)。

"让用户同时成为单车的使用者和管理者"，这一理念恰恰也是摩拜公司追崇的。摩拜公司表示，他们已经注意到市场层面，有一些竞争对手曾推出"单车领养"等方案，但均以失败告终。他们希望该项目能更深度结合摩拜公司的实际，并给项目组留下三个实际的问题：

(1) 单车领养能切实解决什么问题？

(2) 如何领养？资格用户可领养一辆还是多辆？

(3) 给予用户多少报酬？比例如何设定能保证企业利益最大化？

图 10-3　小组成员拜访摩拜深圳公司

2. 用户调查与深访

为了找到目标用户，我们首先在网络上询问"骑行单车频率、时长"等基础问题，通过预调研筛选出高频使用单车(每周至少有 5 次骑行及以上)的用户 392 人，而后针对目标受众，就"对共享单车负面问题的感受、参与单车管理的意愿、对于参与方式的态度"等问题展开进一步调研，收集到有效问卷共 388 份。

其中，近 9 成受访者认为共享单车在为自己的生活带来便捷的同时，已造成肉眼可见的社会问题。近 5 成受访者对于看到路边倒地的单车以及错乱摆放、被弃置于绿化带或小区的单车，会有较为强烈的希望亲自动手恢复秩序的情感倾向，而且有将近 4 成的受访曾经付诸过行动。

在询问到通过官方途径参与共享单车城市管理的意愿上时，有超过 6 成的受访者表示愿意参与这样的公益行动，同时表示参与这样的公益活动，自己并不需要获得报酬(见图 10-4)。

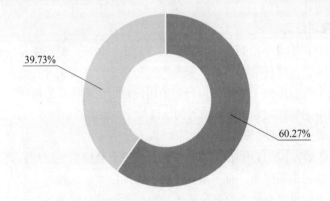

39.73%

60.27%

■ 不需要，有时我会顺手帮忙　　　■ 有报酬才有动力

图 10-4　问题"你觉得参与单车管理需要获得一定报酬吗？"的回答情况

在询问到是否愿意通过收益共享的方式领养一辆单车，更好地激发单车管理意愿时，388 名匿名用户均给出了肯定的答复。

通过问卷调查，我们还有一种感知：就是越是高频使用单车的用户，其对于单车管理体现出的主人翁意识越强，在骑车文明和自我规范方面做得越好。

此外，小组还访谈了两位摩拜的资深用户。一位叫做 WZ，就职于百度；一位是普通打工者 XH，却又有一个特殊的身份：摩拜猎人。

WZ 作为上班族，对共享单车的使用频次相当高，他每天需要骑车从住处到地铁站，再从地铁站到公司附近，往返一次，需要 4 次骑行；他常常面临的问题：一是调度不及时以至附近没有可供骑行的单车，二是单车被上私锁等状况而无法使用单车。WZ 表示：共享单车无疑给他的生活带来了诸多便利，正因此，他尤其感受到一些单车乱象令人难以容忍。他说，正义感使然，即使在没有收益的情况下也愿意去做出一些解救单车的行为。同时，在他的认知中，用户才是解决共享单车乱象最核心的存在，因为这些问题产生的原因还是因为使用者对其缺乏感情、没有与人方便与己方便的道德标准。

摩拜猎人是这样的一个群体——他们不计回报，利用自己空闲的时间帮忙解决单车问题，比如解救角落的僵尸车和被私人藏起来的单车、扶正路边乱停乱放的单车、撕掉车身"牛皮癣"等，他们把这个过程叫做"打猎"。XH 住在罗湖，他每天需要 2～6 次不等的骑行，是月卡持有者。他说，共享单车给大家带来了这么多便利，在有空的时候提供帮忙都是应该的。尽管有时候，他们在处理一些问题的时候(比如擦"牛皮癣"、去除私人锁)，会遭遇陌生人异样的眼光，会被人恶意怀疑。他认为有成就感的是，单车被摆放得整整齐齐，自己的信用分也经过骑行不断获得增长；他最开心的事情是，他的同事有时候也受到他的影响而变得更加呵护单车，他希望这个群体能够进一步扩大，同时与官方之间增加联系，如果能合理合法地取得一些小额补助(不需要高报酬)那会更好。

3. 竞品分析

经过多方渠道，我们已经获悉市面上已经存在部分开展"单车领养"的企业。我们将其领养方案和内容整理如下，见表 10-1。

表 10-1 部分单车企业的领养方案

单车企业	领养方式	用户权益	效果/现状
Funbike	方式一：将自己闲置的自行车交给 Funbike，换取全新的 Funbike 单车并投入运营； 方式二：交付 299 元/辆的领养金	被领养单车的三年收益权	27000 多名用户预约，10000 多名用户完成支付；而后资金周转问题引发用户撤资，品牌信誉倒塌，最终领养失败
ofo	交付 300 元每年/辆	免费骑行一年，一年后返还 300 元	效果不明显，已取消
OXO	每辆车缴纳 600 元领养金，单车用户可通过 APP 领养最高 30 辆	领养主与公司分成被领养单车的收益	公司已倒闭

在以上竞品中，小组发现其可取之处主要为：用户可获得收益分成以及领养金置换为押金。竞品的思路主要是将单车领养改造为一款"理财产品"，甚至是偷换押金与领养费用的概念，让用户先期投入资金，而后与企业共同分成，这样带来的后果是：企业让利严重，最终无法承担高额的运营费用，入不敷出；用户追求保值的无风险暴利投资方式，妄想以小投入换取高回报，没有树立起用户自主维护单车的意识，企业的问题无法得以解决，因而单车领养终以失败告终。

10.3.2 领养方案

通过以上市场分析，我们得出以下几点结论或启示：

(1) 单车领养继续走理财产品的路子是走不通的。

(2) 共享单车的问题是少部分用户带来的，我们怎么激发这些人产生道德和态度的扭转是关键。

(3) 通过高质量用户的力量来缓解单车乱象具有一定的可行性。

所以，我们希望将单车领养做成一款偏公益性的产品，将收益部分弱化，让真正有公益心的人参与进来，赋予他们全新的单车管理权限，并给予适当的精神和物质激励。

1. 领养规则

(1) 成为领养主的条件：

① 信用分(摩范分)达到 600 分以上。

② 上报故障/违停/淤积超过 5 次。

(2) 可被领养单车的特性：

① 角落里的僵尸车。找到这些车之后，由于长时间未被骑行，往往需要擦拭灰尘，领养主需要注意。

② 被"私有化"了的单车。在别人小院或者封闭式小区中停放，用户可以主动与相关对象沟通。

③ 单车扎堆地方的单车。将单车骑到其他缺少单车的停放点，解决调度问题，单车淤积的问题。

④ 一周未被骑行的单车。在天气情况正常下，不被骑行的单车一般存在质量问题。

(3) 领养单车数量限制：

① 600～619 分，1 辆。

② 620～640 分，2 辆。

③ 640～660 分，3 辆。

单用户最多 3 辆。

(4) 领养期限及收益：

① 领养半年内，收益分成为：摩拜:领养主=9:1。

② 半年后若继续领养，半年到一年，收益分成为：摩拜:领养主=18:1。

③一年之后，领养资格自动丧失。

分成比例推算依据

2017 年 4 月份，摩拜 CEO 王晓峰在接受采访时说，一辆摩拜单车平均一天会被 5.54 个人骑，骑行次数为 5.54 次，假设每次骑行收益为 1 元钱，那么一天一辆单车的收益为 5.54 元。同理，若共享单车因各种问题而未被骑行，无形之中的收益损失则为 5.54 元/辆/天。

根据内部数据，平均一辆单车的运维人员成本是 0.89 元/辆/天。

摩拜单车每辆平均成本计 2000 元。依据《共享自行车服务规范》，共享单车连续使用 3 年强制报废，因此每天的固定折旧费用为 1.826 元/天。

根据第三方货运服务公司提供的数据，每辆单车单次调度费用为 3 元左右。

排除掉其他因素(即单车维修费、折旧费等)，只考虑损失的单车造价成本、损失的收益、需要耗费的调度费用以及运维人员的工资，假设一辆遇到以上问题的单车能在 15 天内被解决并重新投放到市场，15 天是非常保守的估计，能被曝光的新闻中单车遇到上私锁基本上都是十几天，那么 15 天之后，该单车损失掉的费用为(1.826+5.54+0.89)×15+3=126.84 元。

如果领养主候选人，能够在两天内找到单车并放回合理位置，那么能够节省下来的费用为：126.84-(1.826+5.54)×2=112.108 元。

综上，在领养主的领养期限内，给予领养主少于 112 元的奖励就能保证不亏本，而且我们能够预想到在领养主富有人情味的管理下，被领养单车的骑行频率应该会大于普通单车。再保守估计，每辆单车的平均年收益为 2022.1 元，半年收益为 1011.05 元，那么如果领养期限为半年，收益分成为"摩拜:领养主=9:1"；如果领养期为一年，那么比例定为"摩拜:领养主=18:1"会比较合适。

2. 领养流程

摩拜有一个完整的领养流程(见图 10-5)。

(1) 摩拜每天会对一个区域内的摩拜单车根据特性进行条件筛选，筛选出可被领养的单车，这些单车是在区域内均匀分布的车辆，并且将领养信息发布给所有具备领养资格的用户。

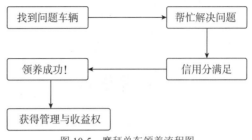

图 10-5　摩拜单车领养流程图

(2) 用户通过 APP 查看附近可以领养的摩拜单车，线上可以预定领养自己愿意领养的单车，在一定的时间内(1 天时间)找到并亲自骑行该单车即可激活领养。

(3) 在激活领养后，单车被骑行即可产生收益，该收益按照定好的比例进行分成，领养主必须至少每 3 天时间查看一次单车动态。在领养期限内，单车遇到的非故障问题都会优先交由领养主解决，无法解决的问题由摩拜方解决。

(4) 用户在扫码解锁被领养的单车时可以看到领养主的留言，在骑行结束后可以留言给领养主。

(5) 领养主可以自主决定为单车添加外形上的装饰，为骑行用户免单，红包奖励帮助解决单车问题的人。

(6) 考虑到领养主都为一群自愿参与单车管理的人群，领养主在求助的时候会优先通知同是领养主的用户，若领养主用户未回应再通知附近的用户，若还没有回应则自己行动或与摩拜协商解决。

(7) 领养主可以管理每辆被领养单车的留言，并且与骑行用户/其他领养主进行互动，共同交流单车管理经验心得。

3. 领养权责

(1) 领养主责任。

① 领养主在线上预定领养之后必须在规定时间(2 天)内激活被领养的单车，激活方式为领养主亲自解锁单车并将单车骑到正常道路上，超过规定时间未激活则解除预定。

② 领养主必须每 3 天查看自己的单车动态，3 天未查看单车动态，停止产生收益，超过 1 个月未关注单车动态，失去单车领养资格，被领养的单车自动转换为无人领养单车。

③ 若单车再次遇到被丢到角落等问题，领养主有义务去帮助解决被领养的单车问题，若不解决可能会影响自身收益。

(2) 领养主权利。

① 领养主激活单车后可以根据指引对被领养的单车做个性化的改装(不能更改单车结构零部件等)。

② 在领养期限内，单车的所有权在法律上归领养主和摩拜共有，非领养主与摩拜工作人员私自占有单车的行为是违法的，领养主可以对其提起民事诉讼。

③ 在领养期限内，领养主激活单车将合法获得单车被骑行的过程带来的收益分成。

④ 在领养期限内，领养主可以通过与其他用户进行交流，设定奖励来激励其他用户骑行领养主的单车或者帮助解决单车违停问题。

⑤ 在领养期限内，用户举报领养单车的任何问题(除故障问题外)会优先通知领养主端，领养主可以自主解决单车的问题或者参考第④点。

⑥ 在领养期限内,领养主可以看到单车每一笔交易记录详情(包括金额、时间)及骑行轨迹,但是除非骑行用户留言,领养主是看不到骑行用户的任何信息(包括头像、昵称等)。

10.4 产品设计

"单车领养"是毕设小组为摩拜单车量身定制的新功能,满足条件的用户可以通过摩拜发放的领养资格领养附近的问题单车并且亲自骑行去激活单车,这对于原产品来说属于一项新增功能,需要在原产品基础上设计一个合理入口,而后展开单车领养的全部流程与功能。为此,团队设计出一个"单车领养"的 Demo 版,该 Demo 版本主要涵盖了用户在移动端使用时的基本功能,包括领养流程、查看动态功能、求助任务板块、留言板块、圈子和收益查看等。修订环境是基于摩拜 APP 的 V7.0.0 版本。

Demo 版本修订环境

修订时间	修改内容	修订版本	体验环境	修改人
2018.4.1-2018.4.10	新增"单车领养"功能	V7.0.0	iPhone 6s	林桂源

10.4.1 产品结构功能图

产品结构功能见图 10-6。

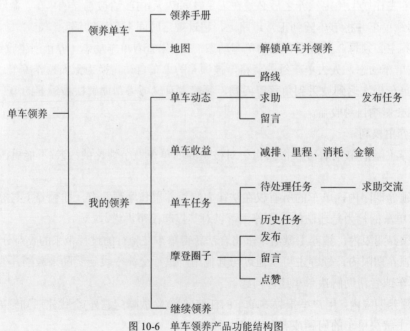

图 10-6 单车领养产品功能结构图

10.4.2　产品功能设计说明

1. 留言模块

为了增加用户在使用过程中的趣味性，加强用户之间的联系，我们将在产品中添加"留言"模块。此模块旨在通过单车打通领养主与用户之间的关系：领养主可以向骑行用户留言，提醒骑行用户规范用车；领养主可以通过查看骑行用户的留言，了解所领养单车的实时情况，并且每月有 3 次向骑行用户免单的让利机会(免单成本由摩拜承担)；用户可在扫码开车后获取到领养主的留言，也有机会获得领养主的免单奖励；用户在骑行结束时评价单车、为单车贴标签、评星级。

2. 单车任务模块

为了一方面充分调动用户自运营的积极性，另一方面解决领养主与问题车辆之间地理距离过远的问题，我们将在产品中添加"发布任务"模块。

领养主可以查看自己所领养的单车的情况，若出现问题，可对所领养车辆发布任务(任务包括希望单车到达的地点及地点区域半径、对领取任务者的奖励及对其的留言)。

考虑到领养主群体相较于普通用户，对于单车有更强的责任感，并且也担负着更多的共享单车运维责任，加上附带奖励的单车任务能在一定程度上对用户进行运维奖励，所以领养主发布的单车任务将优先推送给同是领养主的用户，领养主拥有"优先抢单"的特权，面对领养主的任务推送之后 5 分钟，开放以 APP 弹窗或通知推送的形式告知普通用户。

用户(领养主及普通用户)可以通过搜索附近任务、APP 弹窗、通知推送的方式获取单车任务，领养主可以在时间上提前 5 分钟搜索到附近任务或者接收到弹窗及通知推送。

领取任务的用户将单车按照任务要求规范骑到指定区域并锁车，即完成任务。系统会记录任务完成时的单车位置，将当下单车位置与任务完成的提示一并以 APP 弹窗或通知栏形式推送给发布任务的领养主，领养主在确认任务已完成后亲自将奖励发放给骑行用户(见图 10-7)。

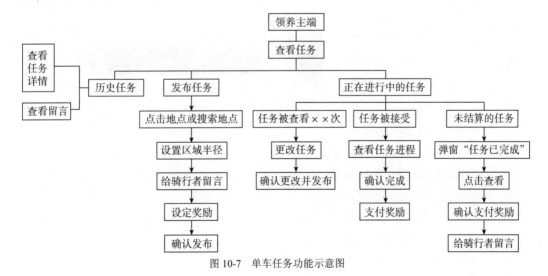

图 10-7　单车任务功能示意图

若用户领取任务后，在执行任务的中途锁车，系统将提示任务未完成，奖励将无法发放，骑行者可选择仍旧结束行程或再次扫码开车完成任务。若骑行者仍选择在完成任务之前结束行程，奖励将按之前领养主所定的继续发放。

3. 领养圈

通过微信建立领养主社群，这是摩拜产品在线上的延伸。这个"圈子"是领养主的朋友圈，通过领养主之间交流运维心得的活动来增强领养主对于自身的身份认同，提升领养主对于共享单车运维的责任感。激发个体对于城市的责任感和主人翁意识，最终为领养主带来坚持运维的动力。

10.4.3 产品 UI 设计

(1) 产品入口页面如图 10-8 所示。

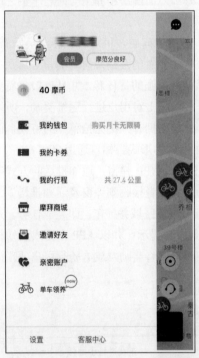

图 10-8　产品入口页面

(2) 领养规则页面如图 10-9 所示。

(3) 领养地图页面如图 10-10 所示。

(4) 领养成功页面如图 10-11 所示。

(5) 我的领养页面如图 10-12 所示。

(6) 我的单车动态页面如图 10-13 所示。

(7) 用户留言页面如图 10-14 所示。

(8) 单车任务页面如图 10-15 所示。

(9) 求助交流页面如图 10-16 所示。

图 10-9　领养规则页面

图 10-10　领养地图页面

图 10-11　领养成功页面

图 10-12　我的领养页面

图 10-13　我的单车动态页面

图 10-14　用户留言页面

图 10-15　单车任务页面

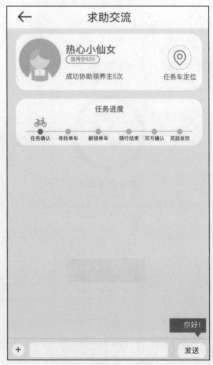

图 10-16　求助交流页面

10.4.4 产品交互设计

请扫描以下二维码体验。

10.5 项目总结

"用户自运营"是整个方案的核心和重点，而我们做这个方案的信心来自于摩拜的用户报告：使用人群整体学历偏高，本科学历占7成以上，还有一成多为硕士/MBA。使用人群除了高学历，还有高收入，8000～10000元的月收入人群超过3成，月收入1000元以上的用户高达2成。其年龄以25～40岁步入职场的青年人以及41岁以上工作、家庭稳定的中年人居多，结合摩拜单车299元的市场最高押金制，可以看出其用户更为成熟、理性和稳定。

我们希望人数最多、影响力最大的用户群体成为共享单车真正的主人。确切地说，我们希望一批高质量、高素质和高忠诚度的用户成为单车领养主，他们不但参与单车的管理与运维，更是用自己的热情和付出感染每一位单车骑行用户，降低不规则停放、违规骑行的发生概率，最终实现"单车领养，人人都能参与的城市管理"的目标。

我们的产品设计很好地支持了项目所需的所有功能，如图10-17所示。

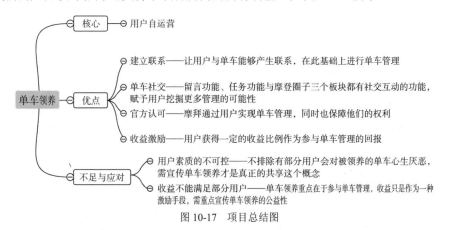

图 10-17　项目总结图

此外，关于"单车领养"计划，我们还有进一步的设想：除了个体作为领养主，希望在产品的后期运营上与公益组织或商业组织进行合作，由组织机构来进行大规模领养和规模化运维。不同于个人用户领养，公益组织或商业组织领养将获得摩拜单车开锁进度条页面的下方广告位。除此之外，我们还将通过为领养主开展线下的交流活动来活化用户，增进领养主之间的交流和沟通，提高其成就感与认同感。

我们尤其希望这样一份运营方案能够真正落地，树立摩拜单车良好的社会形象，提升摩拜的品牌效益，激发每一位真正热爱这所城市、热爱摩拜的人的热情与信念。

本项目人员组成与分工如下。

林桂源(组长)： 产品策划、项目统筹、产品逻辑、交互设计、Demo 制作视频剪辑、视频拍摄、进度调控。

吴静仪： 产品策划、设计统筹、项目思路、平面设计、文本可视化设计、文本修订。

陈美君： 产品策划、文本统筹、文案构思、视频拍摄、用户访谈、用户调研总结。

朱彤： 产品策划、脚本撰写、视频拍摄、文本排版、产品功能逻辑。

指导教师：王建磊

后　记

2015年，创业大潮席卷南北，深圳这所以创新和前沿为特色的城市首当其冲，一时间似乎身边的人都在讲创业，而互联网产品被越来越频繁地提及，年轻人大多选择了这个方向发力，"我想做一个 APP，然后改变世界"似乎成为一种信仰，在这样狂热的浪潮中，我不自觉地卷入了对 APP 这一新生事物的关注、思考和体验。我发现：APP 作为入口，它直接与真实生活发生交涉；作为方法，它简化了获取信息的路径，提高了获取服务的效率；作为内容，它强化了专业化服务，并以开放的方式促进了"长尾"需求的满足——这就是麦克卢汉所言的新的尺度。

我们如今每天都在使用各式各样的APP，就像习惯了空气和水。但是稍加审视会发现：APP 不仅代表了形式(设计)，也代表了内容；不仅强调效率，还突出了服务。不仅如此，APP 设计、研发与经营的一整套逻辑体系，更是互联网自诞生半世纪以来酝酿的高级精华，它高度契合互联网追求自由、开放、透明、去中心化的要义，如此接近用户中心的本质，也站在了互联网思维的最高端。而且，产品思维不只是用来指导如何做产品，它还包含了如何真正发现用户所需，如何生产高质、适配的内容，如何打造超出预期的体验以及如何取得市场和社会"双效"的共赢。

在这样的背景下，我带领学生一起聚焦在移动产品设计这一方向，从零出发，一是自发学习产品的相关知识，泡微信群、看网站，也自学了 Axure 的操作，并录制了原创的教学视频；二是结交了很多就职腾讯公司以及从腾讯公司出来创业的产品经理，每学期都会请至少两位产品经理或是创业团队来课堂上与学生们交流，像知名的产品经理 Blues(兰军)、臭鱼(李钊)都是堂上常客。期间也邀请过两支创业团队来课堂交流，包括 Faceu 脸萌团队……作为网络与新媒体专业课程改革的实验，不敢一蹴而就，力求尽善尽美。

对于产品，我才学习了三年多，算是刚刚出发，这一路，更多时候是和学生一起跌撞成长，和同道者结伴而行。在此，感谢我的学生们，他们不断激发我要学习更多才能勉为人师；感谢腾讯的李钊、张振伟等产品大咖给我提供的无私帮助和指点；感谢我的同事们，我始终相信他们对于产品的感知超越于我，我也坚信从他们身上我能收获很多。

最后特别感谢负责本书的编辑，他们认真负责的态度最终一遍遍提升了稿件质量。

在本书中，我所讲的东西不一定是对的(这句话并非对张小龙的跟风模仿，而是源自一直动态变化、飞奔向前的互联网业的现实逼迫)，衷愿保持一种始终在路上的谦卑姿态，与诸位同行者一起探讨交流。

参 考 文 献

[1] Cameron Banga, Josh Weinhold. 移动交互设计精髓：设计完美的移动用户界面[M]. 傅小贞, 张颖鋆, 译. 北京：电子工业出版社, 2015.

[2] Golden Krishna. 无界面交互潜移默化的 UX 设计方略[M]. 杨名, 译. 北京：人民邮电出版社, 2017.

[3] Jon Kolko. 交互设计沉思录：顶尖设计专家(原书第 2 版)[M]. 方舟, 译. 北京：机械工业出版社, 2012.

[4] Marty Cagan. 启示录——打造用户喜爱的产品[M]. 七印部落, 译. 武汉：华中科技大学出版社, 2017.

[5] Robert Hoekman Jr. 用户体验设计：本质、策略与经验[M]. 阿布, 刘杰, 译. 北京：人民邮电出版社, 2017.

[6] Stephen P Anderson. 怦然心动 情感化交互设计指南(修订版)[M]. 侯景艳, 胡冠琦, 徐磊, 译. 北京：人民邮电出版社, 2015.

[7] 常丽. UI 设计必修课[M]. 北京：人民邮电出版社, 2015.

[8] 何天平, 白珩. 面向用户的设计：移动应用产品设计之道[M]. 北京：人民邮电出版社, 2017.

[9] 后显慧. 产品的视角——从热闹到门道[M]. 北京：机械工业出版社, 2016.

[10] 胡晓. 重新定义用户体验 文化 服务 价值[M]. 北京：清华大学出版社, 2018.

[11] 李晓斌. UI 设计必修课(交互+架构+视觉 UE 设计教程)[M]. 北京：电子工业出版社, 2017.

[12] 琳达·哥乔斯. 产品经理手册(第 4 版)[M]. 祝亚雄, 冯华丽, 金骆彬, 译. 北京：机械工业出版社, 2015.

[13] 刘飞. 从点子到产品——产品经理的价值观与方法论[M]. 北京：电子工业出版社, 2017.

[14] 唐纳德·A. 诺曼. 设计心理学(1-4 册)[M]. 北京：中信集团出版社, 2015.

[15] 吴声. 场景革命——重构人与商业的连接[M]. 北京：机械工业出版社, 2015.

[16] 严武军. 移动产品设计实战宝典[M]. 北京：机械工业出版社, 2017.